AF873709

POLITEXT 172

Karel Mulder, ed.

Desarrollo sostenible para ingenieros

COL·LEGI D'ENGINYERS DE CAMINS,
CANALS I PORTS - CATALUNYA

Siguem Sostenibles 2015

UNIVERSITAT POLITÈCNICA DE CATALUNYA

UPC Edicions UPC
UNIVERSITAT POLITÈCNICA DE CATALUNYA

Primera edición: febrero de 2007

Título original: *Sustainable development for engineers*
Traductora: Mariana Donadini

Diseño de la cubierta: Manuel Andreu y Edicions UPC

© Greenleaf Publishing Ltd, 2007
www.greenleaf-publishing.com

© Edicions UPC, 2007
Edicions de la Universitat Politècnica de Catalunya, SL
Jordi Girona Salgado 31, 08034 Barcelona
Tel.: 934 016 883 Fax: 934 015 885
Edicions Virtuals: www.edicionsupc.es
E-mail: edicions-upc@upc.edu

Producción: Cargraphics
Pedrosa B 29-31, 08908 L'Hospitalet de Llobregat

Depósito legal: B-14.073-2007
ISBN: 978-84-8301-892-7

Impreso en papel libre de cloro y reciclado

Quedan rigurosamente prohibidas, sin la autorización escrita de los titulares del copyright, bajo las sanciones establecidas en las leyes, la reproducción total o parcial de esta obra por cualquier medio o procedimiento, comprendidos la reprografía y el tratamiento informático, y la distribución de ejemplares de ella mediante alquiler o préstamo públicos.

Prólogo

El progreso social y económico, como objetivo deseable de una sociedad que pretende alcanzar altas cotas de bienestar, no puede ser consecuencia de un desarrollo incontrolado y sin límites. En todos los ámbitos de la actividad humana, y por supuesto en el de la Ingeniería Civil, cada vez más nuestra sociedad demanda soluciones acertadas, esto es, adecuadas técnica y económicamente, respetuosas con el medio ambiente, y que no hipotequen nuestro futuro. En este contexto, la tecnología tiene un rol clave en la urgente necesidad de reentender la relación del ser humano con nuestro planeta, el único que tenemos, para tratar de enderezar y resolver las disfunciones que han aparecido aceleradamente en el último siglo en esta interacción.

El desarrollo humano sostenible, como único modelo de desarrollo posible, plantea un reto de dimensiones todavía difícilmente imaginables de cara a los actuales y futuros profesionales, que no deberían perpetuar un modelo agotado. Por ello, el papel de la formación es capital, y en particular, la de los ingenieros.

El prestigio de los ingenieros se ha conseguido porque siempre han contribuido al progreso, estando del lado de la solución y no de los problemas. Sin embargo, muchas voces claman hoy que la ingeniería y la tecnología se encuentran también en la raíz de los problemas graves de nuestro planeta. Ha llegado la hora de recuperar el rol de liderazgo social haciendo de la tecnología un medio imprescindible para garantizar el progreso sostenible de la humanidad.

El Colegio de Ingenieros de Caminos, Canales y Puertos, consciente del papel clave de los Ingenieros de Caminos en el desarrollo sostenible, y consciente de que nuestra formación debe integrar nuevas dimensiones en la educación, tales como la interdisciplinariedad, las habilidades sociales, la solidaridad, la ilusión ante los retos y la visión a largo plazo, entre otros, ha decidido adoptar un papel activo en este campo. A tal fin, ha establecido una colaboración con la Universidad Politécnica de Cataluña plasmada, entre otras cosas, en la traducción de este magnífico y ameno libro que tengo el gusto de prologar. Estoy seguro de que constituirá un texto de obligada referencia en las Escuelas de Ingeniería y de que su lectura nos aportará puntos de vista innovadores, nos ayudará a abrir nuevos horizontes y contribuirá a hacernos reflexionar individual y colectivamente sobre nuestro papel y actitud como profesionales y como seres humanos.

Barcelona, Febrero de 2007

Josep Oriol Carreras
Decano del Colegio de Ingenieros de Caminso, Canales y puertos
Demarcación de Cataluña

Índice General

Agradecimientos

Este libro es un proyecto conjunto de la Universidad Tecnológica de Delft (DUT) y la Universidad Politécnica de Cataluña (UPC) en Barcelona. Karel Mulder es el autor principal y está en deuda con muchos colegas que aportaron material, consejos y comentarios a los primeros apuntes:

Carlos Welsh, Josep Antequera, Bárbara Sureda y Ernesto González del Observatorio de Sostenibilidad de la cátedra UNESCO sobre Tecnología, Desarrollo Sostenible, Desequilibrio y Cambio Global, UPC, presentaron el primer borrador del Capítulo 6.

Renate van Drimmelen (DUT) presentó un primer borrador del Capítulo 7 y Heleen Willems (DUT) presentó un primer borrador del Capítulo 8.

Carlos Welsh, Enric Carrera, Didac Ferrer Balas, Yazmin Cruz, Mireia de Mingo, Marta Pujadas, Jordi Segalas, Albert Cuchi, Ana Luz Saco (UPC), Kai Hillebrecht (TU Braunschweig), Francisco Lozano (Tecnológico de Monterrey), Fernando Guttierez (Universidad Politécnica de Madrid), Paul Weaver (University of Durham), Leo Jansen, Linda Kamp, Gert Jan de Werk, Renate van Drimmelen, Jaco Quist, Mariette Overschie, Dirk-Jan Peet, Crelis Rammelt, Karin van Duijn, Agnes Dokkuma (DUT) y alrededor de 100 participantes de un taller especial en el congreso de Educación sobre Desarrollo Sostenible para Ingenieros II (EESD II por sus siglas en inglés), Barcelona, 2004, contribuyeron al trabajo en este libro.

Introducción

Los ingenieros son los arquitectos del futuro. Ellos forjan el mundo a través de sus diseños de productos y procesos, su gestión de los sistemas técnicos y sus innovaciones. La misión del ingeniero, en conjunto con otras disciplinas, es satisfacer las demandas de nuestra sociedad.

La forma en que opera nuestra sociedad industrial ya no es sostenible y, además, amenaza las oportunidades de desarrollo de los menos privilegiados y las generaciones futuras. La sociedad industrial es responsable del agotamiento y la contaminación de nuestro planeta Tierra y nos ha forzado a tomar riesgos de magnitudes desconocidas. Los sistemas naturales han sido alterados más allá del punto de retorno. La distribución desigual de los recursos de la Tierra crea tensiones insoportables entre el 20% de ricos y el 80% de pobres de nuestro planeta.

La sociedad está cambiando. Tendrá que adaptarse, y los ingenieros, los arquitectos del futuro, pueden desempeñar un rol esencial para hacerlo posible.

Todas las áreas necesitan cambios. La manera en que consumimos no puede continuar. Sin embargo, no es fácil renunciar a los milagros de la sociedad de consumo. ¿Existe una forma de reconciliar nuestro estilo de vida moderno con la necesidad apremiante de cambio? ¿Puede la tecnología nueva y mejorada desempeñar un papel clave? Se necesitarían grandes avances en la eficiencia ambiental de nuestras tecnologías actuales. ¿Son posibles? ¿Están capacitados los ingenieros para asumir esta tarea importante?

En la mayoría de los países industrializados, la noción del ingeniero es la de un individuo inteligente que inventa o diseña productos, procesos y obras públicas en su tablero de dibujo.[1] No obstante, esta inventiva podría canalizarse demasiado hacia el desarrollo de tecnología más inteligente y muy poco hacia las necesidades sociales. Los ingenieros con capacitación científica deben concentrarse en cuestiones de sostenibilidad y en el modo en que los problemas sociales y ambientales impactan en la tecnología. Una vez graduados, los estudiantes de ingeniería no viven en torres de marfil, pero se convierten en gerentes de diseño o jefes de grupos de investigación, líderes de compañías o institutos y, tal vez también, en futuros desarrolladores de políticas. Por lo tanto, los ingenieros deberían aprender a pensar estratégicamente sobre los desafíos que el cambio tecnológico plantea a la sostenibilidad. Por supuesto, esto no implica que cada ingeniero individual deba abocarse en forma constante y exclusiva al desarrollo sostenible. Sin embargo, debería, como mínimo, tomar conciencia de los desafíos que esta cuestión plantea a su profesión y estar dispuesto a acercarse a otras disciplinas para desarrollar soluciones.

Este libro ha sido escrito para brindar a los estudiantes de ingeniería una comprensión sobre el desafío que el desarrollo sostenible impone a la profesión de ingeniero, la contribución de la ingeniería al desarrollo sostenible y las barreras y trampas que requieren cautela. La participación de los ingenieros en el desarrollo sostenible es buena para el desarrollo sostenible y buena para los ingenieros que desean ampliar sus perspectivas.

1 La cantidad de ingenieras varía, pero en casi toda disciplina de ingeniería, y en la mayoría de los países, la representación femenina se encuentra muy por debajo del 50%. Ello es lamentable. Por una cuestión de simplicidad, aquí nos referiremos al ingeniero empleando el genérico masculino, pero esperamos que pronto esta situación se modifique.

1 ¿Por qué es necesaria la sostenibilidad?

Este capítulo explica qué es el desarrollo sostenible y las consecuencias de las prácticas no sostenibles. Para ello, recurre a la historia de la Isla de Pascua, un ejemplo del declive de una comunidad causada por sus prácticas no sostenibles. El capítulo describe de manera breve parte de la historia del concepto de desarrollo sostenible y ofrece un marco para establecer objetivos con vistas a mejoras futuras.

La Isla de Pascua

La Isla de Pascua (Rapa Nui) en el Océano Pacífico es uno de los sitios habitados más remotos del mundo. Se encuentra a 3.747 Km. de Chile (país al que pertenece) y a 2.250 Km. de la isla habitada más cercana, Pitcairn. Sus enormes estatuas (ver Figura 1.1) la convierten en un popular punto de atracción turística.

El almirante holandés Jacob Roggeveen desembarcó en la Isla de Pascua en 1722. En su viaje alrededor del mundo, iba en busca de una isla grande y misteriosa que se rumoreaba que existía en el Pacífico.

Cuando Roggeveen y su tripulación exploraron la isla, encontraron una población de unas 3.000 personas que vivían en chozas y vestían harapos. Roggeveen vio las enormes estatuas (llamadas Moais) y sintió curiosidad. Estaban ubicadas en grupos sobre plataformas (Ahus) cerca de la playa y de espaldas al mar. Algunas tenían sombreros de piedra separados. La imagen erguida más grande pesa 82.000 kilogramos (82 toneladas) y mide 9.8 m. Las estatuas se cortaron en una cantera en el centro de la isla, a 14 Km. de la playa. Aún hoy, es posible observar en el lugar una cantidad de estatuas semi-terminadas y varias terminadas que nunca llegaron al borde de la playa.

Roggeveen sólo permaneció un par de días en la isla. Exploradores posteriores describieron la vida de la isla en más detalle y sintieron igual intriga por las estatuas. Crear las plataformas, tallar las estatuas y transportarlas varios kilómetros debió haber significado un esfuerzo considerable. Existen formas de transportar una estatua promedio con unas 20 personas; este acarreo demoraría de 30 a 70 días. Sin embargo, estos métodos resultarían arriesgados en el terreno irre-

Source: reproduced with permission from Jan Boersema

FIGURA 1.1 **Moai en la Isla de Pascua**

gular de la Isla de Pascua. Sistemas más seguros involucrarían el uso de rodillos o trineos de carga. Estos métodos son más rápidos pero requieren más personas.[1]

Hay dos cosas ciertas:

- Crear las estatuas requería mucha mano de obra. Como la mayoría de las estatuas datan de entre 1400 y 1600, la sociedad de la Isla de Pascua de entonces debió haber sido mucho más próspera y haber estado mucho mejor organizada para poder llevar a cabo estos esfuerzos.
- El uso de métodos de transporte que no fueran de madera habría resultado demasiado arriesgado para las estatuas y probablemente poco adecuado para el terreno desigual.

Otra evidencia apunta al uso de madera: la isla estaba cubierta de arbustos y no de árboles. Sólo se descubrieron dos palmeras del vino chilenas en la isla; crecían en un cañón y eran inalcanzables. No obstante, los arqueólogos han demostrado que, en otros tiempos, la isla estuvo cubierta por distintas especies de palmeras.

1 Para obtener mayor información sobre teorías modernas, consultar www.anthropology.hawaii.edu/projects/ppp/symposium.html, 20 de octubre de 2005. Sobre experimentos de transporte en la Isla de Pascua, consultar www. pbs.org/wgbh/nova/easter/move, 20 de octubre de 2005.

Las teorías modernas con respecto a la Isla de Pascua afirman que sus habitantes provenían de la Polinesia y que llegaron a la isla entre el 800 y 400 AC.[2] La riqueza de la tierra y del mar proporcionó a los isleños los medios para desarrollar una cultura floreciente. En el siglo XVI, la población ascendía a alrededor de 7.000 habitantes. El sistema social de la Polinesia se basa en el clan como unidad dominante. Por tanto, es probable que la vida de clan fuera también el sistema social prevaleciente en la Isla de Pascua. Los Ahus eran quizá símbolos religiosos que expresaban la posición del clan al que pertenecían. ¿Pero qué sucedió?

El incremento de la población y la enorme actividad desplegada en la creación de los Moais empezaron a cobrarse su precio. La tierra fértil se erosionó y se necesitaba más superficie para la agricultura. La construcción de Moais, botes y casas forzaban la tala de grandes cantidades de árboles. Es probable que la isla se haya quedado sin madera y sin alimento, pero los isleños debieron haber seguido derribando árboles hasta que ya no quedó ninguno. Así, la creación y el emplazamiento de los Moais se interrumpió y no se pudieron construir más botes ni casas nuevas. La hipótesis aceptada es que esto coincidió con conflictos armados entre los clanes.

La civilización de la Isla de Pascua se derrumbó debido a su naturaleza no sostenible. ¿Pero, por qué nadie hizo nada al respecto? Tal vez los habitantes no eran tan conscientes, como lo somos ahora, del daño que estaban infligiendo al ecosistema de la isla. No es realista asumir que una civilización tan desarrollada como la de la Isla de Pascua no tomara conciencia de que había derrumbado su último árbol. Sin embargo, en la lucha competitiva entre clanes, no derribar un árbol significaría dejarlo para las hachas del clan rival. Este es un ejemplo del **dilema del prisionero** (ver el Capítulo 4).

Los sociedades no sostenibles se derrumban

El ejemplo de la Isla de Pascua muestra que la gente no puede actuar como si sus recursos fueran ilimitados. Pero la Isla de Pascua no es un ejemplo extremo. Varias civilizaciones en todo el mundo han colapsado como resultado del uso de métodos de agricultura no sostenibles. Algunos ejemplos incluyen:

- Con el uso de irrigación, las cosechas iniciales producen buenos rendimientos. Pero cuando el agua se evapora en el suelo, deja sal en la capa superficial. El exceso de sal enferma las plantas; los rendimientos empiezan pronto a disminuir y el suelo ya no puede utilizarse para agricultura. Existe evidencia de que este fenómeno contribuyó al derrumbe de las civilizaciones de los Mayas en América Central, del valle Indus en el sur de Asia y de las ciudades de Mesopotamia en el Oriente Medio.
- Cuando se drena el suelo agrícola, la presión hidrostática puede forzar el ascenso del agua salina desde las capas inferiores. Esto también puede provocar envenenamiento por sal.
- La irrigación suele contribuir a la erosión, es decir, a la eliminación de la capa superior productiva del suelo. La erosión también puede ocasionar tormentas de polvo, que pueden convertirse en verdaderas amenazas para granjas y pueblos. En la década de 1930, la sequía denominada Dust Bowl, que resultó de años de precipitaciones escasas y producción agrícola extensiva, originó un problema grave en el medio oeste de los Estados Unidos. La erosión del suelo ha destruido comunidades en todas las partes del mundo.

2 Una evidencia reciente sugiere que la colonización de la Isla de Pascua ocurrió más tarde, en el año 1200. También indica que la devastación de la isla ocurrió de forma mucho más rápida. Consultar Ann Gibbons, 'Dates Revise Easter Island History', *Science* 311.5766 (10 de marzo de 2006): 1,360.

- Cuando la población crece, la mayor necesidad de alimento puede impulsar un monocultivo extensivo. Esto puede generar epidemias de plagas (en especial si no hay rotación de cultivos o períodos de descanso). La hambruna resultante puede destruir civilizaciones enteras. La hambruna que obligó a los descendientes de Abraham a dejar la tierra de Canaá y dirigirse a Egipto obedeció probablemente a la roya en el trigo.[3] Un ejemplo conocido es la Hambruna de la Patata en Irlanda entre 1845 y 1850.[4] En 1845, Irlanda era una nación muy poblada. Para producir suficiente alimento, dependía casi por completo de sus cultivos de patata, ya que la patata produce rendimientos muy altos por área de cultivo. La rotación de cultivos para prevenir estallidos de plagas era casi imposible. La plaga (*Phytophthora infestans*) azotó en 1845. Las patatas se pudrían en los campos. Las tiendas también se vieron afectadas. La plaga reapareció en 1846 y otra vez en 1848. Alrededor de un millón de personas murieron y muchas abandonaron el país, con lo que la población irlandesa se redujo de 8 a 5 millones.

¿Y nosotros?

Hoy en día, el consumo mundial de petróleo es de unos 30.000 millones de barriles anuales. Las reservas probadas ascienden a alrededor de 1.150.000 millones de barriles. Esto es suficiente para 25-35 años, según el incremento en el consumo de energía.[5]

En especial cuando sube el precio del petróleo, se exploran reservas nuevas. Sin embargo, llegará un momento en que no habrá reservas nuevas disponibles. Si seguimos consumiendo petróleo al ritmo actual, es probable que se agote entre 2050 y 2100. El petróleo es crucial para nuestros sistemas de transporte, suministro de electricidad, calefacción y provisión de materiales. Tal vez reconozcamos el problema, ¿pero seremos capaces de tomar las medidas para desarrollar las alternativas que necesitamos? Las tecnologías que utilizan arenas alquitranadas o carbón podrían proporcionar combustibles alternativos. ¿Pero, y el cambio climático? Los científicos comienzan a ponerse de acuerdo respecto de este fenómeno. ¿Podrá la comunidad global llegar a un consenso sobre las medidas a tomar? Los resultados de la conferencia de Kyoto sobre el cambio climático demuestran que es difícil alcanzar un consenso sobre medidas mundiales (comparar Capítulo 4).

La historia de la Isla de Pascua contiene otra lección: utilizar la dicotomía entre tecnología y sociedad no es muy productivo. La tecnología de la Isla de Pascua se inventó para producir estatuas que eran importantes en su cultura y organización social. Modificar la tecnología habría generado efectos graves para la cultura y la organización de la isla. Los cambios tecnológicos deben ajustarse siempre a los procesos sociales, mientras que los cambios en las estructuras sociales afectarán la tecnología. Por lo tanto, se torna necesario abordar el **cambio socio-tecnológico**.

La crisis que enfrentamos hoy posee componentes ambientales y sociales. Muchas personas no están preocupadas. Por un lado, tienen una percepción insuficiente de su magnitud, en particular en los países desarrollados. Por el otro, las consecuencias son difíciles de aceptar.

> Hemos adquirido la capacidad de alterar los sistemas naturales de la Tierra, pero no queremos aceptar las responsabilidades de esta práctica.[6]

3 www.botany.hawaii.edu/faculty/wong/BOT135/Lect08.htm, 20 de octubre de 2005.
4 collections.ic.gc.ca/potato/history/ireland.asp, 20 de octubre de 2005.
5 Para obtener datos precisos, consultar *BP Statistical Review of World Energy 2005*; www.bp.com/genericarticle.do?categoryId=111&contentId=2004175, 20 de octubre de 2005.
6 L.C. Brown (ed.), *State of the World 1999* (Washington, DC: Worldwatch Institute, 1999; www.worldwatch.org/pubs/sow/1999, 20 de octubre de 2005).

> La forma en que percibimos las amenazas a la integridad del medio ambiente es tal vez más peligrosa que las amenazas en sí. La mayoría de las personas se resiste a aceptar la extrema gravedad de la crisis.[7]

En la actualidad, tenemos acceso a grandes cantidades de información acerca de la situación mundial. Si la humanidad no actúa, no será por falta de información.

- El Programa de las Naciones Unidas para el Medio Ambiente (PNUMA) publica de forma regular conjuntos de datos que describen la situación del mundo.[8]

- El Instituto Worldwatch publica un informe anual, *Situación del Mundo*, y una revista bimensual, *WorldWatch Magazine*.[9]

- Existe una amplia cobertura periodística de conferencias internacionales como:
  - Conferencia de las Naciones Unidas sobre el Medio Ambiente y el Desarrollo en Río de Janeiro en 1992[10] y en Johannesburgo en 2002[11]
  - Conferencia Internacional sobre la Población y el Desarrollo en el Cairo en 1994 y en Nueva York en 1999[12]
  - Cuarta Conferencia Mundial sobre la Mujer en Beijing en 1995[13]
  - Cumbre Mundial sobre la Alimentación en Roma en 1996[14]
  - Cumbre Mundial sobre la Sociedad de la Información en Ginebra en 2003[15]
  - Conferencia sobre Asentamientos Humanos, Habitat, en Estambul en 1996[16]

¿Desarrollo sostenible?

El medio ambiente natural es la fuente de todas las substancias que sostienen la vida humana. De él tomamos alimentos, agua, combustibles, minerales y metales, y también lo utilizamos como un receptor («vertedero») de nuestros desperdicios.[17] En las últimas décadas, la actitud general hacia el medio ambiente ha experimentado un cambio significativo. En la década de 1960, la mayoría de la gente creía que el medio ambiente natural era infinito. En 1962, Rachel Carson demostró en su libro *Primavera Silenciosa*[18] que el uso de agroquímicos había creado serios problemas. En particular un pesticida moderno, el DDT, que se utilizaba de forma generalizada para combatir insectos debido a su bajo nivel de toxicidad para los humanos y el ganado, resultó tener efectos

7 A. Gore, *Earth in the Balance: Ecology and Human Spirit* (Nueva York: Plume Books, 1993).
8 Programa de las Naciones Unidas para el Medio Ambiente (PNUMA), Global Environmental Outlook, www.unep.org/Geo/index.htm, 20 de octubre de 2005.
9 www.worldwatch.org/pubs, 20 de octubre 2005.
10 www.ciesin.org/datasets/unced/unced.html, 20 de octubre 2005.
11 www.johannesburgsummit.org/html/basic_info/unced.html, 20 de octubre 2005.
12 www.iisd.ca/cairo.html, 20 de octubre 2005.
13 www.un.org/womenwatch/daw/beijing, 20 de octubre 2005.
14 www.fao.org/docrep/003/w3613e/w3613e00.htm, 20 de octubre 2005.
15 www.itu.int/wsis, 20 de octubre 2005.
16 www.un.org/Conferences/habitat, 20 de octubre 2005.
17 La clasificación de 'desperdicio' puede variar de acuerdo al tiempo y al lugar. El abono puede ser un fertilizante si se utiliza en pequeñas cantidades, pero puede constituir un serio problema ambiental si se emplea en grandes cantidades. En los países ricos, los envases de plásticos por lo general constituyen un desperdicio tras haber sido utilizados. En muchos países más pobres, son un recurso de valor.
18 R. Carson, *Silent Spring* (Boston, MA: Houghton Mifflin; Cambridge, MA: River-side Press, 1962).

desastrosos sobre la vida silvestre. La causa se identificó en la acumulación de DDT en el tejido adiposo de los animales depredadores.

Varios incidentes contribuyeron a la creciente conciencia pública sobre el medio ambiente, entre ellos:

- La contaminación del suelo en Canal Love en las Cataratas del Niagara (EEUU), donde se descubrió que se había construido una escuela sobre un basurero químico[19]
- Los enormes derrames de petróleo cuando el barco petrolero *Torrey Canyon* encalló cerca de las Islas Sorlingas, en Inglaterra en 1967,[20] en lo que constituyó el primer accidente de este tipo

En 1972, Dennis Meadows y sus co-autores adoptaron una perspectiva más amplia en *Límites al Crecimiento*.[21] El libro marcaba un cambio hacia una visión finita del mundo; se concentraba no sólo en los desperdicios y las emisiones sino también en el consumo de recursos. El libro señalaba que el crecimiento demográfico y del consumo eran exponenciales, mientras que la producción de recursos sólo puede crecer de modo lineal. Factores como el crecimiento demográfico, el consumo de recursos, la producción de alimentos y la polución se integraron en un único modelo que predecía un colapso antes del año 2000. El tono pesimista de la obra generó una reacción de Herman Kahn, futurista norteamericano que anticipaba un futuro más brillante:

> Doscientos años atrás, en casi todas las partes del mundo, los seres humanos eran pocos, pobres, y estaban a merced de las fuerzas de la naturaleza. Dentro de doscientos años, esperamos que en casi todas las partes del mundo haya muchos individuos, ricos, y controlando las fuerzas de la naturaleza.[22]

La base de esta visión era el progreso tecnológico. Kahn predijo que la humanidad abandonaría la senda del crecimiento exponencial y acabaría en un nivel final en el que cada ciudadano del mundo podría vivir una vida próspera. De cara a la crisis ambiental ya descrita, este futuro brillante no es nada seguro. Es un desafío al que debemos apuntar nuestros esfuerzos.

En la década de 1980, la Comisión Mundial sobre el Medio Ambiente y el Desarrollo de la ONU, presidida por el primer ministro noruego Gro Harlem Brundtland introdujo el término «desarrollo sostenible» para designar los desafíos para el desarrollo futuro de nuestro planeta:

El desarrollo sostenible es un desarrollo que satisface las necesidades del presente sin comprometer la capacidad de las generaciones futuras para satisfacer sus propias necesidades.[23]

En el informe, la Comisión propuso reconciliar la cuestión del desarrollo con la protección de los recursos del planeta.

El desarrollo sostenible implica lograr nuevos equilibrios:

- Entre ricos y pobres
- Entre generaciones actuales y futuras
- Entre la humanidad y la naturaleza

El desarrollo sostenible es una dirección hacia la cual proceder; nadie puede arrogarse la sabiduría de definir una solución absoluta para el mundo.

19 Consultar ublib.buffalo.edu/libraries/projects/lovecanal, 17 de marzo de 2006.

20 Consultar www.imo.org/Environment/mainframe.asp?topic_id=231#2, 17 de marzo de 2006.

21 D.H. Meadows, D.L. Meadows, J. Randers y W.W. Behrens, *The Limits to Growth* (Nueva York: Universe Books, 1972).

22 H. Kahn, W. Brown y L. Martel, *The Next 200 Years: A Scenario for America and the World* (Nueva York: William Morrow, 1976).

23 G.H. Brundtland (ed.), *Our Common Future: The World Commission on Environment and Development* (Oxford: Oxford University Press, 1987).

La sostenibilidad no significa que todos en este planeta terminarán viviendo de la misma manera. Las culturas y los individuos tienen necesidades diferentes. La diversidad cultural es un valor que debe conservarse, puesto que constituye nuestra herencia viviente.

¿Pero, por qué los segmentos más ricos de la población mundial pueden satisfacer sus deseos más absurdos mientras muchos otros padecen hambre, no reciben educación o mueren de enfermedades que se curan con facilidad en las partes más prósperas del mundo? El desarrollo sostenible es una cuestión moral que se basa en asumir que todos los seres humanos tienen los mismos derechos a construir la vida que desean (sin lesionar los derechos de otros). Los derechos humanos, los problemas de género, el empleo y las tradiciones culturales no pueden separarse del tema de la sostenibilidad. Los países, regiones y comunidades locales deberían desarrollar su propio camino hacia la sostenibilidad; no existe una única ruta. Por lo tanto, todo intento de desarrollar vías sostenibles de desarrollo para otros debería despertar recelo (ver el Capítulo 3).

¿Cuál es la base de la sostenibilidad?

A pesar de que no podemos definir una sociedad sostenible como un estado final al que se pueda aspirar, sí es posible describir algunos principios más básicos:

- El consumo de recursos debería minimizarse
- Los ciclos de consumo de materiales no renovables deberían cerrarse
- Los materiales renovables y las fuentes de energía deberían recibir preferencia
- Debería estimularse el desarrollo de potenciales humanos como la comunicación, la creatividad, la cooperación, el desarrollo intelectual y el amor.
- Los individuos deberían contribuir al bien común y no sólo al bien privado

Las actividades no sostenibles podrían definirse como aquellas que:

- Requieren un consumo constante de recursos no renovables o consumen más recursos renovables de los que el sistema de la Tierra podría generar.
- Degradan el medio ambiente
- Requieren tales cantidades de recursos que nunca estarán disponibles para todos
- Producen extinción de las especies
- Estimulan el egoísmo
- Crean el riesgo de un desastre

El desarrollo sostenible entraña una redefinición y una revisión de conceptos como la producción, la riqueza y el interés. La teoría económica debería encontrar maneras de incluir los activos de la naturaleza y el desarrollo humano en sus cálculos. Las leyes nacionales e internacionales, los sistemas impositivos y las prácticas comerciales necesitan cambios considerables.

¿Podemos darnos el lujo de virar hacia el desarrollo sostenible? No hay alternativa para el desarrollo sostenible. El mundo debe proceder en esa dirección o se enfrentará al caos y el derrumbe. Es más, el mundo desarrollado tendrá que dar un paso inicial y debería ser conciente de que su prosperidad obedece a una **deuda ecológica**.

El desarrollo sostenible creará más empleo. Por ejemplo, la conservación de la energía y la agricultura orgánica son mucho más intensivas en términos de mano de obra que la agricultura industrializada y la producción de combustibles fósiles o energía nuclear.[24] Sin embargo, los países o regiones individuales podrían sufrir bastante si optaran completamente por el desarrollo sostenible. Por ejemplo, la pesca sostenible podría implicar mucha menos actividad pesquera para mantener un ecosistema rico y productivo (ver el Capítulo 2). Pero los pescadores extranjeros podrían acaparar las zonas y mercados de pesca, con lo que impedirían la ejecución de la pesca sostenible y dejarían sin empleo a los pescadores sostenibles. Este rumbo hacia el «desarrollo sostenible» sería un callejón sin salida.

Para el desarrollo sostenible, necesitamos cooperación y acuerdos internacionales; acuerdos que tengan en cuenta los derechos y necesidades de todos.

El rol de la tecnología: el factor X

La tecnología desempeñará un rol importante en el desarrollo sostenible. Sin embargo, la tecnología sostenible no será aquella que tale los árboles con más rapidez y más eficiencia sino la que sea capaz de incrementar la vida útil de los troncos.

¿Qué mejoras necesitamos en la eficiencia ambiental de las tecnologías?

En la década de 1970, había debates acerca de qué factores contribuían más a los problemas que enfrentábamos, a saber, el crecimiento del consumo, la superpoblación o el estado de la tecnología. La denominada ecuación IPAT proporciona una relación aproximada entre estos factores:

$$I = P \times A \times T \qquad (1)$$ [25]

donde:

I = Impacto total sobre el medio ambiente producido por el ser humano
P = Población
A = Afluencia, cantidad de productos o servicios consumidos por persona (es decir, el PBI per capita anual para los economistas)
T = Impacto ambiental por unidad de producto/servicio consumido

T suele denominarse el factor «Eficiencia de la Tecnología». ¡Pero es importante advertir que T disminuye a medida que las tecnologías se vuelven más eficientes! Asimismo, T también refleja cuestiones no tecnológicas como la re-utilización de productos y la organización de la producción.

La ecuación IPAT se puede utilizar para ganar claridad sobre la magnitud de las mejoras ambientales en la eficiencia tecnológica que debemos alcanzar en el largo plazo. Para ello, necesitamos estimaciones de los distintos factores:

- **Impacto ambiental.** Como se explica en el Capítulo 2, el uso actual de los recursos naturales no es sostenible. Asumiremos que deseamos reducirlo un 50%
- **Crecimiento demográfico.** Ha sido exponencial. En 2000, la población mundial era de alrededor de 6.000 millones de personas. En la década pasada, las tasas de crecimiento demográfico han caído. Esto obedece, en gran medida, a los devastadores efectos de la epidemia del SIDA. En muchas partes de África y en escala creciente en Asia, la mitad de los adolescentes son VIH positivos. No sólo es importante la tasa de mortalidad directa, sino el hecho de que los jóvenes no llegan a la edad de la reproducción. Las políticas gubernamentales casi no afectan el crecimiento demográfico y hasta las guerras en gran escala

24 B. Commoner, *Making Peace with the Planet* (Nueva York: Alfred A. Knopf, 1960).
25 P. Ehrlich y J. Holdren, 'Impact of Population Growth: Complacency concerning this component of man's predicament is unjustified and counterproductive', *Science* 171 (1971): 1,211-17.

influyen muy poco. Sólo las políticas a largo plazo pueden estabilizar la población mundial. La afluencia creciente contribuye de forma considerable a una disminución en el crecimiento demográfico. Para el año 2050, se predice que la población global será entre 8.000 y 11.000 millones de habitantes (ver la Tabla 1.1.) En consecuencia, una estimación aproximada del crecimiento demográfico sería un factor de 1,5[26]

Área	2000	2050
Mundo	6.071	8.919
Regiones más desarrolladas	1.194	1.220
Regiones menos desarrolladas	4.877	7.699
Países subdesarrollados	668	1.675
África	796	1.803
Asia	3.680	5.222
Europa	728	632
América Latina y el Caribe	520	768
América del Norte	316	448
Oceanía	31	46

TABLA 1.1 **Proyección demográfica mundial (millones)**

Fuente: Departamento de Economía y Asuntos Sociales de Naciones Unidas, División Población, *Población Mundial en 2300*, Marzo 2004, www.un.org/esa/population/publications/longrange2/longrange2.htm, 25 Octubre 2005.

- **Afluencia.** El 20% de la población más rica del mundo consume alrededor del 80% de los recursos mundiales. Esto deja apenas un 20% para el restante 80% de la población mundial.[27] Por lo tanto, los ricos del mundo consumen, en promedio, 16 veces más recursos. Las economías del mundo desarrollado crecen, en promedio, un 2% anual. En un período de 50 años, esto implica un factor de crecimiento de 2,7. Si las naciones más pobres quieren alcanzar a las naciones más ricas, necesitan crecer en un factor de 16 x 2,7 = 43,2, lo que significa un crecimiento anual de 7,8%. Con estos datos, se podría calcular el crecimiento combinado de los segmentos demográficos más pobres y más ricos. Asumamos que el consumo actual es 100. Los ricos consumen 80 y el factor de crecimiento es 2,7; por lo tanto, el consumo dentro de 50 años será de 216. Los pobres consumen hoy 20 y la tasa de crecimiento es de 43,2, de manera que el consumo dentro de 50 años será de 864. Esta da un consumo total de 1.080 o 10,8 veces el nivel inicial.

Podemos sustituir estas estimaciones en la ecuación IPAT. Para el año 2000, podemos fijar todos los factores en un valor de referencia de 1:

$$I_{2000} = P_{2000} \times A_{2000} \times T_{2000} = 1 \times 1 \times 1 = 1 \quad (2)$$

Ahora podemos calcular el valor de T_{2050} ($X \times T_{2000}$) con las estimaciones antes mencionadas:

$$I_{2050} = P_{2050} \times A_{2050} \times T_{2050} = 1{,}5 \times P_{2000} \times 10{,}8 \times A_{2000} \times X \times T_{2000} = 0{,}5 \times I_{2000} \quad (3)$$

26 F. Pearce, 'Global Population Forecast Falls', *New Scientist*, 27 de febrero de 2003.

27 Para obtener datos más precisos, consultar Programa de las Naciones Unidas para el Desarrollo (PNUD), *Human Development Report 2003. Millennium Development Goals: A Compact among Nations to End Human Poverty* (Nueva York: PNUD, 2003, hdr.undp.org/reports/global/2003, 20 de octubre de 2005).

Ahora, calculamos X:

$$X = 0{,}5/(1{,}5 \times 10{,}8) = 1/32{,}4 \qquad (4)$$

Sobre la base de estos supuestos, la tecnología debería ser 32,4 veces más eficiente en términos ambientales de lo que es en la actualidad.

Sin embargo, estos cálculos no deben interpretarse de forma literal como un objetivo para cada tecnología separada.

Como se explica en el Capítulo 5, el cambio tecnológico siempre conlleva cambios sociales. Las necesidades son dinámicas e influyen en la tecnología; las nuevas tecnologías modifican las necesidades.

Segundo, el mundo nunca estará «terminado». El desarrollo sostenible debe ser un proceso abierto al que generaciones futuras (y los no privilegiados que hoy no tienen voz) puedan sumarse y fijar objetivos nuevos. En consecuencia, siempre habrá problemas nuevos y desafíos nuevos, aún cuando hayamos mejorado la eficiencia ambiental de la tecnología en un factor de 32,4.

En tercer lugar, algunas tecnologías sólo permiten una mejora marginal, mientras que otras tecnologías se pueden mejorar radicalmente para alcanzar una mejora muy superior a las 32 veces, y sin consumo de recursos ni emisiones de residuos. Tanto las mejoras tecnológicas marginales como las radicales serán importantes para el desarrollo sostenible. Pero debemos estimular las radicales porque, sólo cuando produzcamos avances lo bastante significativos en eficiencias tecnológicas podremos alcanzar los niveles de mejora necesarios. Esto se explica en más detalle en los Capítulos 9 y 10.

Preguntas, análisis y ejercicios

1. La ecuación IPAT describe el impacto sobre el medio ambiente como una función lineal de los factores Población, Afluencia y Tecnología.
   - a. ¿Cree usted que esta descripción es realista? ¿Por qué lo cree así?
   - b. Considere el caso de que el Impacto dependiera del cuadrado de la Población. ¿Cómo afectaría esto el factor X?
   - c. Sugiera cuál de los factores (Población, Afluencia y Tecnología) están interrelacionados (es decir, son una función de uno de los otros factores). Justifique por qué cree que existe esta interrelación.
2. Calcule la mejora requerida en la eficiencia ambiental de la tecnología en 2050 a partir del supuesto de que la afluencia de toda la población mundial está al nivel de afluencia de los países ricos en 2000.
3. La escasez en la provisión de petróleo es considerada una importante amenaza al futuro del mundo. Describa otra amenaza potencial que podría llevar a una catástrofe y analice sus consecuencias.
4. Busque en Internet otros colapsos de culturas significativos además de los mencionados en el texto. ¿Cuáles fueron los motivos del colapso? ¿Fue el comportamiento no sostenible la causa del problema? ¿De qué manera estaba este comportamiento incorporado en la cultura?
5. Algunos desastres ambientales recibieron cobertura periodística únicamente en los países en donde ocurrieron. Intente averiguar qué desastre ambiental fue en particular importante para crear conciencia ambiental en su país.

2 ¿Por qué el sistema mundial actual no es sostenible?

Este capítulo examina las consecuencias del consumo mundial y los sistemas de producción actuales sobre los distintos sistemas naturales que sostienen la vida en la Tierra. Un análisis del sistema natural que sostiene la vida en este planeta muestra que está en constante evolución. La humanidad es parte de este sistema. Nuestra percepción del universo, que suele estar arraigada en convicciones religiosas o políticas, es importante para determinar qué podemos hacer al planeta. El capítulo incluye un análisis de los criterios que pueden emplearse para determinar qué cambios ocasionados por la humanidad en el sistema sostenible de vida deberían considerarse problemáticos y un resumen de los principales problemas.

El sistema sostenible de vida

Un **ecosistema** es la unidad funcional básica que sostiene la vida. Un ecosistema incluye las comunidades de plantas y animales en un área y el entorno físico sin vida que le sirve de soporte.[1] Un problema importante es identificar los límites de un ecosistema: siempre existen intercambios entre dos ecosistemas adyacentes.

La **ecología** es la ciencia que estudia los ecosistemas. La ecología es una ciencia interdisciplinaria conectada con varias disciplinas como la meteorología, la climatología, la hidrología, la biología, la genética, la fisiología, la etiología y las matemáticas.

La ecología estudia la evolución de la vida en tres niveles de integración:

- Dinámica de la población de una única especie
- Dinámica de las comunidades de especies
- Dinámica de los ecosistemas (comunidad + biotopo)

1 Agencia de Protección Ambiental de los EE.UU.; www.epa.gov/maia/html/glossary.html, 21 de octubre de 2005.

El paradigma del «equilibrio» dominó la ecología durante mucho tiempo. Este paradigma suponía que los sistemas ecológicos eran o estaban:

- Cerrados
- Libres de rupturas y alteraciones
- Independientes de la influencia humana
- Regulados por sus propios mecanismos, que contribuyen a lograr estabilidad y equilibrio

Este paradigma ha sido descartado de acuerdo con la evidencia creciente de que los ecosistemas son, en esencia, sistemas abiertos, o que el equilibrio sólo existe a un nivel sistémico mucho más alto.

Interacciones entre especies

En un ecosistema, las diferentes especies y organismos no están aislados. Los organismos se relacionan unos con otros a través de distintas interacciones positivas o negativas, entre las cuales destacan:

- **Mutualismo o simbiosis:** cuando las especies obtienen beneficios de su asociación. Los ejemplos incluyen a pájaros que diseminan las semillas de las plantas que comen, insectos que son vitales para la reproducción de las flores y pájaros que quitan parásitos de la piel de los mamíferos.
- **Comensalismo:** cuando una de las especies recibe un beneficio mientras que la otra especie no es afectada. Los animales carroñeros son un buen ejemplo.
- **Competencia:** las especies pueden competir, por ejemplo, por alimento, como en el caso de dos especies que comen la misma planta. Cuando dos especies aspiran a ocupar el mismo lugar en el intercambio de energía o de materiales de un ecosistema, surge la competencia.
- **Depredación:** cuando una especie (depredador) come a otra especie (presa). Existe una relación entre el tamaño de las poblaciones de depredadores y presas, ya que el éxito del depredador crea una escasez de alimento que conduce al hambre.
- **Parasitismo:** es un caso especial de depredación. En este caso, el depredador tiende a mantener la presa viva mientras se alimenta de ella.

Para mantener su presencia en los ecosistemas, las especies individuales recurren a diversas estrategias:

- **Estrategia reproductiva.** Asegura la supervivencia de la especie a través de una tasa de reproducción elevada. Muchos miembros individuales de la especie mueren de forma prematura (antes de la reproducción). Esta estrategia se utiliza en entornos rigurosos, con condiciones climáticas variables y alteraciones frecuentes. La estrategia se observa en colonizadores tempranos (especies que conquistan un territorio nuevo) y en especies oportunistas (por ejemplo, ratas, mosquitos y conejos)
- **Estrategia de supervivencia individual.** Tiene como objetivo una tasa de supervivencia elevada (pero de reproducción baja). Esta estrategia se observa en entornos estables y casi constantes. Los individuos son, en gran medida, independientes de su entorno. Algunos ejemplos incluyen los elefantes, ballenas y, por supuesto, los seres humanos.

Los ecosistemas como unidades de procesamiento de energía

Un flujo de energía más o menos constante resulta indispensable para mantener las funciones vitales de las especies vivas. Un ecosistema también puede considerarse una unidad de procesamiento de energía. La energía entra en los ecosistemas a través de los productores primarios o autótrofos, es decir, las plantas u organismos capaces de producir substancias orgánicas a partir de substancias inorgánicas simples como el dióxido de carbono (CO_2) y el agua con la ayuda de la luz del sol (radiación ultravioleta).

A fin de analizar el transporte de energía en un ecosistema, se puede dividir en los siguientes niveles tróficos (Tabla 2.1).

Nivel	Descripción
Productores primarios o autótrofos	Estos organismos se pueden dividir en: • Fotosintéticos: productores primarios que utilizan la luz solar como fuente de energía. Plantas, algas y bacteria fotosintética son fotosintéticos. • Quimiosintéticos: productores primarios que usan reacciones químicas para obtener energía. Las fuentes de químicos pueden ser hidrógeno sulfúrico o azúcar.
Consumidores o heterótrofos	Estos organismos son incapaces de producir su propia comida. Se alimentan de: • Productores primarios (herbívoros) • Otros consumidores (carnívoros) Normalmente se alimentan oxidando material orgánico
Descomponedores	Estos organismos se alimentan de los restos de consumidores muertos. Varios grupos pueden ser incluidos en esta categoría, por ejemplo: los carroñeros o microorganismos.

TABLA 2.1 **División de un ecosistema en niveles tróficos**

Esta distinción entre niveles tróficos es una simplificación del ecosistema. De hecho, la mayoría de los organismos son extraordinariamente adaptables y modifican sus hábitos alimenticios según las circunstancias o su propio ciclo de vida.

Los distintos niveles tróficos son interdependientes. Esto constituye una «cadena de alimentación». En todo ecosistema, existen interconexiones entre diferentes cadenas de alimentación; por ejemplo, la misma planta puede ser ingerida por muchos consumidores diferentes o un animal puede comer muchas plantas o animales diferentes. Por lo tanto, un ecosistema no es un mero conjunto de cadenas de alimentación sino que consiste en redes tróficas o de alimentación (ver el ejemplo en la Figura 2.1).

Los organismos heterótrofos oxidan el material orgánico a través de un proceso denominado combustión aeróbica (los carbohidratos reaccionan con el oxígeno para producir CO_2 y agua). La energía se almacena en moléculas orgánicas y el organismo la utiliza para diferentes funciones (por ejemplo, movimiento, reproducción, etc.). En última instancia, el consumo de energía implica la transformación de energía química en energía térmica, que no puede ser utilizada por la biosfera.

Los niveles de energía disponible se reducen con cada nivel de la cadena alimenticia debido a las pérdidas de energía termal.

El ecosistema no es una entidad aislada; recibe entradas y salidas de substancias y energía. El sistema biológico consume energía endosomática (energía interna del metabolismo del organismo) que ingresa a partir de los productores primarios y se mueve a través de las redes alimenticias.

Los seres humanos también consumen energía exosomática (energía que no pasa por nuestros cuerpos). Hoy en día, utilizamos básicamente energía exosomática (por ejemplo, petróleo y gas).

FIGURA 2.1 Ejemplo de ecosistema

Fuente: regentsprep.org/Regents/biology/units/organization/ecosystem.gif; © 1999–2003 Centro de Preparación de Examenes Regents, Distrito escolar municipal Oswego

Desde el período Paleolítico (Antigua Edad de Piedra), el consumo de energía endosomática se ha incrementado tres veces, mientras que el consumo exosomático ha crecido en un factor de 110.

Flujos de materiales en los ecosistemas

Además de energía, los organismos necesitan substancias con las cuales crear células y tejido. Las plantas y los organismos vivos están compuestos, en gran medida, de agua y moléculas orgánicas como lípidos, glucosa y proteínas.

Las substancias se utilizan en ciclos (básicamente, debido a los descomponentes en el ecosistema). Los ciclos cerrados de carbono, oxígeno y nitrógeno son esenciales para sostener la vida en la Tierra.

Los ecosistemas se pueden caracterizar según la cantidad de biomasa que contienen y la energía que se consume en el sistema.

- **Biomasa** es la masa total de todos los organismos vivos en un ecosistema. Es posible medir la biomasa para todo el ecosistema, pero también como una densidad relativa (es decir, gramos de carbono [C]/unidad de superficie o de volumen). En los ecosistemas terrestres, la unidad más habitual es gC/cm^2 o gC/ha y, en los sistemas acuáticos, es gC/cm^3
- **Producción** es la cantidad de biomasa nueva que generan los productores primarios por unidad de tiempo. Representa la energía disponible para el siguiente nivel trófico y se puede medir en gC/cm^2/año.

Si la cantidad de energía que un nivel trófico superior toma de un nivel inferior excede la producción del nivel inferior, entonces la producción del nivel inferior se verá afectada. Esto podría ocasionar la destrucción del ecosistema. Por tanto, la producción de un ecosistema constituye un parámetro básico para definir su capacidad.

- **Productividad** es el cociente de producción y biomasa (es decir, producción dividida por biomasa). Proporciona una aproximación de la velocidad relativa de producción del ecosistema.
- **Tiempo de renovación** es el cociente de biomasa y producción (es decir, biomasa dividida por producción) e indica el tiempo que se necesita para renovar la totalidad de la biomasa.

Ciclos del carbono, el sulfuro y el nitrógeno

Dado que los organismos están compuestos de agua y compuestos de carbono (orgánicos), el ciclo del carbono es vital para mantener la vida en la Tierra. El carbono se encuentra en:

- **Atmósfera:** contiene poco carbono (350 mg/l), pero forma el intermediario principal entre el carbono en otros sistemas.
- **Océanos:** contienen mucho carbono en la forma de carbono soluble inorgánico, carbono soluble orgánico y carbono orgánico (criaturas vivas, plantas y sus restos). Las rocas sedimentarias constituyen el principal almacenamiento de carbono de los océanos.
- **Biosfera y litosfera:** no se ha podido precisar con exactitud la cantidad de carbono que poseen ni su distribución.

Los mecanismos básicos que cierran el ciclo del carbono son la fotosíntesis y la combustión aeróbica. En la fotosíntesis, el CO_2 atmosférico reacciona con el agua para sintetizar los carbohidratos con la luz solar como fuente de energía. En la combustión aeróbica, los carbohidratos se transforman en agua y en CO_2, en un proceso que libera energía al organismo.

El sulfuro es un componente secundario para los organismos y se puede encontrar en algunos de los aminoácidos que componen las proteínas. El mayor almacenamiento de sulfuro está en la Tierra. A pesar de que el dióxido de sulfuro (SO_2) es un gas contaminante peligroso, apenas existe una pequeña cantidad de sulfuro en la atmósfera. La lluvia lava el sulfuro de la atmósfera.

El sulfuro atmosférico se origina a partir de emisiones naturales (procesos microbióticos y volcanes) y actividades industriales. Desde los comienzos de la revolución industrial, el ciclo del sulfuro se ha incrementado de forma significativa en términos de volumen.

El nitrógeno es un nutriente importante para los ecosistemas y constituye más del 78% de la atmósfera de la Tierra. Casi todas las plantas, animales y microorganismos dependen de compuestos de nitrógeno como el amonio, los nitratos y los nitritos, que no abundan en el suelo y el agua.

El nitrógeno ingresa en el ciclo a través de la fijación biológica. Los hongos y las bacterias liberan compuestos de nitrógeno de origen orgánico al medio ambiente. En el proceso de amonificación, el nitrógeno orgánico se transforma en compuestos inorgánicos o minerales. El proceso de nitrificación puede convertir el amoníaco en nitritos y, luego, en nitratos.

Las bacterias, las plantas y los hongos pueden utilizar nitratos y compuestos de amonio directamente en el proceso de asimilación. Por último, la desnitrificación libera el nitrógeno del material orgánico de un ecosistema.

Ecosistemas y cambio

La mayoría de los organismos están restringidos fisiológicamente por condiciones ambientales específicas como la temperatura o la disponibilidad de agua. Estas condiciones determinan la distribución y la abundancia de las especies. La diversidad en un ecosistema contribuye a estabilizarlo durante condiciones adversas. Esto asegura la supervivencia global de un sistema pero no garantiza la supervivencia de especies individuales.

La evolución de los ecosistemas está determinada por sus factores históricos; es decir, la riqueza y diversidad de un ecosistema depende de los procesos históricos a través de los cuales se formó. Asimismo, la situación actual está también determinada por factores como el clima y el tipo de suelo. La riqueza y diversidad de un ecosistema pueden cambiar continuamente.

Los ecosistemas pueden colonizar áreas nuevas y extinguirse en otros sitios, con registros históricos que muestran una secuencia de ecosistemas en áreas específicas. Este desarrollo secuencial se observa más fácilmente en los fiordos y los glaciares. Por ejemplo, el glaciar Tracy Fjord en Alaska ha encogido 40 km desde 1960. Al hacerlo, creó oportunidades para ecosistemas nuevos. Los líquenes fueron los colonizadores iniciales en este entorno. A continuación, se sumó la vegetación de hoja pequeña y, por último, se formó un ecosistema completo. Esto se puede observar cerca del borde de la playa donde hay un bosque en formación.

Así como la cantidad de especies crece en estas situaciones, también crece la complejidad de las interacciones biológicas entre las diferentes especies. En líneas generales, los ecosistemas más maduros tienen organizaciones más complejas.

Las poblaciones de los ecosistemas más diversos tienden a ser más estables. Los ecosistemas maduros como los bosques tropicales son muy estables y capaces de recuperar su equilibrio incluso bajo alteraciones graves.

Problemas en el sistema sostenible de vida

¿A qué nos referimos exactamente cuando hablamos de problemas de sostenibilidad o problemas ambientales? A primera vista, la pregunta podría parecer simple. Sin embargo, si intentamos responderla desde la perspectiva de los ecosistemas anteriormente mencionada no resulta fácil dar una respuesta directa. La humanidad como parte de un ecosistema complejo está evolucionando y revolucionando este ecosistema. La evolución de los ecosistemas es contínua. ¿Por qué preocuparse, entonces? No todas las alteraciones de un ecosistema constituyen un problema. Pero cuando lo son, ¿cómo lo reconocemos?

Problemas ambientales y catástrofes naturales

Los problemas en el sistema sostenible de vida, que denominamos problemas ambientales, son causados por los seres humanos. Las catástrofes naturales pueden amenazar el sistema sostenible de vida, pero no se consideran problemas ambientales, aunque sus contribuciones a situaciones problemáticas pueden ser considerables. Por ejemplo, las enormes cantidades de cloruro emitidas durante la erupción del volcán Monte Pinatubo en las Filipinas en junio de 1991 contribuyeron de forma substancial a la reducción de la capa de ozono. Es más, los aerosoles volcánicos reflejaron la luz solar, lo que provocó un enfriamiento global durante dos años.

Lo mismo se aplica a los fenómenos creados por la dinámica ordinaria de los ecosistemas. Por ejemplo, en épocas recientes se descubrió que las salinas en regiones más cálidas producen una cantidad considerable de bromuro de metilo y cloruro de metilo, substancias que agotan el ozono.[2]

Los problemas ambientales son creados por la actividad humana. Las catástrofes, en cambio, forman parte de la naturaleza. Aunque la diferencia podría parecer puntillosa, la importancia se infiere de nuestra actitud: existe la percepción implícita que es menos probable que las catástro-

2 R.R. Rhew, B.R. Miller y R.F. Weiss, 'Natural Methyl Bromide and Methyl Chloride Emissions from Coastal Salt Marshes', *Nature* 403 (2000): 292-95.

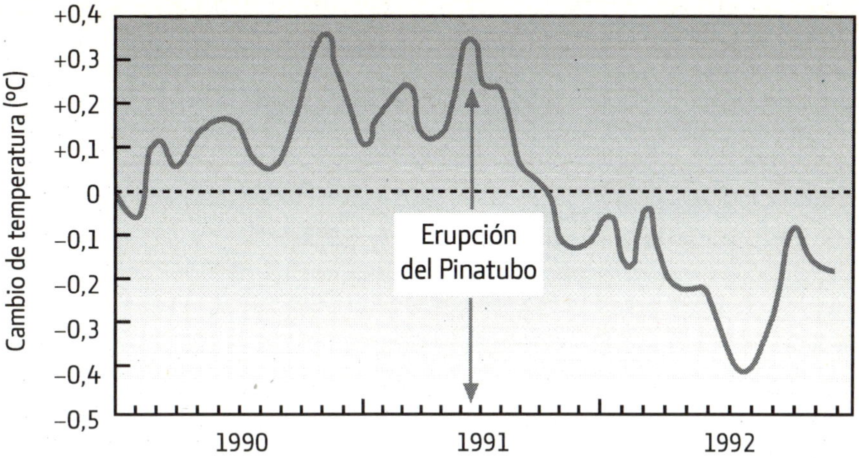

FIGURA 2.2 Cambios de temperatura en Monte Pinatubo

Fuente: Steven Earle, Departamento de Geología, Facultad de Malaspina, Nanaimo, Columbia Británica, Canadá; www.mala.bc.ca/~earles/pinatubo-photosynthesis-mar03.htm, 25 Octubre 2005

fes naturales modifiquen el sistema sostenible de vida de forma irreversible que los problemas inducidos por los seres humanos. En líneas generales, las catástrofes naturales se consideran parte del equilibrio natural. En consecuencia, cuando hablamos de problemas ambientales nos referimos de manera implícita a que la humanidad está creando un problema en el sistema sostenible de vida.

La consecuencia de esta distinción es que es importante establecer la causa de un problema como originado o no por el hombre. Si la humanidad no es la causa del problema, tendemos más a adaptarnos a la situación. Pero si el problema es creado por el hombre, existe una mayor implicación en cuanto a que deberíamos actuar para eliminar su causa.

Sin embargo, incluso los cambios menores pueden ejercer efectos vastos y estructurales (el Efecto Mariposa, es decir, la dinámica no lineal[3]). Por ende, las catástrofes naturales pueden cambiar el mundo para siempre. Se supone que el fenómeno natural de la colisión de un asteroide con la Tierra es la principal causa de la extinción de los dinosaurios; sin duda alguna, un efecto duradero.

La distinción también se presenta en los debates políticos: se suele plantear la discusión sobre las causas humanas o naturales. Por ejemplo:

- ¿A qué obedece la disminución en las tasas de fertilidad masculina?[4] ¿A los químicos, el estilo de vida o los pantalones vaqueros?
- ¿A qué se debe el incremento en las temperaturas? ¿A la actividad solar o al efecto invernadero? Ver más adelante.
- ¿Cuál es la fuente de contaminación por arsénico de muchos de los pozos de agua en Bangladesh (ver Tabla 2.7)? ¿Las condiciones geológicas, las prácticas agrícolas u otras?

3 Pequeñas variaciones en las condiciones iniciales pueden producir enormes transformaciones. Cf: 'Por falta de un clavo, se perdió una herradura. Por falta de una herradura, se perdió un caballo. Por falta de un caballo, se perdió un jinete. Por falta de un jinete, se perdió un mensaje. Por falta de un mensaje, se perdió una batalla. Por una batalla, ¡se perdió el Reino!'

4 Cf. T. Colborn, D. Dumanoski y J.P. Meyers, *Our Stolen Future: Are We Threatening our Fertility, Intelligence and Survival? A Scientific Detective Story* (Nueva York: Dutton, 1996).

Número total de distritos en Bangladesh	64
Área total de Bangladesh	148.393 km²
Población total de Bangladesh	120 millones
PIB per cápita (1998)	260 Dólares
WHO Estándar de arsénico en agua potable	0,01 ppm
Límite máximo permitible de arsénico en agua potable de Bangladesh	0,05 ppm
Número de distritos encuestados por contaminación de arsénico	64
Número de distritos que poseen arsénico superior al máximo permitido	59
Area de los 59 distritos afectados	126.134 km²
Población en riesgo en los distritos afectados	75 millones
Población potencialmente expuesta	24 millones
Número de pacientes sufriendo arsenicosis	7.600
Número total de pozos de tubería en Bangladesh	4 millones
Número total de pozos de tuberías afectados	1,12 millones

TABLA 2.2 **El problema de la contaminación por arsénico en el agua potable de Bangladesh**

Fuente: www.eng-consult.com/arsenic/arsstat.html, 21 Octubre 2005; © EngConsult Limited, Toronto, Canadá

En 1991, dos científicos daneses[5] afirmaron que existía una correlación entre la temperatura promedio de la Tierra y la actividad solar. En general, la actividad solar se ha incrementado a lo largo de un intervalo de 100 años en la misma proporción en que lo ha hecho la temperatura de la Tierra. (Figura 2.3). En ese mismo intervalo, la temperatura promedio de la Tierra se ha incrementado en alrededor de 0,7°C.

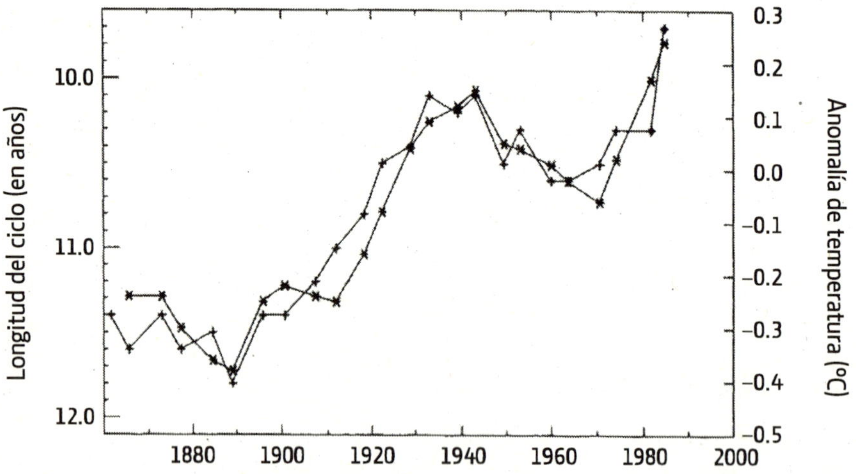

FIGURA 2.3 **Correlación entre la actividad solar y la temperatura promedio de la Tierra**

Reimpreso con autorización de E. Friis-Christensen y K. Lassen; © *Science* 254 (1991): 698-700

5 Cf. E. Friis-Christensen y K. Lassen, 'Length of Solar Cycle: An Indicator of Solar Activity Closely Associated with Climate', *Science* 254 (1991): 698-700.

Incluso las estructuras más finas en las dos curvas son parecidas. Este estudio generó mucha controversia y la última curvatura de la curva (alrededor de 1980) se corrigió más tarde. La conclusión general fue que la correlación declarada era menos perceptible luego de 1980 y que, por lo tanto, no era posible explicar el cambio climático como resultado exclusivo de la actividad solar.[6]

Se ha vuelto cada vez más difícil determinar si el hombre o la naturaleza son los causantes de catástrofes específicas. Muchas catástrofes «naturales» son agravadas por la acción del hombre, por ejemplo, la deforestación, canalización y urbanización de márgenes de los ríos suelen ser factores importantes cuando los ríos se desbordan. La deforestación también contribuye a desastres como las sequías y la erosión al permitir que el suelo se seque con más rapidez. En 1997 y 1998, las sequías produjeron incendios devastadores en Indonesia y en Brasil. Estos incendios ocurrieron en bosques tropicales que, normalmente, son demasiado húmedos para incendiarse.

Cuando los cambios ambientales se convierten en problemas

Si el ser humano provoca un cambio en el sistema sostenible de vida, ¿cuándo lo reconocemos como un problema? La gente modifica sin cesar su entorno natural, a través de casi todas sus actividades. ¿Qué cambios se consideran problemas? Históricamente, ciertos tipos de cambios han sido considerados como problemas:

El fatídico desborde del Río Yangtze

El desastre más costoso de 1998 fue el desborde del Río Yangtze en China. Causó más de 4.000 muertes, dejó sin hogar a 223 millones de personas, inundó 25 millones de hectáreas de cultivo y costó más de 36.000 millones de dólares. Las copiosas lluvias de verano son comunes en el sur y el centro de China y suelen ocasionar inundaciones. Sin embargo, en 1998, fue evidente que hubo otros factores en juego.

En las últimas décadas, el 85% de los bosques en la cuenca del Yangtze han desaparecido como consecuencia de la tala de árboles y la agricultura. La deforestación ha dejado muchas laderas escarpadas desnudas. La pérdida de bosques, que normalmente interceptan la lluvia y le permiten ser absorbida por el suelo, permitía que el agua corriera a raudales y arrastrara consigo la valiosa capa superficial del suelo. Además, numerosos diques y represas habían debilitado los controles de desborde naturales del río y gran parte de las tierras húmedas de la cuenca, que con frecuencia actúan como «esponjas» naturales, habían sido destruidas o rellenadas. Todos estos cambios redujeron la capacidad de la cuenca del Yangtze para absorber la lluvia y acrecentaron la velocidad y la gravedad del flujo de agua resultante.[7]

- Cambios que amenazan nuestra salud
- Cambios que amenazan las especies o los ecosistemas
- Cambios que afectan a los beneficios económicos generados a partir de los procesos naturales

6 P.E. Demon y P. Laut, 'Pattern of Strange Errors Plagues Solar Activity and Terrestrial Climate Data', *Eos* 85.39 (2004): 370-74.

7 J.N. Abramovitz, 'Natural Disasters: At the Hand of God or Man?' (23 de junio de 1999); www.enn.com/arch.html?id=15820, 21 de octubre de 2005.

- Cambios que afectan los beneficios que otros (generaciones futuras, países en desarrollo) reciben de los procesos naturales

A continuación, se analizan estos cuatro tipos de cambios.

Amenazas para la salud

A lo largo de la historia, los primeros problemas ambientales surgieron como amenazas a la salud pública. Las personas no clasificaban problemas específicos como problemas ambientales pero, en retrospectiva, varias reglamentaciones en las ciudades medievales podrían reconocerse como normas ambientales. La mayoría de estas reglamentaciones se relacionaban con la eliminación de residuos. La ciudad de Delft en Holanda, por ejemplo, mandó instalar un molino especial para mejorar la circulación de las aguas en sus canales. Los canales se utilizaban como una alcantarilla abierta, además de como provisión de agua fresca para la ciudad y sus fábricas de cerveza. En 1588, Simon Stevin estudió este molino y lo mejoró, en lo que constituyó un ejemplo temprano de innovación ambiental.[8]

En el siglo XIX, el estiércol y la orina de caballo y los cadáveres de caballos abandonados en las calles de las ciudades se consideraban problemas (ambientales) importantes y contribuían a propagar enfermedades. Si bien las 20.000 muertes de 1908 en Nueva York mencionadas por Bolce como víctimas de enfermedades relacionadas con el estiércol podría ser una exageración, hoy en día tendemos a subestimar el problema del estiércol de caballo.[9] De hecho, los automóviles se consideraron una solución a un grave problema ambiental.

Para la mayoría de las personas de nuestro tiempo, las amenazas a la salud humana todavía son el principal motivo de preocupación sobre el medio ambiente. El daño a la salud humana como resultado del *smog*, los residuos de pesticidas, los compuestos carcinogénicos y la contaminación del agua potable constituye una inquietud importante.

Los efectos de la polución sobre la salud humana aún no han sido determinados con precisión. Actualmente, se fabrican unos 100.000 químicos sintéticos y sólo un pequeño porcentaje de ellos ha sido probado en profundidad. Continuamente se descubren hechos nuevos. Unos diez años atrás, por ejemplo, se estableció una relación entre la polución química y la fertilidad humana.[10]

El tributilo de estaño (TBT) se introdujo como un agente anti-incrustante y no contaminante para los barcos hasta que se descubrió que el compuesto produce alteraciones en el sistema endocrino de varios animales. Recientemente, se descubrió que las partículas de polvo diminutas (del *smog*) pueden atravesar los pulmones humanos hasta dos veces más rápido y penetrar con más profundidad de lo que se asumía previamente.[11]

Las consecuencias directas de la polución sobre la salud humana no ocurren con mucha frecuencia en los países desarrollados. En las sociedades industriales, los efectos sobre la salud suelen ser el resultado de exposiciones prolongadas. Los desastres importantes para la salud pública también han sido el resultado de accidentes graves.

Asimismo, muchos compuestos que utilizamos producen numerosos efectos retardados. Los ejemplos más conocidos incluyen:

8 K.F. Mulder, 'De Hollandse Molen: Monument of werktuig?' (Boerderijcahier 8701; Enschede: University of Twente, 1987).

9 J. Tarr y C. McShane, 'The Centrality of the Horse to the Nineteenth-Century American City', en R. Mohl (ed.), *The Making of Urban America* (Nueva York: SR Publishers, 1997): 105-30; www.enviroliteracy.org/article.php/578.html, 21 de octubre de 2005.

10 T. Colborn, D. Dumanoski y J.P. Meyers, *Our Stolen Future: Are We Threatening our Fertility, Intelligence and Survival? A Scientific Detective Story* (Nueva York: Dutton, 1996).

11 G. Pinholster, 'Smog Impacts: Hurtling through airways, tiny particles may do more damage than previously assumed', EurekAlert, 1999; www.eurekalert.org/ pub_releases/1999-08/UoD-SiHt-160899.php, 21 de octubre de 2005.

- El debate sobre las consecuencias a largo plazo de fumar
- Los ruidos, que podrían ocasionar daño auditivo[12]
- El polvo, que podría inducir enfermedades pulmonares[13]
- Los solventes orgánicos que pueden causar el Síndrome Psico-Orgánico (daño al sistema nervioso central)[14] y probablemente disminuir la fertilidad masculina

Puerto Marghera, Venecia

Desde 1951, Enichem y Montedison han producido cloro, monómero de cloro vinílico (VCM) y cloro polivinílico (PVC) cerca de la laguna Venecia. En 1994, el trabajador Gabriele Bortolozzo entregó un informe a las autoridades que contenía evidencia de decenas de víctimas relacionadas con emisiones tóxicas. Esta evidencia sirvió como base para el primer litigio penal italiano por emisiones tóxicas.[15]

Accidente de Bhopal (India)

El 3 de diciembre de 1984 se produjo una fuga de gas metil-isocianato de un tanque en la planta química de Union Carbide en Bhopal, India. Fue una tragedia enorme: murieron 3.800 personas, 40 quedaron totalmente discapacitadas de forma permanente y 2.680 sufrieron discapacidad parcial permanente como resultado de la emisión tóxica.[16]

Plomo

Algunos investigadores creen que las alteraciones neurológicas y de comportamiento padecidas por la mayoría de los emperadores de Roma entre el año 15 AC y 225 AC fueron causadas por envenenamiento por plomo. Los romanos utilizaban el plomo para las tuberías de agua, utensilios, adornos, almacenamiento de vinos, monedas y joyas. [17]

Hasta 1975, el plomo tetraetil se empleó de forma generalizada como aditivo en la gasolina[18] y su uso se abandonó por etapas hasta 1995. Hoy, a pesar de los riesgos para la salud conocidos, el plomo continúa siendo uno de los metales más utilizados.[19]

12 Cf. www.mckinley.uiuc.edu/Handouts/noiseeh/noiseeh.html, 21 de octubre de 2005.
13 Cf. www.agius.com/hew/resource/lung.htm, 21 de octubre de 2005.
14 Cf. members.chello.nl/~w.vanmidlum/engels.html, 17 de marzo de 2006.
15 Cf. con el documental realizado por Paolo Bonaldi: 'Porto Marghera, Venice: The Story of a Lethal Deception', Festival Internacional de Cine del Medio Ambiente; www.mediapro.es/eng/documentales.htm#6, 21 de octubre de 2005.
16 Cf. P. Shrivastava, *Bhopal: Anatomy of a Crisis* (Londres: Paul Chapman Publishing, 2da.ed., 1992). Consultar también www.bhopal.com, 21 de octubre de 2005.
17 D.W. Green, 'The Saturnine Curse: A History of Lead Poisoning', *Southern Medical Journal* 78.1 (1985): 48-51.
18 J.L. Kitman, 'The Secret History of Lead', *The Nation*, 2000; www.mindfully.org/ Pesticide/Lead-History.htm, 21 de octubre de 2005.
19 Consultar www.epa.gov/iaq/lead.html, 21 de octubre de 2005.

- Envenenamiento por mercurio
- El asbesto, que puede producir cáncer incluso décadas después de la exposición[20]
- Envenenamiento por plomo

Amenazas a los ecosistemas o la vida silvestre

La mayoría de las opiniones con respecto al desarrollo sostenible (incluída la expresada de forma implícita en el Capítulo 1) adopta una posición antropocéntrica (centrada en el hombre); es decir, los problemas tienen consecuencias negativas para los seres humanos.

Sin embargo, a finales del siglo XIX, surgió una conceptualización diferente de los problemas, que los consideraba como amenazas a todas las criaturas vivas o ecosistemas: los conservacionistas encabezados por Gifford Pinchot, quien creó el Parque Yellowstone en los Estados Unidos en 1872, deseaban conservar los recursos naturales para las generaciones posteriores. John Muir, asistente de Gifford, quería preservar la naturaleza misma y no sólo especies o sitios específicos. Los dos hombres se distanciaron y John Muir se convirtió en un importante conservacionista. Creó el Parque Yosemite en 1892. La base del pensamiento conservacionista es el reconocimiento de que la naturaleza tiene su propio valor intrínseco. Las necesidades humanas no eran importantes, al menos no eran la cuestión clave, para los conservacionistas. El problema era la destrucción de la naturaleza.

El conservacionismo tardó más en llegar a Europa que a los Estados Unidos. La Sociedad Holandesa para la Preservación de Monumentos Naturales[21] compró su primera área en 1906. En Alemania, la Sociedad para la Preservación de Lüneburg Heath[22] se creó en 1909. En 1918, se crearon dos Parques Nacionales en España.[23] En 1936, se estableció el Comité Permanente de Parques Nacionales en Inglaterra.[24]

Los seres humanos solían describirse como custodiadores de la naturaleza. Esta visión se relacionaba con (interpretaciones de) el Cristianismo, en el que el hombre recibía la misión divina de custodiar la creación de Dios. Esta línea de pensamiento también está presente en otras religiones:

> Aún las cosas que parecen superfluas en el mundo, como las moscas, las pulgas y los mosquitos, ellos también son parte de la creación del mundo, y Dios se manifiesta a través de todos ellos, incluso de la serpiente, el mosquito o el sapo.[25]

En la actualidad, a este razonamiento se suma un argumento económico: la biodiversidad es un valor económico porque la variedad de las especies es un recurso genético para la reproducción de las plantas y los animales. Sin embargo, esto es siempre un argumento adicional para los conservacionistas, nunca el argumento.

El concepto conservacionista entra en conflicto con el desarrollo industrial sólo cuando la industria amenaza de forma directa áreas de reservas naturales o la supervivencia de especies. No existe un conflicto general de intereses. Personas que han ganado dinero con actividades económicas no precisamente benignas desde el punto de vista ambiental han tenido participaciones ocasionales significativas en el conservacionismo.

20 Cf: www.asbestos.org/asbestos/test_frames.html, 21 de octubre de 2005.
21 Vereniging tot Behoud van Natuurmonumenten.
22 Verein Naturschutzpark Lüneburger Heide.
23 F. Navarro, *Parques y espacios naturales protegidos naturales de España* (Barcelona: Salvat, 1997).
24 Consultar www.cnp.org.uk/50th_anniversary.htm, 21 de octubre de 2005.
25 Torah, Midrash Bereishis Rabbah 10:7.

Amenazas a los beneficios económicos

La tercera conceptualización de los problemas es una visión más utilitaria. La sociedad industrial genera tanto crecimiento que la naturaleza está sobreexplotada. En muchos casos, esto ha creado riesgos para la salud pública y la vida silvestre. Sin embargo, como resultado del enorme crecimiento de la población y la producción, un nuevo factor adquirió importancia. Los recursos naturales se volvieron escasos.

A lo largo de la historia, la escasez fue, con frecuencia, el motor de la inventiva. En la Inglaterra del siglo XVII, la escasez de leña condujo a la minería de carbón. A su vez, la escasez de carbón en las capas cercanas a la superficie estimuló el desarrollo de los equipos de bombeo y las máquinas de vapor. La escasez también motivó el comercio.

En la actualidad, la escasez no es un mero fenómeno local. Existe un riesgo de escasez mundial de varias materias primas. El mundo es finito y, por lo tanto, el comercio no puede seguir ayudándonos. A la hora de buscar soluciones, la inventiva es lo único que nos queda.

La pesca excesiva fue uno de los primeros problemas económicos de este tipo. Recoger los beneficios de los recursos biológicos es renovable siempre que la velocidad de recolección no exceda la velocidad de recuperación natural del ecosistema. De lo contrario, la producción disminuirá. Con mucha frecuencia, la reacción consiste en «mejorar» los métodos de cosecha para mantener intactos los rendimientos. Así, la declinación se acelera. Si no se detiene el proceso a tiempo, el daño es irreversible. A principios de la década de 1950, la pesca de sardinas y las fábricas de procesamiento y envasado de sardinas en California desaparecieron (como ilustra la famosa novela de John Steinbeck, *Cannery Row*[26]).[27] Durante la temporada 1936/37, se pescaron 750.000 toneladas de sardinas en las aguas de California. En años subsiguientes, la flota se expandió, pero el índice de captura por barco comenzó a disminuir. No obstante, la flota pesquera ignoró las recomendaciones de los biólogos. En 1957/58, la captura ascendió a apenas 17 toneladas.[28] Sólo en tiempos recientes se han visto signos de recuperación. Como en muchos otros casos, es discutible si la desaparición de las sardinas fue resultado de la acción humana. El cambio climático pudo haber desempeñado un papel.[29]

En 1992, 40.000 pescadores canadienses se quedaron sin trabajo cuando colapsó la pesca del bacalao en Great Banks, frente a la costa este de Newfoundland.[30]

Amenazas a los beneficios de otros

El uso que hacemos del entorno tal vez no tenga consecuencias graves para nosotros, pero podría limitar las opciones futuras de otros. Si la cantidad total de recursos naturales es limitada, ¿quién tiene derecho de utilizarlos? ¿Es justo que nuestros bisnietos no tengan reservas naturales de petróleo crudo? ¿Es justo que el 20% de la población mundial utilice el 80% de los recursos mundiales? Si los países industrializados son responsables del efecto invernadero, ¿no deberían pagar los daños a los campesinos de África que se ven obligados a mudarse; a Bangladesh, que se inundará con más frecuencia; o a las islas de corales que desaparecerán? ¿Se debería permitir que los países menos desarrollados incrementen sus emisiones para crear capacidad industrial?

En 1992, en la Conferencia sobre Medio Ambiente y Desarrollo de las Naciones Unidas, la comunidad internacional reconoció la legitimidad del reclamo de los países en desarrollo de tener una mayor participación de la riqueza producida en el mundo.

26 J. Steinbeck, *Cannery Row* (Londres: Heinemann, 1945).
27 J. Radovich, 'The Collapse of the California Sardine Industry: What Have We Learned?', en H.M. Glantz y J.D. Thompson (eds.), *Resource Management and Environmental Uncertainty* (Nueva York: John Wiley Interscience, 1981): 107-36.
28 darwin.bio.uci.edu/~sustain/bio65/lec04/b65lec04.htm#FISH AND FISHERIES, 21 de octubre de 2005.
29 whyfiles.org/139overfishing/2.html, 21 de octubre de 2005.
30 arcticcircle.uconn.edu/NatResources/cod/mckay.html, 21 de octubre de 2005.

Causas de los problemas en el sistema sostenible de vida

Los problemas en el sistema sostenible de vida pueden obedecer a diferentes mecanismos. A continuación, presentamos una conocida sub-división:

- **Polución:** problemas originados por la incorporación de substancias químicas o fenómenos físicos al medio ambiente. En principio, los problemas de polución ambiental se pueden resolver a través de la eliminación de la fuente de polución y la limpieza del área afectada.
- **Agotamiento:** problemas que se originan por la extracción abusiva de recursos de la naturaleza. En el caso de agotamiento de plantas o vida silvestre, es posible restaurar los procesos naturales cuando el agotamiento no ha derivado en extinción de las especies. El agotamiento de combustibles fósiles y minerales suele ser un proceso irreversible y significa que el mundo debe vivir sin las reservas naturales de esas substancias.
- **Degradación del ecosistema:** esto significa pérdidas en la calidad de los ecosistemas. Estos problemas podrían obedecer a distintos cambios, como la construcción de carreteras y otras obras públicas que crean barreras para la migración de las especies o el empleo recreativo de los ecosistemas que altera a los animales.
- **Riesgos ambientales:** son problemas que no ocurrirían en circunstancias normales pero que, cuando suceden, resultan devastadores. La misión Cassini–Huygens, un proyecto conjunto de la ESA/NASA, constituyó un ejemplo típico de un riesgo ambiental. Esta nave transportaba alrededor de 33 kg de dióxido de plutonio como fuente de propulsión. Se lanzó en octubre de 1997 y, en agosto de 1999, se acercó peligrosamente a la Tierra.[31] Si hubiera chocado contra el planeta, los efectos habrían sido catastróficos.
- **Conflictos sociales:** dado que los problemas ambientales guardan una estrecha relación con los intereses de la sociedad, los conflictos sociales pueden originar problemas ambientales. Con frecuencia, la utilización del medio ambiente ha conducido a la guerra (posesión de materias primas, pozos de agua, tierra buena y colonias). Además, la guerra es destructiva para los seres humanos y su medio ambiente.

Peligros de la guerra

El Agente Naranja era el nombre en código para un herbicida desarrollado para uso militar en climas tropicales. Su finalidad radicaba en privar al enemigo de ocultarse en la maleza a través de la defoliación de árboles y arbustos. El Agente Naranja era en particular efectivo contra el follaje de hoja ancha, típico del terreno selvático en el sudeste de Asia. El uso del producto se generalizó durante el apogeo de la Guerra de Vietnam (1967/68), si bien luego disminuyó para finalmente cesar en 1971.

Las primeras preocupaciones por los daños a la salud causados por el Agente Naranja se relacionaban con la contaminación por dioxinas, que produce una gran variedad de enfermedades, la mayoría de ellas fatales.

Otro desastre ambiental ocurrió durante la Guerra del Golfo en 1991 cuando tropas iraquíes prendieron fuego a cientos de pozos petroleros en Kuwait (Ver Figura 2.4). La columna de humo llegaba hasta el Subcontinente Indio.[32]

31 Consultar saturn.jpl.nasa.gov/spacecraft/safety.cfm, 21 de octubre de 2005.
32 Consultar el número especial de *Journal of Geophysical Research* 97.D13, 20 de septiembre de 1992.

Existen numerosas causas que pueden llevar a la guerra. Sin embargo, la injusticia estructural, como la enorme brecha de riqueza entre los países ricos y pobres, puede contribuir a los conflictos. Aún así, los conflictos ocasionados por esta desigualdad no suelen generarse entre países ricos y pobres, sino entre las minorías ricas y pobres que integran la clase dirigente de esas naciones. Por lo tanto, los países desarrollados deberían asignar una prioridad máxima a las necesidades de los pobres en los países en desarrollo.

FIGURA 2.4 **Incendios en Kuwait**

Fuente: www.redadair.com/thriller.html, 25 Octubre 2005; © Adair Enterprises, 1999

Distribución espacial de los efectos del problema

Los problemas ambientales varían muchísimo en tiempo y espacio. El alcance de las áreas afectadas no sólo es importante como un indicador de la gravedad del problema. Si los efectos se producen en sitios muy alejados de la causa, el conflicto de intereses es más difícil de resolver.

Un ejemplo de esto ocurrió en las décadas de 1960 y 1970, cuando los horticultores en Westland, cerca de Rótterdam, no pudieron utilizar más el agua del río Rin para irrigación. Esto se debió a que las minas de potasio en el este de Francia liberaban grandes cantidades de sal en el río, lo que inutilizaba el agua para la irrigación.

Otro ejemplo fue el Plan Hidrológico Nacional de España.[33] La iniciativa apuntaba a transportar grandes cantidades de agua dulce del río Ebro a la región de Málaga con el objetivo de estimular el turismo y la agricultura en el sur del país. No obstante, esto habría puesto en peligro las áreas de preservación naturales y la agricultura en el delta del Ebro, puesto que el nivel de salinidad habría experimentado un incremento notable.[34]

La dimensión tiempo puede generar conflictos virtuales, ya que la gente podría reaccionar ante el hecho de que generaciones futuras deban acarrear con la carga de nuestros desechos. Esta dimensión tiempo fue en especial importante durante los debates sobre la aceptación de las plantas de energía nuclear, dado que los desechos generados (mezclas de varios elementos radioactivos) provocarían efectos perjudiciales (radiación, toxicidad, peligro de uso terrorista) durante miles de años.

Los efectos espaciales constituyen puntos de análisis en muchos debates modernos sobre el desarrollo sostenible. La cuestión se centra, básicamente, en la equidad entre generaciones; es decir, ¿es justo que nuestra generación consuma todos los recursos mundiales y deje la polución a nues-

33 El plan se interrumpió tras las elecciones del 2004 de España.
34 www.rivernet.org/Iberian/planhydro.htm, 21 de octubre de 2005.

tros hijos (nietos)? Se suele afirmar que, en una sociedad sostenible, deberíamos consumir solamente aquello que se pueda reponer al mismo ritmo. Pero, ¿las futuras generaciones necesitarán las mismas cantidades y calidades de recursos que nosotros? También se podría argumentar que, si utilizamos demasiado de un recurso específico, deberíamos al menos intentar desarrollar tecnología mejorada para permitir que futuras generaciones satisfagan sus necesidades sin ese recurso.

El incidente de Chernobyl

En 1986, una serie de errores humanos ocasionó un accidente en una planta nuclear en Chernobyl, Ucrania. La explosión y contaminación radioactivas resultantes dejaron un saldo de 31 personas muertas y 150 personas hospitalizadas con graves enfermedades por radiación. Se evacuaron aproximadamente 130.000 personas en un área de 30 km^2 alrededor de la planta atómica. Se estima que muchos miles más morirán en forma prematura como consecuencia de la exposición a la radiación liberada por la planta.[35]

La columna de humo se detectó en el hemisferio norte, tan lejos como en Japón y en Norteamérica, pero la deposición de radionúclidos en los países fuera de Europa fue escasa. Y no se detectaron deposiciones en el hemisferio sur.

De hecho, el clima constituyó la causa de la deposición desigual de radionúclidos. Por ejemplo, las deposiciones promedio de cesio-137 estimadas en las provincias de Austria del Norte, Salzburgo y Carinthia en Austria fueron de 59,46 y 33 kBq/m^2, respectivamente, mientras que la deposición promedio de cesio-137 en Portugal fue de 0,02 kBq/m^2.[36]

Los efectos ambientales espaciales suelen dividirse de la siguiente manera:

- **Globales:** efecto invernadero, dilución de la capa de ozono, disminución de la biodiversidad, agotamiento de recursos, superpoblación, lluvia radioactiva, etc.
- **Continentales:** un típico problema continental es el transporte atmosférico de contaminantes como los óxidos de sulfuro (SO_x) y los óxidos de nitrógeno (NO_x) (la mayoría de los contaminantes se lavan una vez que han cruzado un océano).
- **Regionales:** por ejemplo, la contaminación de un estuario o el ruido de un aeropuerto.
- **Locales:** por ejemplo, contaminación del suelo, distintas molestias derivadas de basureros, olores, etc.
- **Interiores:** por ejemplo, contaminación del aire como el humo o radiación como la emisión de radón radioactivo liberada por el hormigón.

Para algunos problemas, otras escalas espaciales resultan más adecuadas:

- **Cuencas fluviales.** Los problemas ambientales denominados fluviales suelen derivar de la contaminación del agua (que podría ser química, pero también termal; es decir, de las centrales eléctricas que utilizan agua refrigerante) o del uso excesivo del agua en relación

35 Para obtener una visión global con recortes de noticias de la BBC, consultar www.chernobyl.co.uk, 21 de octubre de 2005.

36 Agencia de la Energía Nuclear (NEA), 'The Release, Dispersion and Deposition of Radio-nuclides', en *Chernobyl: Assessment of Radiological and Health Impact 2002. Update of Chernobyl: Ten Years On* (2002): ch. 2; www.nea.fr/html/rp/chernobyl/c02.html, 21 de octubre de 2005.

con su disponibilidad (por ejemplo, el uso excesivo de agua de irrigación en Asia central para el cultivo del algodón). Otros problemas fluviales incluyen la contaminación de los lechos de los ríos, las inundaciones causadas por las canalizaciones, las alteraciones de los ecosistemas fluviales (por ejemplo, debido a las presas hidroeléctricas) y los desastres ecológicos provocados por accidentes.

- **Mares costeros.** Suelen ser ecosistemas bastante separados. La contaminación (de los países costeros) se diluye con lentitud. Distintos países pueden competir por la pesca. La polución puede afectar el turismo. El control de la marina mercante puede resultar importante para impedir derrames de petróleo o catástrofes ecológicas de envergadura provocadas por buques petroleros.

La industria costa afuera (*offshore*) también puede constituir una fuente de graves problemas ambientales. Con frecuencia, la solución a estos problemas requiere la cooperación de los países costeros, como aquellos a lo largo del Mediterráneo.

Se podría decir que el cuerpo humano es la escala espacial para algunos problemas ambientales, aunque normalmente los llamaríamos problemas médicos y no problemas ambientales. Un ejemplo podría ser la grave contaminación de la leche materna con contaminantes fabricados por el hombre. En tiempos recientes, el Fondo Mundial para la Vida Silvestre (WWF, por sus siglas en inglés) anunció que se habían identificado más de 350 agentes contaminantes fabricados por el hombre en la leche materna de mujeres en Inglaterra. Entre ellos, se encontraron 87 tipos de dioxinas.[37]

Gravedad de los problemas

A fin de establecer políticas prioritarias, es necesario determinar, de algún modo, la gravedad de algunos problemas ambientales. La evaluación última de los efectos ambientales de distintas acciones perjudiciales para el medio ambiente suele requerir relaciones de los efectos por exposición. Estas relaciones pueden mostrar un Nivel sin Efectos Observados (NOEL, por sus siglas en inglés). En algunos casos, los responsables de la toma de decisiones podrían utilizar el NOEL para establecer normas. Sin embargo, hay muchos casos en los que cada exposición incrementa el efecto y no hay NOEL. Es más, si se toman en cuenta los efectos a largo plazo, suele ser bastante difícil demostrar la pertinencia real de un NOEL.

Plan de Acción para el Mediterráneo

El Plan de Acción para el Mediterráneo (MAP, por sus siglas en inglés) aspira a proteger el medio ambiente y a fomentar el desarrollo en la Cuenca Mediterránea. Bajo los auspicios del Programa de las Naciones Unidades para el Medio Ambiente (PNUMA), 16 países del Mediterráneo y la Unión Europea adoptaron el MAP en Barcelona, España, en 1975. Su marco legal incluye la Convención de Barcelona adoptada en 1976 y revisada en 1995, y seis Protocolos que abordan aspectos específicos de la protección ambiental. El MAP ha servido como base para la elaboración de un amplio programa ambiental y de desarrollo en la región. Cubre la gestión de zonas costeras, evaluación y control de la contaminación, protección de los ecosistemas y preservación de la biodiversidad. En 1995, se le sometió a una revisión con el objetivo de orientarlo más a la acción y convertirlo en un instrumento para el desarrollo sostenible en la región.[38]

37 news.bbc.co.uk/low/english/health/newsid_380000/380948.stm, 21 de octubre de 2005.
38 Consultar www.unepmap.org, 21 de octubre de 2005.

Por tanto, una ruta alternativa es determinar un Nivel de Efectos Aceptado y precisar el nivel de exposición correspondiente. Esta ruta no es fácil. ¿Cómo lograr consenso sobre el nivel de efectos que estamos dispuestos a aceptar? En general, los efectos que aceptamos dependen de nuestra actitud con respecto a la causa de los efectos. A la hora de considerar el cambio climático o el futuro de las reservas de energía, los ciudadanos suelen estar más dispuestos a aceptar las molestias generadas por las actividades que apoyan.[39]

En la práctica, establecer normas ambientales es un proceso político determinado por los factores habituales en la elaboración de políticas públicas (es decir, el poder, los intereses de grupo y la atención de los medios). No obstante, es posible reflexionar sobre algunos principios generales para las políticas ambientales:

- ¿Es un problema letal para los seres humanos?
- ¿Es un problema letal para los ecosistemas (grandes)?
- ¿Una vez erradicada la causa del problema, los efectos perdurarán mucho tiempo?
- ¿Cuál es la magnitud espacial de los efectos?

En términos generales, no existen respuestas directas para estas cuatro preguntas. Por ejemplo, en los estudios epidemiológicos, problemas que aparentan ser meras molestias (olor, ruido) pueden acabar produciendo muerte prematura. La degradación de los ecosistemas es con frecuencia inesperada y puede obedecer simplemente a la alteración de un elemento minúsculo. Los ecosistemas en deterioro también podrían afectar la vida humana, ya que podrían ocasionar hambre, etc. La tercera y cuarta preguntas se relacionan con cuestiones de equidad. ¿Cuántas son las víctimas, además de aquellas que originaron el problema?

La evaluación de la gravedad de los problemas ambientales debe basarse en ciertos supuestos básicos con respecto al valor que asignamos a:

- La «salud» de los ecosistemas
- Las condiciones físicas en las que vivimos
- La solidaridad con los pobres y las generaciones futuras

El principio de precaución

Desde el punto de vista científico, es difícil establecer los efectos de la degradación ambiental. Debido a que algunos problemas pueden generar efectos devastadores, no podemos desperdiciar tiempo a la espera de que se logre el consenso científico sobre los hechos. Por ejemplo, al cabo de medio siglo de investigación científica, aún no existe ninguna prueba científica absoluta sobre el cambio climático y sus causas.[40] ¿Podemos darnos el lujo de posponer las medidas?

Por este motivo, la Conferencia de Naciones Unidas sobre Medio Ambiente y Desarrollo en Río de Janeiro en junio de 1992 adoptó el **principio de precaución**:

> A fin de proteger el medio ambiente, los Estados aplicarán el enfoque de precaución de forma extensiva y según sus capacidades. Donde existan amenazas de daño serio o irreversible, la falta de certeza científica no se utilizará como excusa para posponer medi-

39 Por ejemplo, Maarten Wolsink observó que ciudadanos preocupados por el futuro del suministro eléctrico aceptaban las molestias que ocasionan los aerogeneradores (*Maatschappelijke acceptatie van grote windturbines* [La Haya: VROM, 1987]).

40 S.R. Weart, *The Discovery of Global Warming* (Cambridge, MA: Harvard University Press, 2003).

das coste-efectivas para impedir la degradación ambiental (Principio 15 de la Declaración de Naciones Unidas de Río de Janeiro).[41]

La adopción internacional de este principio no resolverá el dilema entre tomar medidas y buscar más evidencia en casos concretos. Siempre habrá espacio para el análisis de la gravedad de la amenaza y las incertidumbres científicas.

Principales amenazas para la humanidad

Los problemas del sistema sostenible de vida se pueden dividir en los siguientes compartimientos:

- Biosfera (todo material vivo)
- Hidrosfera (océanos, lagos y ríos)
- Atmósfera (el aire que rodea la Tierra)
- Litosfera (la corteza terrestre)

Un compartimento adicional podría ser el **espacio exterior**. Por ejemplo, los desechos espaciales, objetos de distintos tamaños que se abandonan en el espacio y permanecen en órbita, dificultan cada vez más las actividades de las organizaciones espaciales. Aún cuando esta división en compartimientos bastará para nuestros propósitos, los compartimentos suelen estar interconectados de forma estrecha. Por ejemplo, el suelo contaminado podría contaminar el agua y el aire, mientras que el agua contaminada podría crear sedimentos contaminados.

La biosfera

Los ecosistemas están expuestos a numerosas amenazas, entre ellas:

- **Polución.** Algunas substancias químicas producen efectos tóxicos directos. Sin embargo, los efectos tóxicos a más largo plazo y los efectos sobre la reproducción son por igual perjudiciales, aunque menos visibles. El pesticida DDT y los compuestos organoclorados como los bifeniles policlorados (PCBs) casi no se descomponen en el medio ambiente natural y ocasionan efectos a largo plazo en los organismos vivos. Estos efectos a largo plazo sólo se conocen de forma parcial.
- **Extinción o declive de una especie.** La caza y la pesca no sólo pueden llevar a la extinción de las especies (por ejemplo, las ballenas en los océanos, el arenque en el Mar del Norte, los elefantes en las planicies de África, las nutrias o el dodo[42]) sino que afectan todo el ecosistema al que pertenecen estas criaturas. Las praderas abiertas tienden a desaparecer cuando no hay ganado para pastarlas. Si se extinguieran los castores, los ecosistemas de las tierras húmedas podrían desaparecer por completo. En el caso de las especies de replicación rápida como los microorganismos, la casi-extirpación podría generar supervivientes capaces de resistir la amenaza que afecta a la especie, pero el resultado podría ser especies de microorganismos más peligrosos.

41 www.unep.org/Documents.multilingual/Default.asp?DocumentID=78&ArticleID= 1163, 21 de octubre de 2005.
42 Un ave incapaz de volar de las Islas Mauricio, que se extinguió 80 años después de ser vista por primera vez en 1600. Consultar www.amnh.org/exhibitions/expeditions/treasure_fossil/Treasures/Dodo/dodo.html?dinos, 21 de octubre de 2005.

- **Incrementos en elementos de procedencia natural.** El estiércol es un elemento natural en el ecosistema pero, si se produce en exceso, puede dañar el ecosistema. Las emisiones de la bioindustria (cerdos, gallinas, etc.) en particular pueden causar efectos nocivos para los ecosistemas locales. La sobreabundancia de animales también puede perjudicar los ecosistemas. Agrupar los animales facilita la propagación de enfermedades contagiosas. Esto también se aplica a los seres humanos. En la actualidad, estamos más agrupados y nos movemos más y con más rapidez. Hoy, las epidemias pueden propagarse alrededor del mundo en un par de días, mientras que la Peste Negra demoró varios años en alcanzar todos los rincones de un continente. Comenzó en la región del Mar Negro en 1347 y llegó a Inglaterra, Escandinavia y Portugal en 1349, pero a Estonia en 1352.[43] La excesiva concentración de nutrientes en un ecosistema se denomina eutroficación. En los entornos acuáticos, esto puede ocasionar un crecimiento acelerado de algas que reduce el contenido de oxígeno en el agua y mata los peces. La eutrofización del suelo puede ocasionar un cambio radical en la vida de las plantas.[44]

- **Introducción de especies no-autóctonas.** Esto puede producir efectos dramáticos en los ecosistemas locales. Los ejemplos incluyen:
  - La *introducción de conejos* en Australia en 1859, cuando se soltaron 24 conejos silvestres en el sur de Australia. Una vez que invadieron la tierra, controlar las cifras era casi imposible y, hoy en día, hay alrededor de mil millones de conejos en Australia. Compiten por el alimento con las especies autóctonas, con lo cual ponen en peligro su supervivencia, y también destruyen las plantas, con la consiguiente erosión del suelo. Los conejos representan más de €100 millones en daños anuales para la economía australiana.[45]
  - La *migración de especies acuáticas a través de barcos y canales*. Desde la apertura del Canal de Suez en 1870, muchas especies del Mar Rojo han llegado al Mediterráneo a través de esta vía.[46] La migración de la vida acuática a través de canales también tiene lugar a lo largo del Canal Rin-Meno-Danubio, que se abrió en 1992. Las especies de la región del Mar Negro están colonizando el norte de Europa. Los barcos vacíos que llevan lastres en sus tanques transportan vida acuática. El problema es enorme. En los Grandes Lagos de América del Norte, más de 150 especies no-autóctonas han transformado por completo el ecosistema original.
  - La *introducción de plantas exóticas*. Por ejemplo, en Sudáfrica, las plantas importadas amenazan las especies autóctonas y utilizan más agua (por ende causan sequías), lo que incrementa la cantidad de incendios de matorrales.[47]

- **Biodiversidad.** Constituye un importante activo para nuestro planeta:
  - Contribuye a superar los desastres puesto que dentro de una especie suele haber mutantes que pueden resistir las enfermedades
  - Es un recurso para encontrar tratamientos nuevos para las enfermedades
  - Nos ayuda a comprender los procesos de la vida, ya que es el producto de millones de años de evolución
  - Constituye la herencia rica de nuestro planeta

  La destrucción de los ecosistemas es el principal motivo de la extinción o la amenaza de muchas especies. No obstante, existe una paradoja. Si bien la biodiversidad se encuentra

43 Consultar www.insecta-inspecta.com/fleas/bdeath, 21 de octubre de 2005.
44 Cf. el sitio web de Sea Grant Nonindigenous Species (SGNIS); www.sgnis.org, 21 de octubre de 2005.
45 'History of Rabbits in Australia', library.thinkquest.org/03oct/00128/en/rabbits/history.htm, 17 de marzo de 2006.
46 'CIESM Atlas of Exotic Species in the Mediterranean', www.ciesm.org/online/atlas/ index.htm, 17 de marzo de 2006.
47 H. Moleman, 'Slegs vir eie plante', *De Volkskrant*, 27 de mayo de 2000: 5W.

en declinación, la cantidad de especies a nivel local se ha incrementado. Por ejemplo, Hawai posee un total de 2.690 especies de plantas, 946 de las cuales no son autóctonas.[48] De las especies nativas, unas 800 se encuentran hoy en peligro de extinción.[49] La paradoja entre el incremento local y la declinación global de la biodiversidad resulta de la introducción de especies no autóctonas. Esta mezcla de especies hace que el mundo sea más variado a nivel local pero más uniforme a nivel global.

- **Riesgos biotecnológicos.** La biotecnología se vuelve cada vez más y más capaz de producir organismos genéticamente modificados. Esto podría crear un riesgo, ya que no es posible anticipar todos los efectos. Algunos organismos pueden amenazar (elementos de) los ecosistemas. La optimización de los cultivos agrícolas a través de la modificación genética podría restringir la variedad genética de estas plantas.

La hidrosfera

La cantidad total de agua en la Tierra es de alrededor de 1 millón de km^3, de los cuales el 97% conforma los océanos. El resto es agua dulce o glaciares.

Gran parte del agua dulce se encuentra en reservas subterráneas profundas. El agua en los océanos está en movimiento constante. En la superficie, las corrientes oceánicas siguen los vientos predominantes. En el fondo de los océanos, el flujo suele ser inverso. Los océanos transportan calor del Ecuador a latitudes más altas y ejercen una influencia considerable en los climas regionales. Por ejemplo, la Corriente del Golfo transporta calor desde el Atlántico, cerca de Florida, al norte de Europa.

El agua se mueve en ciclos: se evapora en la superficie de los océanos, se condensa en nubes, es transportada a los continentes y se precipita sobre la tierra, donde parte de ella es utilizada por los organismos, pero la mayor parte regresa al océano a través de los ríos.

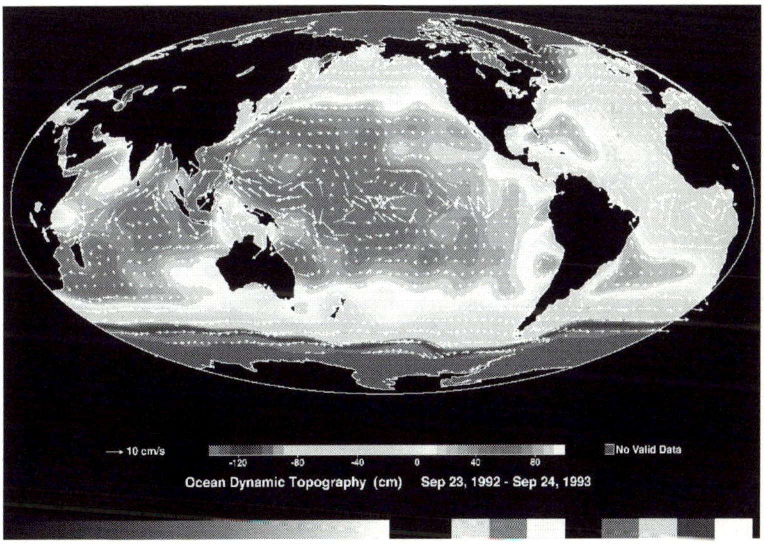

Figura 2.5 **Patrón de flujo y temperatura de la superficie del océano**

Fuente: vathena.arc.nasa.gov/curric/oceans/drifters/topo_arr.gif, 25 Octubre 2005

48 L.G. Eldredge y S.E. Miller, 'Numbers of Hawaiian Species: Supplement 2, including a Review of Freshwater Invertebrates', *Bishop Museum Occasional Papers* 48 (1997): 3-32.

49 P.M. Vitousek, 'Diversity and Biological Invasions of Oceanic Islands', en E.O. Wilson y F.M. Peter (eds.), *Biodiversity* (Washington, DC: National Academy of Sciences, 1988): 181-89.

Este ciclo del agua es importante porque nos abastece de agua dulce. También limpia la atmósfera, ya que la lluvia lava los aerosoles (partículas en suspensión), los SO_x y NO_x. Los SO_x y NO_x producen la lluvia «ácida». La lluvia ácida provoca efectos negativos graves en las aguas de superficie, que adquieren un nivel de pH bajo. Esto afecta los ecosistemas acuáticos. Los bosques también sufren, en particular aquellos a grandes alturas. Los picos del Krkonose, en la República Checa, son un ejemplo extremo. Estos picos suelen estar envueltos en bruma, que es especialmente ácida debido a la proximidad de una planta energética que libera grandes cantidades de emisiones de ácido en la vecina Polonia. El mármol y la piedra caliza también se ven afectados y es posible observar señales de erosión en los detalles de las fachadas de monumentos antiguos, las pinturas de los automóviles se corroen.

Océanos

Las causas de la contaminación de los océanos son diversas, entre ellas:

- **Derrames y pérdidas de petróleo.** Los derrames accidentales de grandes cantidades de petróleo como aquellos que involucraron al *Torrey Canyon* (Inglaterra, 1967), *Amoco Cadiz* (Francia, 1978), *Exxon Valdez* (Alaska, 1989), *Erika* (Francia, 1999) y el *Prestige* (España, 2002) reciben una amplia cobertura periodística. Sin embargo, la contaminación de petróleo operativa podría ser más importante que los derrames accidentales. Los derrames accidentales ascienden, en promedio, a unas 150.000 toneladas por año, mientras que las descargas operativas de petróleo podrían ser muy superiores.[50] Sin embargo, la deposición de petróleo en los océanos debido a combustible no quemado que se libera en la atmósfera y se lava en el mar y el contenido de petróleo de los ríos y alcantarillas es tal vez mucho mayor.[51] Asimismo, el petróleo y los productos químicos se convierten en bombas de tiempo cuando se hunden los barcos y los tanques, recipientes y contenedores permanecen intactos. El efecto es el mismo que si se vertieran desechos nucleares de alta toxicidad en el océano, puesto que llegará un momento en que los recipientes se corroerán.

Fuente: gei.aerobatics.ws/czech_republic.html, 21 Octubre 2005; © Günther Eichhorn

FIGURA 2.6 **Árboles muertos por lluvia radioactiva en Krkonose, República Checa**

50 Global Marine Oil Pollution Information Gateway; oils.gpa.unep.org/facts/operational.htm, 21 de octubre de 2005.

51 www4.nas.edu/onpi/webextra.nsf/web/oil?OpenDocument, 21 de octubre de 2005.

- El vertido de **desechos nucleares** en los océanos ha estado prohibido desde 1993. Sin embargo, las descargas operativas de fluidos radioactivos leves persisten.
- La **basura** es otro problema para los océanos. Los plásticos se descomponen con mucha lentitud. Es posible hallar basura plástica en todos los rincones de los océanos, incluso en los estómagos de las aves marinas. Los restos de redes plásticas pueden matar mamíferos marinos mucho después de que las redes hayan sido utilizadas para pescar.
- Las **pinturas anti-incrustantes** se utilizan en los barcos para prevenir que los microorganismos crezcan en los cascos. El TNT afecta los sistemas endocrinos de los vertebrados, pero ha estado sujeto a la regulación internacional desde 2003. Existen muchos otros contaminantes nocivos: el uso de PCBs y DDT ha sido controlado desde hace un tiempo pero aún es posible hallar estos químicos en la vida marina.

El Amoco Cadiz

El 16 de marzo de 1978, el petrolero *Amoco Cadiz*, cargado con 223.000 toneladas de petróleo crudo perdió toda su carga en el Océano Atlántico, frente a Portsall, Bretaña, y cubrió de petróleo a más de 130 playas, hasta 30 cm de espesor. La gigantesca mancha de petróleo, que era casi ocho veces el tamaño del derrame en 1989 del *Exxon Valdez* frente a la costa de Alaska, ocasionó un desastre ambiental enorme. Murieron más de 30.000 aves marinas, además de 230.000 toneladas de cangrejos, langostas y otros peces. Los valiosos lechos de ostras y algas marinas de la zona, que constituían los ingresos de muchos habitantes locales, quedaron totalmente destruidos. El accidente ocurrió durante una tormenta en la que el barco perdió la capacidad de gobierno y encalló. Mientras un remolcador intentaba auxiliarlo, el barco se partió.[52]

- La polución marina puede cambiar al entrar en **contacto con los sedimentos**. Entre 1932 y 1968, se vertieron 27 toneladas estimadas de compuestos de mercurio en la Bahía de Minamata, en Japón. El mercurio se convirtió en metilo en los sedimentos de la bahía. En la década de 1950, miles de personas cuya dieta normal incluía mariscos de la bahía desarrollaron síntomas de envenenamiento por metilmercurio, lo que se conoció como la «Enfermedad de Minamata»[53]

Aguas continentales

El agua continental es esencial para los seres humanos: la bebemos, la utilizamos para cultivar alimentos, en la producción, para eliminar nuestros desechos y para la recreación. Nuestro consumo de agua crea muchos problemas, en particular, en las áreas de alta densidad de población: se pueden inducir sequías locales y la polución aguas arriba puede perjudicar el consumo aguas abajo de modo considerable. En general, las funciones del agua continental no se pueden combinar y deben planearse con mucho cuidado.

El Mar de Aral ilustra los problemas que surgen de la falta de planificación de los recursos de las aguas continentales. En 1954, la Unión Soviética desvió las aguas del Amu y el Syr para la irriga-

52 'Twenty Years After the Amoco-Cadiz', Simposio Científico Internacional desarrollado en Brest, Francia, 15-17 de octubre de 1998; www.mairie-brest.fr/amoco-symposium/ index.html, 21 de octubre de 2005.
53 Consultar www.nimd.go.jp/english/index.htm, 21 de octubre de 2005.

ción del algodón y la construcción del canal de Kara Kum. Esto redujo de forma notable el Mar de Aral. Desde 1960, su nivel promedio ha descendido 10m y su área se ha reducido casi a la mitad, lo que produce un incremento en la salinidad del agua y temperaturas extremas en verano e invierno. Desde 1990, el Mar de Aral se ha dividido en dos: un área grande al sur y un área mucho más pequeña al norte.[54]

Este problema no es único. En algunos de los lugares más secos del mundo, el uso del agua fluvial origina graves problemas. De hecho, el agua para la irrigación ha sido motivo de ocasionales conflictos armados: por ejemplo, el río Jordán (Israel–Jordania) y el río Tigris (Turquía–Irak).

El agua continental suele estar muy contaminada. La pesca fluvial ha desaparecido debido a la falta de peces o porque los peces se han vuelto incomestibles.

Los accidentes también pueden desempeñar un papel. En noviembre de 1986, un incendio en la fábrica química Sandoz en Basle, Suiza, causó un derrame significativo de agua contaminada en el río Rin. La fábrica había albergado 840 toneladas de pesticidas, fungicidas, tinturas y otros químicos tóxicos. Estos químicos se mezclaron con las grandes cantidades de agua que se arrojaron sobre las llamas. Como resultado, 30 toneladas de agua altamente tóxica ingresaron en las aguas del Rin y medio millón de peces murieron al instante. El derrame también ocasionó una considerable crisis de agua potable en las riberas del Rin, puesto que hubo que suspender la ingesta de agua del río.[55]

El cambio climático

La cuestión de principal importancia para la atmósfera es el cambio climático, ya que acarrea consecuencias para todas las demás dimensiones.

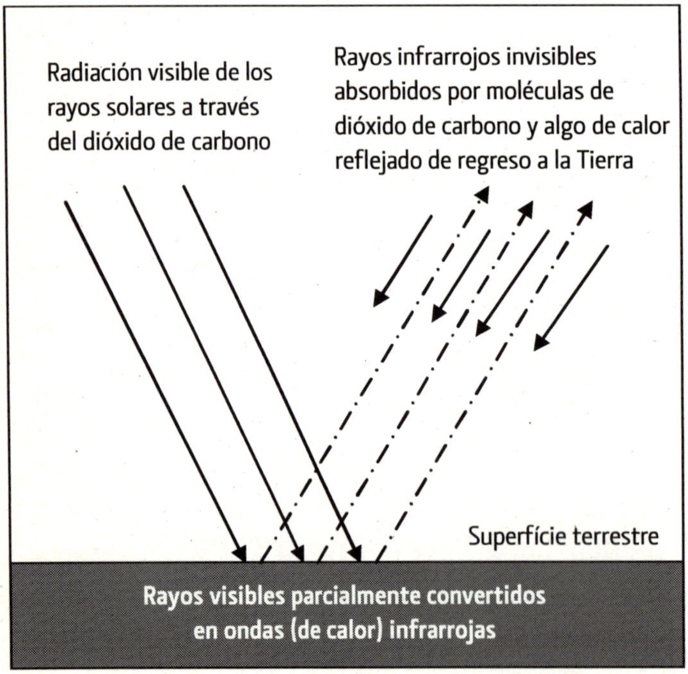

FIGURA 2.7 Principio del efecto invernadero

54 wwwcpg.mssl.ucl.ac.uk/orgs/cp/html/hydro/Aral.html, 21 de octubre de 2005.
55 www.edict.com.hk/vlc/textview/texts/sandoz.htm, 21 de octubre de 2005.

El equilibrio energético de la Tierra

El sol calienta la Tierra. La atmósfera regula la temperatura de la superficie terrestre. El calor solar se transmite, en gran medida, a través de la radiación de alta frecuencia; la luz visible. Esta radiación atraviesa la atmósfera sin calentarla y calienta la superficie terrestre. La superficie tibia emite rayos de calor de frecuencias mucho más bajas (infrarrojos). La atmósfera no es del todo permeable a esta radiación infrarroja, puesto que el CO_2, el vapor de agua y el metano, especialmente, la absorben. Este calor regresa, en parte, a la superficie. Por tanto, los gases de invernadero actúan como una manta que impide que la Tierra se enfríe.

La absorción de la radiación infrarroja por parte de los gases en la atmósfera se denomina efecto invernadero que es crucial. Sin los gases de invernadero, la temperatura vespertina a nivel de la superficie podría ascender a 82°C (los rayos infrarrojos menos importantes del sol también llegarían a la superficie). Durante la noche, las temperaturas descenderían a –140°C. La temperatura promedio en la superficie de la Tierra sería de –17°C en vez de los +15°C de ahora. El hielo y la masa de nieve crecientes reflejarían más luz solar y, por lo tanto, contribuirían a temperaturas más bajas, lo que volvería la Tierra inhabitable. Así, el efecto invernadero es crítico para nuestra supervivencia. La Figura 2.7 resume este principio.

Sin embargo, el efecto invernadero también constituye un problema. Los niveles crecientes de CO_2 en la atmósfera, provocados por la quema de combustibles fósiles, refuerzan el efecto invernadero. Durante los últimos 150 años, la concentración de CO_2 en la atmósfera ha crecido de 290 partes por millón (ppm) a 345 ppm. Otros gases tienen efectos similares. A pesar de que el CO_2 es el gas de invernadero más común en la atmósfera, el metano (CH_4), el óxido nitroso («gas de la risa») (N_2O), el vapor de agua y varios hidrocarbonos son gases de invernadero mucho más potentes.

El metano ingresa en la atmósfera a través de emisiones provenientes de gasoductos, material orgánico en descomposición, cría de animales y el cultivo húmedo del arroz. Como el metano es un recurso valioso, impedir su liberación podría ser efectivo y rentable para el medio ambiente.

Según el Panel Intergubernamental de Expertos sobre Cambio Climático (IPCC, por sus siglas en inglés), el incremento promedio en las temperaturas de la superficie durante el siglo XX fue

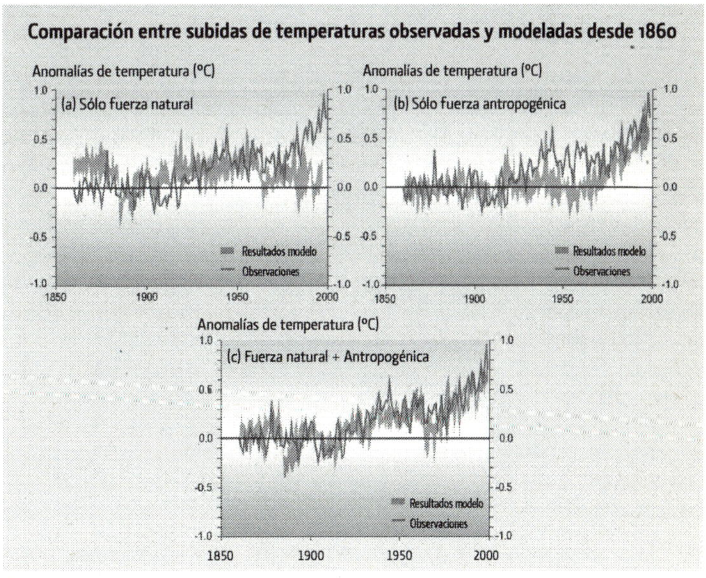

FIGURA 2.8 **Cambio de temperatura y sus causas**

Fuente: www.ipcc.ch/present/graphics.htm, 21 Octubre 2005

de 0,6°C±0,2°C.[56] Para 2100, se pronostica un incremento mayor, de 1,4 a 5,8°C y se estima que el nivel del mar promedio global ascenderá de 0,09–0.88 m. El cambio climático también afectará otros parámetros climáticos como las precipitaciones, los vientos y la presencia de climas extremos.

Es probable que parte del cambio climático obedezca a un fenómeno natural; es decir, a una mayor actividad solar. No obstante, aún cuando se toma en cuenta este efecto, el cambio climático antropogénico sigue siendo evidente.

Incertidumbres

Los márgenes en estas estimaciones se deben, en particular, a la ocurrencia potencial de **ciclos de feedback positivos** y **negativos**. El aumento de las temperaturas puede crear efectos que, a su vez, contrarrestan los incrementos de temperaturas (ciclo de feedback negativo, puesto que el efecto se contrarresta a sí mismo). El aumento de las temperaturas puede también crear efectos que lleven a temperaturas más altas (ciclo de feedback positivo, ya que el efecto se refuerza a sí mismo). Los ejemplos de ciclos de feedback negativos incluyen:

- Crecimiento vegetal más rápido como resultado de los niveles más altos de CO_2 en la atmósfera. Las plantas crecen con más rapidez en concentraciones de CO_2 más altas. Esto acelerará la eliminación del CO_2 de la atmósfera.
- Formación de nubes. Las nubes tienen un efecto invernadero pero, también, en parte, reflejan la luz visible. Por tanto, pueden actuar como un ciclo de feedback positivo o negativo. La polución (en especial las partículas de polvo finas) y la evaporación creciente estimulan la formación de nubes. En consecuencia, este efecto será más pronunciado en las áreas industrializadas.

Los ejemplos de bucles de feedback positivos incluyen:

- El aumento de las temperaturas afecta la parte de la superficie cubierta con hielo, con lo cual se reduce el reflejo de la luz. En muchos sitios como el Ártico, el Kilimanjaro y los Alpes, el hielo oceánico y los glaciares están retrocediendo.[57]
- El aumento de las temperaturas estimula la evaporación del agua oceánica. Del mismo modo que el CO_2, el vapor de agua actúa como un gas de invernadero.
- El aumento de las temperaturas puede provocar el derretimiento del *permagel* (suelo permanentemente congelado) en las regiones Árticas. Este suelo consiste, en esencia, en materia orgánica (turba). En estas condiciones, los procesos de oxidación podrían comenzar a crear grandes cantidades de CO_2 o los microorganismos podrían empezar a generar metano. La evidencia reciente sugiere que la degradación del permagel va en aumento.[58]

Aún persisten muchas incertidumbres con respecto al cambio climático. ¿Absorberán los océanos (mucho) más CO_2? En ese caso, ¿cómo afectará la vida marina? ¿Es posible estimular la absorción de CO_2 en el océano sin efectos perjudiciales?

56 'Climate Change 2001: Summary for Policymakers': 5; www.ipcc.ch/pub/un/ syreng/spm.pdf, 17 de marzo de 2006.

57 NASA, 'Recent warming of Arctic may affect worldwide climate', 23 de octubre de 2003; www.gsfc.nasa.gov/topstory/2003/1023esuice.html, 21 de octubre de 2005.

58 M.T. Jorgenson, Y.L. Shur y E.R. Pullman, 'Abrupt Increase in Permafrost Degradation in Arctic Alaska', *Geophysical Research Letters* 33 (2006), www.agu.org/ pubs/crossref/2006/2005GL024960.shtml, 2 de marzo de 2006.

Efectos del cambio climático

- **El aumento del nivel del mar** constituirá una amenaza directa para las personas que habitan en áreas bajas. Las regiones de deltas, las marismas y los arrecifes de corales se encuentran en peligro directo; en particular, las islas-estados bajas como las Maldivas[59] y las islas Marshall podrían desaparecer por completo. En números absolutos, otras regiones quedarían más devastadas; 70 millones de personas en las costas de China, 70 millones de personas en Bangladesh, 9 millones en Holanda y unas 20 millones de personas en Japón se verían amenazadas. Las poblaciones costeras en Indonesia, las Filipinas, Malasia y los Estados Unidos también estarían en peligro, y los ecosistemas se verían afectados. Ciudades consideradas Patrimonio Universal como Venecia deberán implementar medidas de protección. Las defensas costeras requerirán enormes inversiones de capital, que sin duda no estarán disponibles en los países pobres como Bangladesh. Asimismo, este efecto quizá signifique también el fin de los desbordes estacionales de los ríos que fertilizan la tierra.

- **Las zonas de cambio climático** afectarán la agricultura y los ecosistemas. El aumento de las temperaturas y el incremento de las sequías resultarán devastadores para la agricultura, en especial en áreas que ya padecen escasez de agua. Las sequías no sólo reducirán las cosechas sino que facilitarán la erosión. Los mayores niveles de CO_2 en la atmósfera estimularán el crecimiento de las plantas. Las últimas estimaciones del IPCC indican que la situación alrededor del Ecuador empeorará, mientras que la producción agrícola en altitudes elevadas podría incrementarse. El borde sur del Sahara se está volviendo más verde, mientras que el borde norte y el sur de Europa muestran signos de desertificación.[60]

- **Las temperaturas** evitan que ciertos microorganismos aparezcan en regiones en altas latitudes. Estos microorganismos podrían colonizar estas regiones y propagar enfermedades no-autóctonas. La situación podría empeorar porque las poblaciones podrían no tener el conocimiento ni las normas culturales o de conducta para neutralizar estas enfermedades. A nivel global, la cantidad de personas adicionales en riesgo de contraer malaria en 2080 debido al cambio climático se estima entre 150 y 300 millones para los tipos de malaria *Plasmodium falciparum* y *Plasmodium vivax*.[61]

- **Patrones de lluvias.** Los cambios en el clima también afectarán la distribución de las lluvias durante el año. Se estima que, para Europa occidental, las precipitaciones de invierno se incrementarán mientras que las precipitaciones de verano disminuirán. Este cambio acrecentará el riesgo de desbordes fluviales en invierno.

- **Las condiciones de clima extremo** probablemente también aumentarán. La industria de los seguros ya ha subido sus primas en respuesta a los efectos de la ola de calor en Europa en 2003 y las precipitaciones e inundaciones extremas en Europa central en 2002. Según Loster, de Munich Re (una de las compañías de reaseguros más grande del mundo), entre las décadas de 1960 y 1990, las pérdidas de seguros como consecuencia de desastres climáticos en el mundo se incrementaron diez veces (ajustadas por inflación).[62] La Tabla 2.3 presenta las pérdidas financieras debidas a desastres naturales en 2003 y la Figura 2.9 muestra el incremento de estos eventos entre 1950 y 2000.

59 www.environment.gov.mv/catas_arti.htm, 21 de octubre de 2005.

60 www.awitness.org/eden_wing/sahara_desert_retreat.html, 21 de octubre de 2005.

61 P. Martens, R.S. Kovats, S. Nijhof, P. de Vries, M.T.J. Livermore, D.J. Bradley, J. Cox y A.J. McMichael, 'Climate Change and Future Populations at Risk of Malaria: A Review of Recent Outbreaks', *Global Environmental Change* 9 Sup. 1 (Octubre de 1999): 89-107.

62 P. Brown, 'Extreme weather of climate change gives insurers a costly headache', *The Guardian*, 11 de diciembre de 2003.

	1950-1959	1960-1969	1970-1979	1980-1989	1990-1999	1993-2003
Número de eventos	20	27	47	63	91	60
Pérdidas económicas	42.7	76.7	140.6	217.3	670.4	514.5
Pérdidas aseguradas	–	6.2	13.1	27.4	126	83.6

TABLA 2.3 Pérdidas ocasionadas por desastres naturales, 2003 (miles de millones de dólares)

Fuente: Topics Geo, *Annual Review Natural Catastrophes 2003*, Münchener Ruckversicherungs Gesellschaft

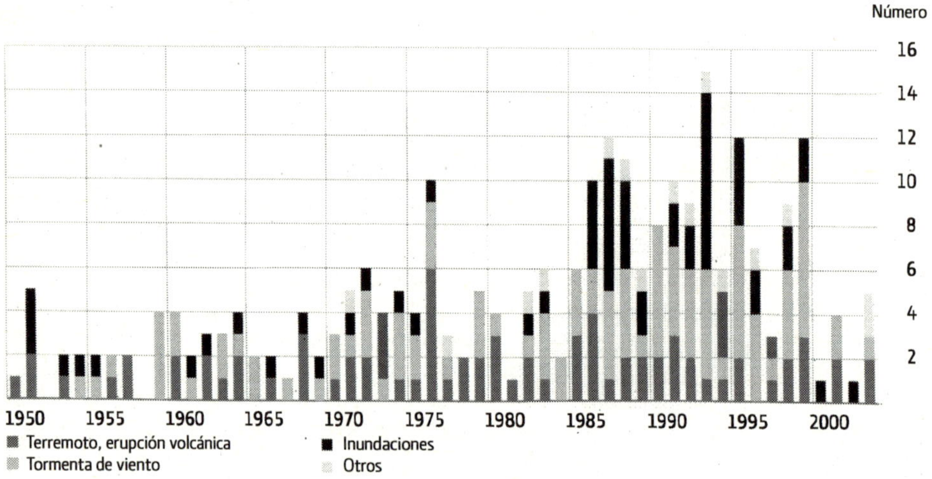

FIGURA 2.9 Cifras de grandes catástrofes naturales, 1950–2000

Fuente: Topics Geo, *Annual Review Natural Catastrophes 2003*, Münchener Ruckversicherungs Gesellschaft

- **El deshielo de glaciares** ocurrirá a nivel mundial, si el aumento de 4°C en las temperaturas se convierte en realidad. Esto ejercerá un profundo impacto en el turismo. Las regiones alpinas ya han descubierto que las estaciones de esquí más bajas se pueden usar mucho menos. Tal vez más importante, el deshielo de los glaciares afectará la provisión de agua dulce. Los glaciares actúan como tanques de almacenamiento del agua de lluvia, que liberan en forma gradual. Con esto, producen un efecto de equilibrio en la provisión de agua dulce. El deshielo de los glaciares en las regiones Árticas (en especial en Groenlandia) puede influir en la salinidad y densidad local del océano y, por ende, afectar la Corriente del Golfo. Esto generaría un efecto climático considerable en el norte y el oeste de Europa.[63]

63 'Melting glaciers diminished Gulf Stream, cooled Western Europe during last Ice Age', Fundación Nacional de la Ciencia (NSF) comunicado de prensa, 19 de noviembre de 2001; www.nsf.gov/od/lpa/news/press/01/pr0192.htm, 21 de octubre de 2005.

La capa de ozono

La radiación solar contiene diversas formas perjudiciales de radiación, en particular, la radiación ultravioleta-B (UV-B), con longitudes de onda de 280–320 x 10^{-9} m (frecuencia 1 x 10^{15} Hz). La capa de ozono destruye gran parte de los rayos UV-B. Una capa de ozono más delgada significa que más radiación UV-B llegará a la superficie de la Tierra. La intensidad de la radiación UV-B depende del espesor de la capa de ozono, la latitud, el tiempo del día y la estación.[64]

El ADN absorbe la radiación UV-B y, en consecuencia, puede sufrir daños. En los seres humanos, los efectos potenciales incluyen irritación de la piel, menor síntesis de vitamina D, degradación del sistema inmunológico y cáncer de piel. El incremento en los niveles de UV-B también afecta a los animales y las plantas; el fitoplancton en las áreas Árticas es en particular vulnerable. Las consecuencias de una disminución en el crecimiento de fitoplancton podrían ser graves, puesto que constituye la base de una importante cadena de alimentación.[65] Los estudios sobre los efectos de mayores niveles de UV-B para la vida silvestre marina indican que existen motivos de preocupación. La agricultura también sentirá el impacto de una mayor radiación UV-B; las cosechas disminuirán, si bien es difícil predecir en qué medida, ya que hay una coincidencia de factores. La Figura 2.10 proporciona las concentraciones de ozono en la atmósfera.

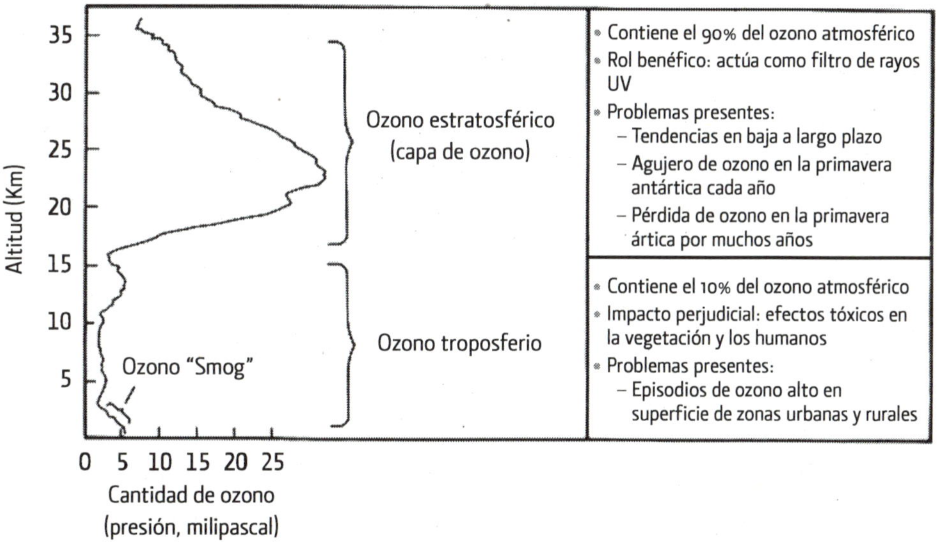

FIGURA 2.10 **Distribución del ozono en la atmósfera**

Fuente: www.ndsc.ncep.noaa.gov/freq_qu/faq.html, 25 Octubre 2005

A comienzos de la década de 1970, Rowland y Molina[66] estudiaron la degradación de los clorofluorocarbonos (CFCs) en la atmósfera. Extrajeron una conclusión inquietante:

64 El ozono se encuentra presente en capas altas (la estratósfera) y capas bajas (la tropósfera) de la atmósfera. El ozono troposférico produce problemas pulmonares, mientras que el ozono estratosférico nos protege de los rayos UV-B.

65 C. Woodward, 'Food-chain Alarm from a Low-ozone Zone', *Christian Science Monitor*, 11 de diciembre de 1998; www.csmonitor.com/durable/1998/12/11/p8s1.htm, 21 de octubre de 2005.

66 M.J. Molina y F.S. Rowland, 'Stratospheric Sink for Chlorofluoromethanes: Chlorine Atom Catalysed Destruction of Ozone', *Nature* 249 (1974): 810-12.

La radiación UV es lo único que destruye los CFCs en la atmósfera. Las dosis altas de UV solamente ocurren en la estratosfera, en la capa de ozono. La destrucción de los CFCs produce iones de clorino que actúan como agentes catalizadores para la destrucción de las moléculas de ozono. En consecuencia, llegará más radiación UV-B a la superficie de la tierra.

En 1974, los CFCs poseían una larga historia de uso en la industria. Habían sido desarrollados para ser empleados como refrigerantes para heladeras y aires acondicionados y, más adelante, su uso se extendió a los aerosoles. Como los CFCs son completamente inertes, resultaron ideales como agentes de soplado para hacer espumas plásticas, como aislante gaseoso para los transformadores y como agente de limpieza en la industria de la electrónica (para limpiar tableros de circuitos impresos).

A pesar de que en 1976 la reducción de la capa de ozono era un fenómeno limitado a los modelos matemáticos y carente de evidencia empírica, la preocupación pública era grande y la venta de aerosoles decayó. No obstante, la sensación de urgencia con respecto al problema del ozono se amortiguó y, con la asunción de Ronald Reagan como presidente de los Estados Unidos en 1980, los esfuerzos por regular el uso de los CFCs se interrumpieron.

Esta situación cambió de plano con la publicación de un artículo en *Nature* el 16 de mayo de 1985.[67] El articulo daba cuenta de una reducción significativa de la capa de ozono, medida sobre la Antártida, entre agosto y noviembre de 1984. La información despertó la preocupación pública y permitió que el PNUMA diera un paso adelante en el tema. El 16 de septiembre de 1987, 27 países firmaron el Protocolo de Montreal sobre Sustancias que Agotan la Capa de Ozono. Desde entonces, ha sido revisado en varias oportunidades. El Protocolo incluía:

- La prohibición total de CFCs para finales del siglo XX.
- Un fondo para ayudar a que las naciones en desarrollo adquieran e introduzcan tecnologías nuevas que puedan reemplazar aquellas que utilizan sustancias que agotan la capa de ozono.
- Un período de gracia de diez años para que los países en desarrollo acaten el protocolo.

Aún cuando todavía se utilizan muchas sustancias perjudiciales para el ozono, se estima que la capa de ozono se recuperará en unos 50 años. El problema del ozono demuestra que la cooperación internacional puede contribuir a conseguir resultados.

La contaminación del aire

La lluvia ácida es uno de los peores problemas de la contaminación. Su fuente más importante es la quema de combustibles fósiles. La quema de combustibles con alto contenido de sulfuro ha provocado la destrucción de los bosques, en especial, en las montañas de Europa central.

La quema de combustibles fósiles también puede afectar la salud humana. Un ejemplo famoso es el *smog* de Londres, que, en diciembre de 1952, mató alrededor de 12.000 personas y enfermó a muchas otras.[68]

Según la Oficina de Protección del Medio Ambiente norteamericana, los ancianos mueren de forma prematura todos los años a causa de la exposición a niveles ambientales de partículas finas.[69] Asimismo, como los niños respiran un 50% más de aire por kilo de peso corporal que los adultos, son más susceptibles a las partículas diminutas en la polución, en particular si sufren de asma.[70]

67 J.C. Farman, B.G. Gardiner y J.D. Shanklin, 'Large Losses of Total Ozone in Antarctica Reveal Seasonal ClO_x/NO_x Interaction', *Nature* 315 (1985): 207-10.

68 www.portfolio.mvm.ed.ac.uk/studentwebs/session4/27/greatsmog52.htm, 21 de octubre de 2005.

69 US EPA, 'Particulate Matter: Health and Welfare', www.epa.gov/air/particlepollution/health.html, 17 de marzo de 2006.

70 www.eurekalert.org/releases/udel-sih081099.html, 13 de abril de 2005.

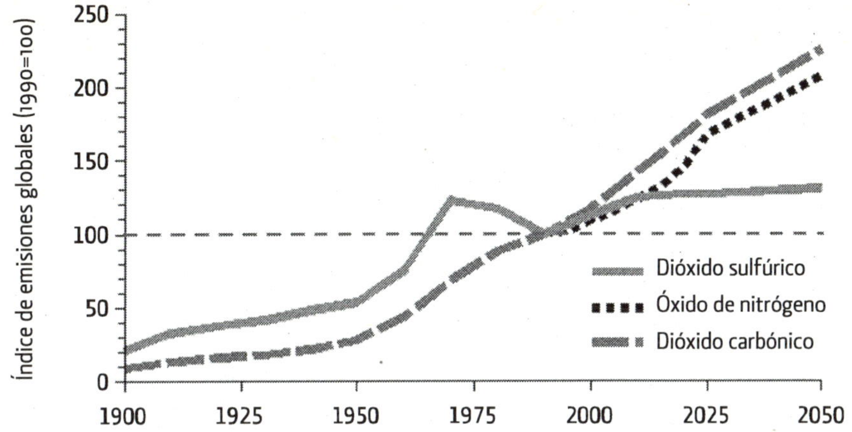

FIGURA 2.11 **Emisiones de los tres principales contaminantes del aire**

Fuente: UNEP, *Global State of the Environment Report 1997* (GEO-1), 1997; www.unep.org/Geo/geo1/fig/fig4_6.htm, 21 Octubre 2005

El ruido

El ruido es un problema con el que deben convivir muchos habitantes de áreas de alta densidad demográfica. Las paredes delgadas, el tráfico urbano o la cercanía de autopistas, ferrocarriles o aeropuertos pueden generar niveles altos de ruido. Convivir con niveles de ruido elevados no suele tener efectos directos, pero constituye un factor de estrés a largo plazo, ya que puede contribuir a una reducción de las horas de sueño. Los niveles elevados de ruido también pueden originar problemas auditivos. El ruido suele ser un problema importante, en particular cerca de los aeropuertos.

La litosfera

La litosfera es la corteza de la Tierra. Nos proporciona distintas substancias y energía a través de la minería y actúa como base de la biosfera.

Minería

La corteza terrestre contiene diversos materiales:

- Metales como el hierro, aluminio, zinc, cobre, oro, plata y varias tierras raras
- Sales como el cloruro de sodio
- Combustibles fósiles como el metano, el carbón y el petróleo crudo
- Rocas sedimentarias para la construcción
- Minerales como el asbesto, la calcita ($CaCO_3$), dolomita ($CaMg(CO_3)_2$), fluoruro de calcio, feldespato y fosfato
- Elementos como el berilio, bromo, diamante (una forma de carbono) y sílico.

La temperatura de la Tierra aumenta con la profundidad. Este fenómeno se utiliza a veces para la producción de energía, en particular, para calentar casas, como en Islandia (energía geotermal).

La litosfera contiene un 99,99% de carbono: hay mucho más carbono en la litosfera (en forma de rocas minerales) que en los combustibles fósiles (ver la Tabla 2.4).

Depósito	**Cantidad (en billones de toneladas)**
Sedimentos y rocas	66.000.000-100.000.000
Océano	38.000-40.000
Biosfera – tierra	2.000-2.200
Combustible fósil	4.000
Atmósfera	766 (en 1999)

TABLA 2.4 **Principales depósitos de carbono estimados en la Tierra**

Fuente: M.E. Ritter, «El Entorno Físico: Una Introducción a la Geografía Física»; www.physicalgeography.net/home.html, 21 Octubre 2005.

No todos los combustibles fósiles se pueden explotar. Algunos depósitos son demasiado profundos o se encuentran en sitios de difícil acceso. Otros son demasiado pequeños o técnica y económicamente no factibles de ser explotados. De los depósitos actualmente en exploración, no siempre es posible recuperar todos los combustibles. Por ejemplo, el 98% de los depósitos de petróleo no se podrían alcanzar si sólo se utilizaran bombas mecánicas para recuperar el petróleo. Las técnicas de recuperación de petróleo mejoradas permiten que se pueda recuperar entre el 20% y el 60% del contenido de un depósito de petróleo.[71]

El término «reservas económicamente recuperables» se suele utilizar cuando se proporciona estimaciones de depósitos disponibles de combustibles fósiles, minerales y minerales metálicos. Alude a las reservas que son económicamente viables para su explotación a los precios actuales y con la tecnología actual. ¡Con precios más altos y tecnología de recuperación mejorada estas reservas podrían crecer mucho sin que se descubrieran depósitos nuevos!

¿Cuánto durarán nuestros combustibles fósiles? No existe una respuesta final a esta pregunta. Podríamos producir petróleo durante otros 40 años a las tasas de producción actuales, a los precios actuales y con la tecnología actual.[72] Sin embargo, el consumo de petróleo ha crecido un 13% en la última década, se descubrirán nuevas reservas y la tecnología podría mejorarse. Esto influirá en el mercado y los precios de mercado resultantes influirán en el consumo, la exploración de nuevos campos de petróleo y las inversiones en tecnología. De todos modos, debemos estar preparados para una escasez de petróleo, que incluso podría suceder en un lapso de 50 años. Para el gas natural, la reserva probada es de 60 años, aunque en este caso, el consumo experimenta un crecimiento más veloz; a saber, alrededor de un 20% en la última década. Las reservas probadas de carbón durarán otros 204 años; el consumo de carbón creció un 8% en los últimos diez años.[73]

Lo mismo se aplica a la extracción de minerales metálicos. Con precios más altos y mejor tecnología, se podrá extraer minerales metálicos menos ricos y, de este modo, incrementar las reservas. Sin embargo, muchos metales se pueden reciclar, en especial cuando los precios suben y la tecnología de reciclado mejora. Por lo tanto, la extracción de minerales metálicos tenderá a disminuir.

71 N. Bunce y J. Hunt, 'Enhanced Oil Recovery'; www.physics.uoguelph.ca/summer scor/articles/scor134.htm, 21 de octubre de 2005.

72 Consultar el Informe Estadístico de la Energía Mundial 2005 de BP; www.bp.com/genericsection.do? categoryId =92&contentId=7005893, 21 de octubre de 2005.

73 Informe Estadístico de la Energía Mundial 2005 de BP; www.bp.com/genericsection.do? categoryId=92& contentId=7005893, 21 de octubre de 2005.

La minería puede tener consecuencias peligrosas:

- Los pozos pueden colapsarse.
- Las minas pueden incendiarse. A veces, no es posible extinguir estos fuegos.
- El agua se puede filtrar a través de las minas. El agua de drenaje ácida consiguiente puede terminar en arroyos desprovistos de vida.
- Las minas a cielo abierto pueden arrasar con el paisaje a su alrededor y dejar pozos yermos de miles de metros de profundidad. El drenaje de estos pozos puede ocasionar desertificación a distancias considerables.
- Los desechos de las minas pueden obstruir el paisaje. Las precipitaciones, al caer sobre estos desechos, pueden acidificarse o volverse tóxicas.

Capa superficial del suelo

La superficie de la Tierra experimenta también numerosos problemas. Las actividades industriales, que en ocasiones han tenido lugar hace muchos siglos, han contaminado el suelo y el agua subterránea en varios puntos del mundo. Por ejemplo, los trabajos de gas en las ciudades son famosos por contaminar el suelo. Los vertederos para desechos químicos e incluso nucleares pueden ser fuentes de grandes peligros, en particular en regiones geológicamente poco estables.[74] En los países industriales, las prácticas industriales han mejorado de forma notable, pero erradicar la contaminación del pasado constituye un proceso lento y extremadamente costoso.

Los residuos municipales suelen llevarse a vertederos. Además de la tierra que ocupan, los rellenos sanitarios pueden contaminar el agua de lluvia que los atraviesa, crear olores y producir considerables cantidades de metano (un gas de invernadero). Este se debería quemar o, mejor aún, utilizar en procesos productivos. Las lixiviaciones y las filtraciones del relleno se deberían recolectar y tratar.

La agricultura también puede dañar el suelo. Las concentraciones excesivas de minerales en el estiércol del ganado están envenenando el suelo poco a poco. En particular las praderas, que se utilizan de forma intensiva en la producción lechera, suelen tener un contenido demasiado alto de metales pesados y fosfatos como consecuencia del empleo de fertilizantes y del alimento externo provisto al ganado (que termina en la tierra en el estiércol). En el lapso de un siglo, las tierras agrícolas europeas de alto rendimiento productivo se volverán improductivas debido a la toxicidad de estos altos niveles de minerales.[75]

En varios sitios, las actividades agrícolas causan erosión. La pérdida de la capa fértil del suelo puede crear un desierto permanente y originar escasez de alimentos.

74 Cf. I. Hadjambardiev, 'A Sustainable Development Course for Environmental Engineers in Kyrgyzstan', *International Journal of Sustainability in Higher Education* 5.3 (2004): 289-94.

75 M. Boer y K-J. Hin, 'Zware metalen in de melkveehouderij: Resultaten en aanbevelingen vanuit het project Koeien & Kansen'. *Koeien & Kansen Rapport* 16, CLM-nr.587-2003, 2003; www.koeienenkansen.wageningen-ur.nl/index.asp?media/ rapport/16.asp, 21 de octubre de 2005.

Preguntas, análisis y ejercicios

1. Busque información en Internet acerca del último desastre relacionado con el clima y estime los daños. ¿Qué cantidad de desastres climáticos en gran escala ha podido identificar en los dos últimos años?
2. Estime la cantidad de CO_2 adicional en la atmósfera en comparación con el siglo pasado. ¿Cuál es la cantidad equivalente de hidrocarbonos (C_nH_{2n})?
3. ¿Cuáles son las prioridades de la política nacional del medio ambiente en su país o región? ¿Cuáles eran diez años atrás? Escoja un país en un continente diferente y busque información sobre sus prioridades en Internet. Intente explicar las diferencias.
4. Estime el incremento del nivel del mar promedio sobre la base del supuesto que el océano tiene 5 kilómetros de profundidad, la temperatura del agua es de 6°C y el incremento en la temperatura del agua es de 1°C.

3 Modelos de desarrollo

El desarrollo sostenible no significa sólo abordar los problemas físicos que amenazan la continuidad de la civilización en nuestro planeta. También implica desarrollo. Sin embargo, a la hora de pensar en el desarrollo, es fácil caer en la trampa del pensamiento lineal, es decir, suponer que todas las naciones atraviesan etapas similares para conformar sociedades como las de Norteamérica, Europa y Japón.

Este capítulo describe, a modo histórico, los procesos de desarrollo de distintas sociedades. Centrándose en el rol de la tecnología en la organización de estas sociedades y en su interrelación con el sistema sostenible de vida.

Breve historia del desarrollo global

El desarrollo de las sociedades humanas se puede clasificar en cuatro etapas:

- Cazadores y recolectores
- Agricultura
- Producción industrial
- Modelos globales de producción y consumo

Estas cuatro etapas se analizan a continuación.

Las sociedades no atraviesan estas etapas a la misma velocidad ni tampoco las etapas son estrictamente lineales. A veces surgen barreras y se producen saltos. El desarrollo en sitios lejanos influye cada vez más en el desarrollo en otros lugares.

Primera etapa: cazadores y recolectores

Los seres humanos son habitantes relativamente nuevos de este planeta y aparecieron hace unos dos millones de años cuando la biodiversidad había alcanzado un pico. Estas personas vivían como nómadas en grupos de 30-40[1] y obtenían dos tercios de su alimento de los frutos y vegetales que

1 R.E. Leakey y R. Lewin, *Origins Reconsidered* (Nueva York: Doubleday, 1992).

recolectaban y un tercio de la carne de animales salvajes. El fuego era su única fuente de energía. Los perros eran tal vez los únicos animales domesticados.

Esta forma nómada de vivir requería un espacio considerable para recolectar alimentos. Con el tiempo, los cazadores-recolectores se extendieron alrededor del planeta y ocuparon la mayoría de los entornos favorables. La densidad demográfica era muy baja y dependía de la productividad del ecosistema local. Por tanto, la Tierra sólo podía sostener entre 10 y 30 millones de personas. En promedio, los individuos no necesitaban trabajar duro para ganarse la vida; un par de horas por día era suficiente. Tenían mucho tiempo para dedicarlo a actividades físicas o culturales. Las enfermedades contagiosas casi no existían, puesto que el contacto humano era demasiado escaso para permitir su propagación.

No obstante, la vida no era tan buena como podría parecer. La vida de estos nómadas estaba llena de peligros. Muchos de ellos morían a causa de heridas provocadas por animales salvajes o sufrían a causa de ellas por el resto de sus vidas. No siempre encontraban refugio frente al calor, el frío o las lluvias. En ocasiones, el hambre o la sequía se cobraban víctimas.

Este estilo de vida predominó durante 50.000 generaciones y aún hoy subsiste en algunas partes del mundo como en los bosques del Amazonas y en Irian Jaya (la mitad occidental de Papua Nueva Guinea, Indonesia).[2]

Esta forma de vida es sostenible en términos ambientales porque existía una integración total entre el comportamiento humano y los ecosistemas. Sin embargo, la capacidad de los ecosistemas de la Tierra sólo alcanzaba para que 30 millones de personas vivieran de esta manera.

Segunda etapa: agricultura

Cuando la población de cazadores y recolectores superó la «capacidad de los ecosistemas» regionales y todos los hábitats fueron colonizados, se inició la competencia por la comida. Los grupos nómadas comenzaron a establecerse y, naturalmente, escogían las áreas más productivas. En consecuencia, las personas se vieron forzadas a acrecentar la productividad de los ecosistemas.

Los seres humanos domesticaron la naturaleza para incrementar su productividad. Esta etapa se conoció como la revolución agrícola e incluyó la domesticación de las plantas y el ganado. Esto redujo la dependencia directa de la naturaleza, ya que los individuos ahora podían planificar (más o menos) su producción. Sin embargo, al mismo tiempo, el trabajo se intensificó.

Otras maneras de incrementar aún más la productividad incluían:

- Tala de bosques
- Construir estructuras como diques y presas para recolectar agua en áreas donde dependían de las precipitaciones estacionales y distribuirla en las estaciones secas
- Construir sistemas de drenaje para recuperar pantanos fértiles

Los primeros impactos sobre la naturaleza no tardaron en surgir. La transformación del paisaje, en una escala local, incluía:

- Erosión local
- Salinización del suelo como consecuencia de la irrigación
- Erradicación local de animales que afectaban la producción agrícola

Asimismo, la forma de vida se volvió sedentaria; es decir, las personas permanecían en el mismo lugar durante la mayor parte de sus vidas. Esto llevó a la especialización del trabajo, puesto que los

2 www.irja.org/index2.shtml, 2 de marzo de 2006.

individuos podían aumentar la producción conforme a sus habilidades o a los recursos locales disponibles. Sin embargo, la especialización laboral y el comercio pueden generar desigualdad social.

La producción no agrícola ya no dependía de la tierra. Las ciudades emergían como centros de comercio y como centros de poder militar o político. Para mantener la infraestructura colectiva (por ejemplo, las murallas y puertas de la ciudad, el ejército y las infraestructuras de agua), se introdujeron los impuestos y se crearon los sistemas administrativos. Esto sólo fue posible después de la invención de la escritura.

Las ciudades se convirtieron también en centros culturales, con teatros y actuaciones callejeras. No obstante, dependían de la campiña circundante, que dominaban, para la provisión de alimentos. El comercio de larga distancia era poco común y se limitaba a productos de alto valor.

Se desarrollaron tecnologías nuevas (por ejemplo, cerámica, escritura y trabajo en metal). En estas sociedades recientes, emergieron fenómenos nuevos como:

- Desigualdades sociales
- Guerras de gran escala
- Epidemias
- Mercados de bienes y servicios
- Rutas comerciales
- Esclavitud
- Democracia
- Ciencias
- Religiones institucionalizadas

Esta etapa duró unas 400 generaciones.

Tercera etapa: producción industrial

El incremento en la productividad favoreció un mayor crecimiento demográfico. Pero, debido a que la población era sedentaria, este crecimiento fue desigual. Las ciudades se abastecían de la campiña circundante y, como la producción en las ciudades también requería provisión de materias primas, el comercio creció.

Las rutas comerciales, que hasta entonces se habían utilizado únicamente para productos de alto valor, comenzaron a destinarse cada vez más a bienes no perecederos como la madera y el trigo. Se exploraron territorios desconocidos y se determinaron rutas comerciales; entre ellas, la más importante era la ruta marítima entre Europa y Asia.

La superpoblación local impulsó la emigración. En las regiones donde la población nativa todavía cazaba y recolectaba, como en Norteamérica, los inmigrantes no tuvieron dificultades para reemplazar o esclavizar a estos grupos y establecer sus propias comunidades. Las enfermedades contagiosas introducidas por los europeos diezmaron las sociedades agrícolas de América Central y los Andes; el resto de los pueblos fueron sometidos por la fuerza.

El uso de combustibles fósiles mejoró aún más la productividad en las ciudades. La invención de la máquina de Newcomen en 1711 (Figura 3.1) y de la máquina de vapor en 1762 posibilitó que los combustibles fósiles se utilizaran no sólo para calefacción sino para mecanizar la producción.

La máquina de vapor tenía otras ventajas. Aumentaba de forma considerable la disponibilidad de los combustibles fósiles, ya que las minas se podían drenar con mucha más eficacia. Además, los mismos combustibles, las materias primas y los *commodities* (materias primas industriales que cotizan en mercados organizados) se podían transportar con más rapidez en trenes y barcos de

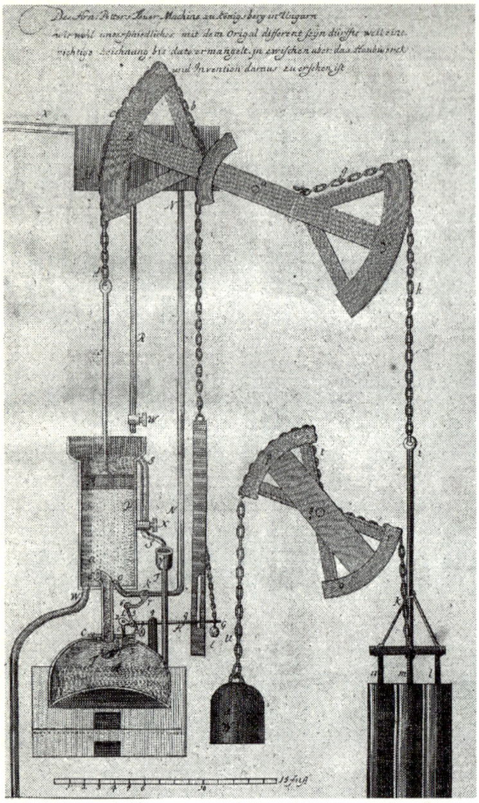

FIGURA 3.1 **Máquina de Newcomen, 1711**

Fuente: J. Leupold, Theatrum machinarum Hydraulicarum Leipzig, 1725

vapor. La mayor disponibilidad de combustibles y mejores medios de transporte posibilitaron la producción industrial de *commodities* baratos y en gran escala basada en la provisión de materias primas provenientes de todas partes del mundo.

Las relaciones comerciales desarrolladas por los países europeos en los siglos XVI a XVIII con sociedades agrícolas más avanzadas como India, Indonesia y China se modificaron poco a poco. Las economías en estas regiones se reordenaron para satisfacer las necesidades de recursos de los poderes coloniales. Este comercio colonial no solo abastecía las materias primas para la producción industrial sino que el comercio de estas materias primas también proporcionaba el capital necesario para esta expansión.

Más adelante, las principales naciones europeas se apoderaron de países que habían sido sus socios comerciales iniciales para asegurarse estos abastecimientos. Los poderes coloniales más importantes eran:

- Inglaterra (p. ej., el Subcontinente Indio, África del este, Nigeria y Australia)
- Holanda (p. ej., Indonesia)
- Francia (p. ej., África del Norte e Indochina)
- Portugal (p. ej., Angola, Mozambique y Brasil)

Bélgica, Alemania y España (después de perder América del Sur a principios del siglo XIX) tenían en su poder territorios más pequeños. Rusia también se expandió colonialmente por Asia Central y Siberia.

Con la aparición del sistema colonial, el comercio se había convertido en explotación. El traslado forzado de 15 millones de esclavos africanos a las Américas entre 1540 y 1850 constituyó uno de los aspectos más oscuros de la historia mundial. Este «comercio» generó grandes ganancias y la mano de obra barata permitió la expansión de los Estados Unidos. Los Estados Unidos (una ex colonia de Inglaterra) conquistaron las Filipinas en 1898. Japón (Corea) también estableció colonias. El colonialismo alcanzó su máxima expansión en 1939 antes del estallido de la Segunda Guerra Mundial (Tabla 3.1).

	Gran Bretaña	Francia	Bélgica	Holanda	Alemania (1914)
Área (millas cuadradas)	94.000	212.600	11.800	13.200	210.000
Población	45.500.100	42.000.000	8.300.000	8.500.000	67.500.000
Área de las colonias	13.100.000	4.300.000	940.000	790.000	1.100.000
Población de las colonias	470.000.000	65.000.000	13.000.000	66.000.000	13.000.000

TABLA 3.1 **Expansión del colonialismo en 1939**

Fuente: M.E. Townsend, *European Colonial Expansion since 1871* (Chicago: J.P. Lippincott Company, 1941): 19; www.mtholyoke.edu/acad/intrel/pol116/colonies.htm, 8 Noviembre, 2005

La producción industrial se inició en Inglaterra durante el siglo XVIII y se extendió enseguida a varios países de Europa continental (Bélgica, Alemania, Austria y Francia). A fines del siglo XIX, los Estados Unidos, Japón y otros países europeos ya habían comenzado el proceso de industrialización.

El sector textil fue el primero en adoptar métodos industriales. Incluso en las colonias, las grandes fábricas de hilado y tejido accionadas por vapor reemplazaron la producción local en pequeña escala. Las fábricas de acero, las minas de carbón, y la construcción mecánica y naval fueron los siguientes sectores emergentes de la producción industrial. El petróleo y el gas se explotaban como combustibles fósiles, además del carbón, porque eran más fáciles de obtener y de transportar.

Las principales fuerzas motoras de esta tercera etapa fueron:

- La introducción de los combustibles fósiles como una fuente de energía
- El crecimiento del sistema ferroviario
- El crecimiento del comercio exterior

A comienzos del siglo XX, se sumaron nuevos sectores industriales (equipos eléctricos, química y fabricación de automóviles). Esta etapa duró apenas ocho generaciones.

Cuarta etapa: modelos globales de producción y consumo

En los comienzos del siglo XX, la investigación y el desarrollo (I+D) adquirieron una importancia creciente para varias ramas de la industria.

La industria del teñido fue el primer sector en reconocer la importancia de la ciencia, que le permitía producir tinturas químicas más baratas o colores hasta entonces no disponibles. Bayer AG en Leverkusen, Alemania, fue la primera compañía en establecer un laboratorio químico, aunque sus competidores alemanes no tardaron en imitarla. Este hecho contribuyó a la posición de predominio mundial de Alemania en el área de la química a principios de la década de 1900.

La industria eléctrica emergente era de por sí un producto de investigación. La compañía creada por Thomas A. Edison, General Electric, fue la primera compañía eléctrica en instituir un departamento de investigación.[3] Westinghouse (un competidor temprano) y, más tarde, Siemens y Philips en Europa siguieron su ejemplo. Du Pont se abocó con éxito a la investigación de la pólvora y Courtaulds a la investigación de las fibras textiles.

Los negocios que dependían de I+D tendían a fusionarse para crear compañías más grandes. Esto obedecía a que la actividad de I+D necesita desarrollarse en una escala mínima que las compañías pequeñas tienen dificultades en lograr. Las industrias que dependían de I+D se desarrollaron en sus respectivos territorios. La industria química constituye un buen ejemplo de estos mercados divididos. Con anterioridad a la Segunda Guerra Mundial, la compañía norteamericana E.I. Du Pont de Nemours dominaba varios segmentos del negocio químico en los Estados Unidos (por ejemplo, fibras, explosivos y refrigerantes como los clorofluorocarbonos [CFCs]). América Latina era su área de expansión natural. Du Pont logró dominar con éxito el mercado químico allí e instaló varias plantas de producción.[4] Como el nombre lo indica, Imperial Chemical Industries (Industrias Químicas Imperiales) desempeñaba el mismo papel en el Imperio Británico. IG Farben (creada a través de la fusión de los productores químicos alemanes más importantes) dominaba el grueso del negocio químico en Europa central y oriental. Estas grandes compañías multinacionales no solían competir entre sí, de modo que reducían costes con el intercambio de los productos nuevos que desarrollaban a través de sus esfuerzos de I+D.[5]

Dos hechos pusieron fin a esta cooperación:

- Los gobiernos tomaron medidas decisivas contra los monopolios y los grupos industriales (en particular, en los Estados Unidos). Por lo tanto, los mercados atractivos y protegidos dejaron de estar garantizados
- Internacionalmente, los Estados Unidos destruyeron con éxito las barreras comerciales[6]

El resultado fue que las compañías se vieron forzadas a competir en sus propios países y comenzaron a penetrar los mercados unas de otras. En este punto, se convirtieron en multinacionales.

La importancia de las economías de escala en los principales sectores industriales constituyó una fuerza propulsora significativa para la globalización. En la década de 1970, las compañías descubrieron que valía la pena concentrarse en áreas tecnológicas y mercados específicos. En estas áreas, una compañía podía ser un actor de envergadura con un poder de mercado considerable. Así, los grandes conglomerados industriales se volvieron cada vez más grandes y más pequeños al mismo tiempo. Esta estrategia les permitía obtener con más facilidad un retorno alto sobre los costes fijos de desarrollo y mejora de los productos. Las multinacionales resultantes no son ni más grandes ni más pequeñas de lo que eran en la década de 1960, pero están más enfocadas en tecnologías y mercados específicos.

La globalización no significa más comercio global. El comercio global no crece con más rapidez que el crecimiento promedio de la economía mundial. De hecho, los volúmenes comerciales eran relativamente más altos durante los tiempos coloniales cuando la industria del poder colonial producía los bienes manufacturados y las colonias producían las materias primas.

La globalización tampoco significa flujos de capital globales. Las grandes compañías prefieren pedir prestado el capital que necesitan en los países donde lo necesitan.[7] La globalización significa que los costes más o menos fijos de un diseño tecnológico se recuperan a través de la venta mun-

3 T.P. Hughes, *Networks of Power: Electrification in Western Society, 1880–1930* (Baltimore, MD: Johns Hopkins University Press, 1983).

4 D. Hounshell y J.K. Smith, *Science and Corporate Strategy: Du Pont R&D 1902–1980* (Cambridge, MA: Cambridge University Press, 1988)

5 F. Aftalion y O.T. Benfey, *A History of the International Chemical Industry* (Filadelfia, PA: University of Pennsylvania Press, 1991).

6 El motor político de ello fue probablemente una combinación de la ideología del libre mercado, anti-comunismo, e interés nacional de los EE.UU. (como la nación más fuertemente industrializada).

7 J. Wengel y A. Kleinknecht, 'The Myth of Economic Globalisation', *Cambridge Journal of Economics* 22.5 (1998): 637-47.

dial. En particular, los productos con costes de transporte bajos son fáciles de comercializar a nivel mundial. Los productos con costes de transporte más altos se pueden producir en las principales regiones del mundo.

Las compañías que no pueden operar a nivel mundial tienen la opción de buscar socios en el extranjero o de fusionarse. El resultado es visible para cualquier viajero. Un par de décadas atrás, era fácil comprar regalos «locales» interesantes para llevar de regreso a casa. Hoy en día, es mucho más difícil, puesto que los «souvenirs» que se ofrecen son idénticos en todas las tiendas.

Intervalo: de la autarquía[8] a la globalización: el ejemplo de Ibieca

Ibieca es un pueblo rural situado a 23 km de la ciudad de Huesca en el noreste de España. En 1996, albergaba 110 ibiecanos y una población flotante de 183 habitantes (es decir, habitantes de las ciudades que vivían allí durante los fines de semana).

En 1900, 90 familias vivían en Ibieca. El elemento principal del orden social era la «casa», que consistía en la vivienda familiar, sus miembros y su ganado. Ibieca era más una comunidad de casas que de individuos.

La casa solía cobijar a tres generaciones. La prosperidad de la casa (la «medida» de éxito) se reflejaba en su tamaño; la mayoría eran de dos plantas, aunque las familias más acaudaladas gozaban de tres plantas y la familia Solana, que era dueña de casi 300 hectáreas, tenía la única casa de cuatro plantas.

El pueblo exhibía desigualdades notables. Las personas con casas sin tierra y con casas pequeñas se empleaban en las casas más grandes. Los propietarios de las casas medianas a veces contrataban empleados y a veces se ofrecían para trabajar, según la estación y la disponibilidad de mano de obra en la casa. A pesar de que esta falta de equidad generaba conflictos,[9] existían fuertes lazos de lealtad hacia los «amos», los empresarios ricos y dueños de la tierra.

Las casas podían incrementar sus ingresos a través de actividades emprendedoras como el comercio o los servicios de transporte. El pueblo en su conjunto era en gran medida autárquico. Producía:

- Cereales que:
  - Molían para producir harina
  - Horneaban para hacer pan
  - Usaban como alimento para los animales
  - Vendían
- Uvas con las que se fabricaba vino
- Aceitunas que molían para producir aceite de cocinar y aceite para lámparas
- Frutas y verduras
- Almendras
- Flores
- Cañas que se utilizaban para cestas y sillas
- Cáñamo

8 'Autarquía' significa autosuficiencia de una región o país.

9 En la Guerra Civil Española (1936–1939), se produjo una división de alrededor 50-50 entre los que apoyaban y aquellos que se oponían a los republicanos (diferentes grupos de izquierda que apoyaban la República española, principalmente anarquistas en la región de Ibieca) que controlaban la región y la reorganización de su agricultura.

- Leña, carbón de leña y bellotas
- Tierra para materiales de construcción
- Agua
- Burros, mulas y bueyes para transporte y labranza
- Ovejas para lana y carne
- Cabras para leche, queso y cueros
- Conejos, gallinas y cerdos para carne
- Palomas y gallinas para carne y huevos
- Gatos y perros

Las almendras era lo único que se producía exclusivamente para el mercado, aunque también se comercializaban los excedentes de cereales, cueros, vino, aceite de oliva y lana. Los hogares del pueblo consumían el grueso de lo que producían y producían el grueso de lo que consumían. Los artículos producidos que no se consumían se comercializaban a nivel regional; por ejemplo, con los pueblos en los Pirineos que no podían producir vino. Este comercio constituía una de las actividades que podía incrementar los ingresos de los habitantes.

Casi no había desechos materiales. Se cosechaban todos los productos y se recuperaba hasta los granos caídos. Se aprovechaban todas las partes del cerdo para comida. Los gatos sobrevivían gracias a las ratas y los ratones y los perros y burros recibían restos.

La tierra estaba dividida en muchas parcelas. Si bien podía resultar antieconómico, esta práctica tenía la ventaja que en caso de condiciones climáticas adversas (heladas, granizo, etc.), no se perdía la totalidad de un cultivo.

Después de que Franco ganara la Guerra Civil, era importante asegurar el abastecimiento de comida. La prohibición comercial instigada por los poderes aliados de la Segunda Guerra Mundial generó una escasez de alimentos. Las regulaciones estatales para la producción de alimentos y el incremento en los precios del trigo estimularon la transición del uso de la tierra hacia la producción de trigo.

En 1950, los Estados Unidos reconocieron a España como un aliado en la Guerra Fría, con lo cual se levantaron las restricciones comerciales y se facilitaron préstamos internacionales. El gobierno español concedió préstamos y subsidios a los granjeros para que compraran maquinaria e instalaciones modernas. Se construyeron represas y se alentó la reasignación de la tierra de cultivo para crear parcelas más grandes.

En 1958, había cuatro tractores en Ibieca; en 1967, había siete tractores y una cosechadora y, en 1975, 12 tractores y cinco cosechadoras. La transición al monocultivo y a la mecanización del trabajo incorporó a Ibieca a la economía mundial. Sin embargo, muchas personas abandonaron el pueblo a causa del desempleo resultante y la caída de los precios significó la bancarrota de las casas marginales.

Hoy, los habitantes de Ibieca no consumen prácticamente nada de lo que producen y compran todo lo que necesitan (no en Ibieca, sino en Huesca). Las casas que pertenecían a los ibiecanos que abandonaron el pueblo están actualmente ocupadas por habitantes de las ciudades que pasan allí los fines de semana.[10]

10 S.F. Harding, *Remaking Ibieca: Rural Life in Aragon under Franco* (Chapel Hill, NC: University of North Carolina Press, 1984).

Cuestiones claves en el desarrollo de la sociedad

¿Qué es el desarrollo?

¿Las cuatro fases descritas anteriormente conforman el desarrollo? Los manifestantes en contra de la globalización estarían en desacuerdo y muchos otros lo pensarían dos veces.

Hablar de desarrollo incluye la existencia de un objetivo hacia el que apuntamos. El desarrollo sólo se puede medir a través del progreso realizado. Sin objetivos, se podría hablar de «cambio».

Las metas a las que aspira la humanidad varían mucho según las tradiciones culturales, religiones e ideologías que actúan como principios rectores para los individuos o las sociedades. Sin embargo, la mayoría comparte algunos principios. El 10 de diciembre de 1948, la Asamblea General de las Naciones Unidas adoptó y proclamó la Declaración Universal de los Derechos Humanos.

¿Existen elementos centrales en el desarrollo que puedan considerarse más o menos universalmente válidos? En su libro publicado en 1971, Denis Goulet discernió tres componentes básicos o valores centrales:[11]

> *Sustento de vida*: capacidad para satisfacer las necesidades básicas. Todas las personas poseen necesidades básicas que deben satisfacer o, de lo contrario, la vida se vuelve imposi-

Preámbulo de la Declaración Universal de Derechos Humanos[12]

- Considerando que la libertad, la justicia y la paz en el mundo tienen por base el reconocimiento de la dignidad intrínseca y de los derechos iguales e inalienables de todos los miembros de la familia humana;
- Considerando que el desconocimiento y el menosprecio de los derechos humanos han originado actos de barbarie ultrajantes para la conciencia de la humanidad; y que se ha proclamado, como la aspiración más elevada del hombre, el advenimiento de un mundo en que los seres humanos, liberados del temor y de la miseria, disfruten de la libertad de palabra y de la libertad de creencias;
- Considerando esencial que los derechos humanos sean protegidos por un régimen de Derecho, a fin de que el hombre no se vea compelido al supremo recurso de la rebelión contra la tiranía y la opresión;
- Considerando también esencial promover el desarrollo de relaciones amistosas entre las naciones;
- Considerando que los pueblos de las Naciones Unidas han reafirmado en la Carta su fe en los derechos fundamentales del hombre, en la dignidad y el valor de la persona humana y en la igualdad de derechos de hombres y mujeres; y se han declarado resueltos a promover el progreso social y a elevar el nivel de vida dentro de un concepto más amplio de libertad;
- Considerando que los Estados Miembros se han comprometido a asegurar, en cooperación con la Organización de las Naciones Unidas, el respeto universal y efectivo a los derechos y libertades fundamentales del hombre; y
- Considerando que una concepción común de estos derechos y libertades es de la mayor importancia para el pleno cumplimiento de dicho compromiso

11 D. Goulet, *The Cruel Choice: A New Concept in the Theory of Development* (Nueva York: Atheneum, 1971).
12 Declaración Universal de Derechos Humanos. Adoptada y proclamada por la Asamblea General de las Naciones Unidas en su Resolución 217 A(III) de 10 de diciembre de 1948; www.un.org/Overview/ rights.html, 8 de noviembre de 2005.

ble: comida, cobijo, salud, protección (de la violencia o la amenaza de violencia). Si estas necesidades no se pueden satisfacer, existe una condición de absoluto subdesarrollo.

Auto-estima: ser una persona. Todas las personas buscan alguna forma de auto-estima, que podrían llamar identidad, dignidad o autenticidad. En tanto y en cuanto se dispensaba estima o respeto por otros motivos que no fueran logros materiales, era posible resignarse a la pobreza sin sentirse despreciado [...] En la actualidad, el Tercer Mundo aspira al desarrollo a fin de obtener la estima que se niega a las sociedades que viven en un estado de «subdesarrollo» penoso. Hoy, podríamos añadir que muchos países no sólo tienen una auto-estima baja debido al subdesarrollo, sino a causa del manifiesto desprecio con que el mundo rico retrata sus culturas.

Libertad de servidumbre: poder elegir. Esto no debe restringirse a la libertad política o ideológica. Significa que las personas y las sociedades expanden el rango de elecciones que pueden hacer y minimizan las restricciones externas. El crecimiento económico no es en esencia importante para crear riqueza, sino para crear la posibilidad de elección.

La ONU ha desarrollado más principios vinculados a los objetivos para el desarrollo. Un elemento significativo para el desarrollo, que muchos consideran el único, es la producción económica. Esta se mide por el producto interior bruto (PIB), que suele expresarse en dólares o dólares per capita. No obstante, el PIB suele ser una medida deficiente de la riqueza porque:

- El PIB sólo tiene en cuenta las transacciones financieras. No incluye la producción que no forma parte de la economía (por ejemplo, los habitantes de Ibieca que producían en gran medida para sí mismos).
- Las tasas de cambio son a menudo poco realistas. El poder adquisitivo de un dólar es mucho mayor en la India que en Nueva York. Un intento interesante de compensar esto es el índice Big Mac de *The Economist*[13] (ver ejemplo en la Figura 3.2), que recalcula las tasas de cambio según la cantidad de hamburguesas que se pueden comprar con la moneda local. Sin embargo, por lo general, las hamburguesas sólo se venden en las principales capitales de los países desarrollados (que tienden a ser más ricas) y sólo son consumidas por una pequeña minoría acaudalada.

El PIB es una medida para la producción y no para los ingresos. Muchos países pobres tienen deudas importantes y utilizan una parte considerable de sus ingresos para pagar los intereses (ver a continuación).

Es más, ¿debería la producción material ser el objetivo último del desarrollo? Otros objetivos podrían ser:

- La participación de toda la población en los principales procesos de la sociedad
- La ausencia de discriminación racial o sexual
- Buenas condiciones de vida para todos

El siguiente rango de metas conforma los ocho Objetivos de Desarrollo del Milenio de la ONU:[14]

- Erradicar la pobreza extrema y el hambre
- Lograr la enseñanza primaria universal

13 www.economist.com/markets/Bigmac/Index.cfm, 8 de noviembre de 2005.
14 www.un.org/millenniumgoals, 8 de noviembre de 2005.

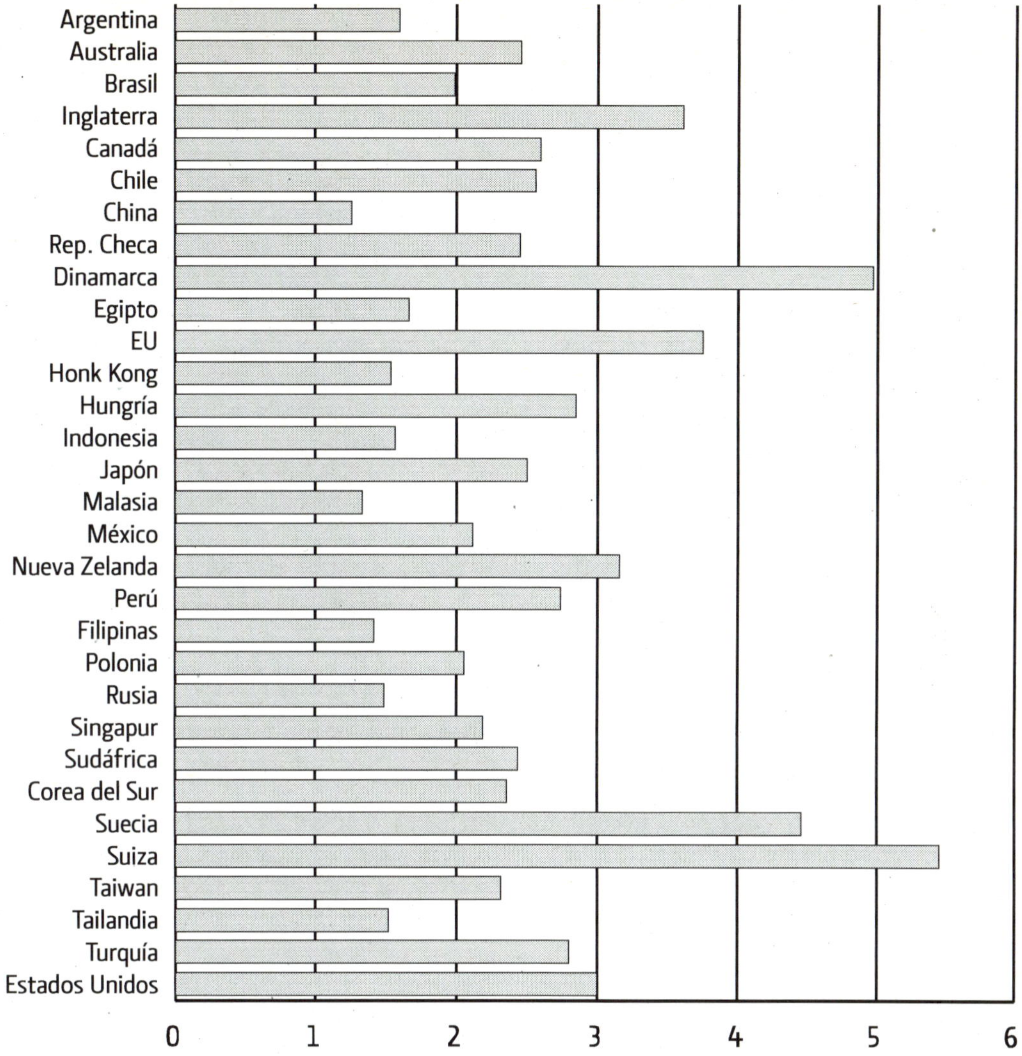

FIGURA 3.2 **Índice Big Mac, 13 de diciembre de 2004**

Fuente: *The Economist*, 16 de diciembre de 2004; basado en datos de precios de McDonald's. Precios del Big Mac en dólares por país; www.economist.com/markets/bigmac/displayStory.cfm?story_id=3503641, 2 Marzo 2006

- Promover la igualdad entre los géneros y la autonomía de la mujer
- Reducir la mortalidad infantil
- Mejorar la salud materna
- Combatir el VIH/SIDA, la malaria y otras enfermedades
- Garantizar la sostenibilidad del medio ambiente
- Fomentar una asociación mundial para el desarrollo[15]

15 www.developmentgoals.org, 8 de noviembre de 2005.

A la hora de medir el progreso, se podrían considerar los siguientes factores:

- Alfabetización
- Participación en educación primaria/secundaria/superior
- Desempleo
- Expectativa de vida (que resulta de la atención de la salud y la ausencia de hambre)
- Porcentajes de hombres/mujeres y minorías en distintas funciones claves en la sociedad

Todos los años, el Programa de Naciones Unidas para el Desarrollo (PNUD) calcula varios índices sobre la base de estos parámetros. Estos índices se publican en sus Informes sobre Desarrollo Humano anuales.[16]

El crecimiento demográfico

El crecimiento demográfico ha constituido una fuerza motriz importante en la historia de la humanidad. El crecimiento demográfico exponencial comenzó con la revolución industrial. Sin embargo, el crecimiento más veloz se produjo en la segunda mitad del siglo XX, cuando la población se duplicó.

El crecimiento demográfico es dispar; los países en el hemisferio sur ostentan el mayor crecimiento y las áreas urbanas tienen las tasas de crecimiento más altas. A fines del siglo XX, la mitad de la población mundial vivía en áreas urbanas. El habitante urbano promedio utiliza muchos más recursos que el habitante del campo. Esto obedece, en gran medida, al estilo de vida de la «etapa agrícola» que aún subsiste en muchas áreas rurales.

Existe una fuerte relación entre las tasas de natalidad y la riqueza. En 1992, Meadows y otros colegas[17] concluyeron que los países con PIBs más altos tienen tasas de natalidad más bajas, mientras que los países con PIBs más bajos tienen tasas más altas. La pobreza y el crecimiento demográfico están relacionados; la pobreza genera crecimiento de la población y el crecimiento de la población genera más pobreza.

Los gobiernos de los países en desarrollo enfrentan un problema difícil, puesto que la lógica que sostiene las tasas de reproducción altas a nivel *micro* suele ser obvia. Los niños constituyen mano de obra barata que puede contribuir a la supervivencia familiar. Y, más adelante, cuidan de sus padres. Como la mortalidad infantil es alta, la reproducción debe ser aún más alta. Cuando la mortalidad infantil disminuye (gracias a una mejor atención de la salud), las tasas de reproducción no tardan en hacer lo mismo.

No obstante, no es tan sencillo. En su *Ensayo sobre el Principio de la Población*,[18] escrito hace más de 200 años, Thomas Malthus describió lo que denominó la «trampa demográfica»: el crecimiento económico conseguido podría (con una demora temporal) llevar a un crecimiento demográfico incluso mayor. De este modo, el crecimiento económico neto logrado producirá una disminución neta de los ingresos per cápita; es decir, el país está atrapado en su pobreza. Por lo tanto, el control de la natalidad es importante para el desarrollo económico.

En años recientes, la tasa de crecimiento demográfico mundial ha disminuido. Un factor clave en esta disminución es el SIDA, que ha eliminado casi por completo el crecimiento demográfico proyectado para África sub-sahariana y lo ha afectado de manera considerable en otros

16 hdr.undp.org/reports, 8 de noviembre de 2005.

17 D.H. Meadows, D.L. Meadows y J. Randers, *Beyond the Limits: Confronting Global Collapse, Envisioning a Sustainable Future* (White River Junction, VT: Chelsea Green Publishing Company, 1992).

18 www.ac.wwu.edu/~stephan/malthus/malthus.o.html, 8 de noviembre de 2005.

países.[19] Un crecimiento demográfico más lento no mejorará las oportunidades de desarrollo a largo plazo en estas regiones. En líneas generales, las generaciones más productivas son las más afectadas, con lo cual, el desastre económico se suma a la tragedia humana.

En la mayoría de las naciones industrializadas, las tasas de natalidad están en descenso. Algunos países europeos tienen poblaciones regresivas, pero la inmigración provoca que las poblaciones de los Estados Unidos y Canadá sigan creciendo.[20] La Tabla 3.2 y la Figura 3.3 muestran el crecimiento demográfico mundial proyectado hasta 2050.

	África	Asia	Europa	América Latina	América del Norte	Oceanía	MUNDO
2005	887.964	3.917.508	724.722	558.281	332.156	32.998	6.453.629
2010	984.225	4.148.948	719.714	594.436	348.139	34.821	6.830.283
2015	1.084.540	4.370.522	713.402	628.260	363.953	36.569	7.197.246
2020	1.187.584	4.570.131	705.410	659.248	379.589	38.275	7.540.237
2025	1.292.085	4.742.232	696.036	686.857	394.312	39.933	7.851.455
2030	1.398.004	4.886.647	685.440	711.058	407.532	41.468	8.130.149
2035	1.504.179	5.006.700	673.638	731.591	419.273	42.803	8.378.184
2040	1.608.329	5.103.021	660.645	747.953	429.706	43.938	8.593.592
2045	1.708.407	5.175.311	646.630	759.955	439.163	44.929	8.774.395
2050	1.803.298	5.222.058	631.938	767.685	447.931	45.815	8.918.725

TABLA 3.2 **Población mundial estimada para el 2050**

Fuente: Secretaría de las Naciones Unidas, División del Departamento de Economía y Asuntos Sociales, *World Prospects: The 2002 Revision and World Urbanisation Prospects: The 2001 Revision*; esa.un.org/unpp, 8 Febrero 2005

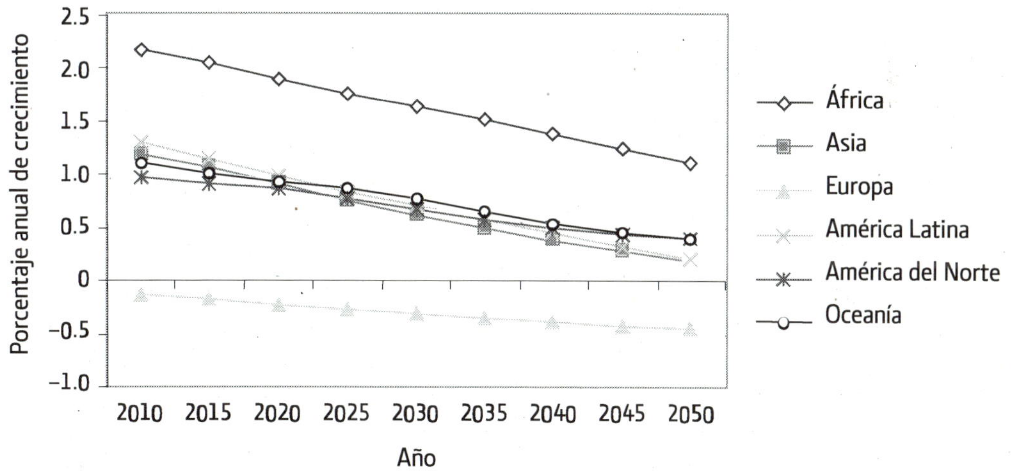

FIGURA 3.3 **Tasas de crecimiento demográfico (porcentaje anual)**

19 Naciones Unidas. Departamento de Asuntos Económicos y Sociales, *Population, Development and HIV/AIDS with Particular Emphasis on Poverty: The Concise Report* (Nueva York: Naciones Unidas, 2005; disponible en: www.un.org/esa/population/publications/concise2005/PopdevHIVAIDS.pdf, 2 de marzo de 2006).

20 F. Pearce, 'Global population forecast falls', *New Scientist*, 27 de febrero de 2003; www.newscientist.com/news/news.jsp?id=ns99993444, 8 de noviembre de 2005.

La urbanización

A lo largo de la historia, la distribución demográfica se ha ido concentrando gradualmente. A medida que la producción autárquica se volvía menos importante, más y más personas se empleaban en la fabricación de *commodities*. Estas personas se concentraban en las ciudades.

Históricamente, las ciudades eran también centros políticos que proporcionaban protección a sus habitantes. Aún hoy, las personas que viven en las ciudades (en especial en las capitales) son aliados políticos más importantes para cualquier gobierno que los individuos menos instruidos que viven lejos de los centros de poder.

En consecuencia, los ciudadanos metropolitanos disfrutaban de mayores privilegios que aquéllos de las zonas rurales. En muchos casos, el precio de los alimentos refleja aún hoy esta situación. Los precios bajos de los alimentos mantienen a la población urbana en paz con el partido gobernante y muchos gobiernos regulan los precios de los alimentos. Por lo tanto, los granjeros que producen los alimentos para la ciudad tienen dificultades para llevar una vida decente. Los bajos precios de los alimentos y el potencial de ingresos más altos convierten a las ciudades en poderosos atractivos para la migración. Cuando la situación deriva en hambre, la ayuda alimentaria extranjera puede complicar aún más las cosas, ya que esta asistencia suele distribuirse inicialmente en las capitales, manteniendo los precios bajos y atrayendo todavía más granjeros a la ciudad.

Una gran metrópolis requiere infraestructura para poder mantener condiciones de vida razonables. A lo largo de la historia, las grandes ciudades tenían un área máxima, determinada por la distancia que alguien podía atravesar en una hora en el principal medio de transporte. El transporte es crucial para las ciudades. Sin embargo, el transporte predominante también crea problemas en las áreas metropolitanas: carreteras congestionadas, accidentes de tránsito, contaminación del aire y ruidos.

La salud pública es otra cuestión importante. En vista de la concentración de personas, las enfermedades contagiosas pueden propagarse con facilidad. Los sistemas de cloacas adecuados y la provisión de agua confiable no suelen ser la norma, y los sistemas de atención de la ciudadana son insuficientes.

Sin embargo, uno de los problemas tal vez más importantes de las grandes ciudades es un problema social. Como muchas de las personas que se trasladan a las ciudades desde las áreas rurales y a menudo del exterior no logran conseguir empleo, la estructura social metropolitana tiende a ser débil. Las áreas de la ciudad pueden caer en manos de bandas que existen a través de un parasitismo económico (violento) y que generan un clima en el que las iniciativas que contribuyen al desarrollo social y económico están destinadas al fracaso.

En las naciones industrializadas, el transporte se ha desarrollado a tal punto que los habitantes aspiran, cada vez más, a alejarse del ruido y a refugiarse en la libertad del mayor espacio de las afueras. La cantidad de personas que viven en las afueras y viajan diariamente a los centros urbanos a trabajar se ha incrementado de forma notable. Las autopistas o el transporte público trasladan a estas personas a sus trabajos urbanos en menos de una hora. El trabajo a distancia significa que este viaje se limita a un par de veces por semana. Las congestiones de tránsito y las demoras de los trenes constituyen los inconvenientes más irritantes. Este desarrollo indica que las ciudades de las naciones industrializadas, que en otros tiempos eran áreas de gran densidad demográfica, tienden a crecer en tamaño pero no en población. Los ecosistemas en las áreas rurales que solían disfrutar de quietud y las reservas naturales cerca de las ciudades son las principales víctimas de esta expansión urbana irregular.

Del bien común a la propiedad privada[21]

Históricamente, los recursos que otrora eran abundantes se volvían más y más limitados. Esto creaba la necesidad de mecanismos para controlar la distribución de los recursos escasos. Los recursos escasos ya no eran gratis.

Los cazadores y recolectores primitivos no poseían tierras. La noción de la propiedad privada de la tierra era desconocida para estas civilizaciones (y aún lo es para algunos pueblos nómadas). Cuando estos grupos se establecían, las áreas que utilizaban para cultivar y para el ganado se convertían en las posesiones familiares.

Durante un largo período, las praderas europeas no eran propiedad privada y se denominaban «tierras comunales». Los rebaños de todos los habitantes del pueblo pastaban en las tierras comunales y, en ocasiones, el pastoreo era incluso una actividad colectiva. Bajo la presión de una población en aumento, las familias individuales intentaban aumentar sus cabezas de ganado y este pastoreo excesivo arruinaba las praderas. La solución fue dividir las tierras comunales en parcelas de propiedad privada.

Los derechos de propiedad privada generaron sistemas administrativos. Esto no se limitó a las praderas. Sistemas similares se aplicaron al uso de los bosques: los derechos de caza y la recolección libre de madera y frutos se reemplazaron por derechos privados. El agua se volvió escasa en muchas regiones y su uso incitaba disputas entre las aldeas. Estos conflictos se resolvían mediante compromisos cuidadosamente acatados en términos de la cantidad de uso y la calidad del agua (polución). Este tipo de altercado ocurre incluso entre países (por ejemplo, el agua del río Jordán [Siria, Israel–Jordania–Palestina] y el agua del río Éufrates y el río Tigris [Turquía–Siria– Irak]).[22]

La tragedia de las tierras comunales sugiere que el consumo creciente de un recurso natural escaso conducirá, de forma inevitable, a la propiedad privada de ese bien común. Y es necesario crear sistemas legales y organizativos para administrar esta propiedad privada. Por ejemplo, los tratados internacionales regulan la actividad pesquera y muchos países determinan cuotas anuales. La privatización de la capacidad de la Tierra para descomponer los residuos se vislumbra en la introducción de los permisos de emisión negociables, como en los Estados Unidos. En Holanda, la ganadería está regulada por derechos de estiércol negociables. El Protocolo de Kyoto introdujo el concepto de sistemas de comercio de emisiones de dióxido de carbono (CO_2), como el Esquema de Comercio de Emisiones de la Unión Europea (EU ETS, por sus siglas en inglés).[23]

Industria, conflicto social y alienación

El modo industrial de producción generó un nivel de bienestar material sin precedentes; nunca antes tantas personas han consumido tanta riqueza material. El sistema económico no sólo satisface nuestras necesidades básicas, sino que también puede complacer nuestros deseos (es decir, distintas cosas que no son esenciales pero incrementan nuestra calidad de vida y el placer de vivir).

El éxito de la producción industrial radica en la tendencia a convertir productos en *commodities*, es decir, los productos se vuelven idénticos y pertinentes, sin importar el lugar. Los productos ya no se fabrican para el consumo directo sino para ser comercializados a clientes desconocidos. Esta división entre la producción y el consumo tiene varias consecuencias. Los trabajadores no tienen idea de qué sucede con su producto. Por ejemplo, el acero que producen podría utilizarse para hacer camas para el hospital local o para construir un submarino que se venderá a un país en el otro extremo del mundo.

21 G. Hardin, 'The Tragedy of the Commons', *Science* 162 (1968): 1,243-48.
22 P.H. Gleick, 'Water, War, and Peace in the Middle East', *Environment* 36.3 (1994): 6-42; www.atmos.washington.edu/2003Q4/211/articles_optional/Water_War_Middle_ East.pdf, 2 de marzo de 2006.
23 europa.eu.int/comm/environment/climat/emission.htm, 8 de noviembre de 2005.

A su vez, los consumidores pueden no tener idea de dónde proviene un producto. Una prenda podría ser producida por niños explotados que no asisten a la escuela o por productores colectivos que intentan ganarse el sustento.

En general, no hay manera de saberlo, y esto es un obstáculo para la conducta responsable. Como resultado, es difícil establecer obligaciones morales entre productores y consumidores. Nos hemos vuelto dependientes de marcas registradas y etiquetas para sentirnos responsables hacia nuestros conciudadanos.

La división entre la producción y el consumo creó un fenómeno nuevo: el desempleo, que es hoy un problema social importante. Suele ser una trampa de la que es difícil escapar: la reducción de los ingresos y de los contactos sociales disminuye aún más las posibilidades de encontrar trabajo. La gran escala de la producción industrial contemporánea implica que el cierre de una planta de producción puede ejercer un impacto profundo en la comunidad local. Por ende, crear empleo significativo y duradero es fundamental, incluso en muchas áreas de países ricos.

Las unidades de producción más grandes de la industria también crearon organizaciones más jerárquicas. La jerarquía no era nada nuevo, pero en el pasado, las relaciones interpersonales la habían equilibrado siempre. En Ibieca, por ejemplo, existían conflictos agudos entre las «casas» sin tierras y los «amos» locales, pero las relaciones interpersonales en el pueblo apaciguaban estas desavenencias.

La relación interpersonal como un factor de equilibrio en los conflictos de intereses no existe en la producción industrial. Esta situación era con frecuencia diferente en las compañías familiares, en las que los dueños eran los gerentes (por ejemplo, Ford, Du Pont y Philips) y en muchas compañías más pequeñas. Los dueños de estas compañías se sentían responsables de sus empleados. Sin embargo, salvo un par de excepciones, las compañías familiares han quedado al mando de gerentes profesionales cuyas misiones incluyen objetivos financieros a corto plazo.[24] Las acciones colectivas de los sindicatos gremiales y, en algunos casos, la presión de los consumidores o el gobierno eran importantes para compensar los frecuentes desequilibrios sociales.

Muchos de los productos que se consumen en el mundo desarrollado (en particular, ropa y zapatos) son producidos por mano de obra barata en países en desarrollo. Para reducir el desempleo, los países en desarrollo intentan atraer inversores a través de incentivos en las denominadas zonas de procesamiento de exportación (EPZ, por sus siglas en inglés). En 1997, había 847 EPZs y la cifra crece con rapidez. Las EPZs proporcionan empleo en regiones con tasas de desempleo altas. Sin embargo, debido al alto nivel de desempleo, los salarios se mantienen bajos y las actividades gremiales están restringidas. La mayoría de la fuerza laboral en las EZPs no está capacitada y es femenina. En las EPZs: «las compañías consideran la mano de obra como un coste a contener y no como un activo a desarrollar».[25]

¿Globalización y diversidad?

La globalización genera más eficiencia en la investigación y el desarrollo. Menos competidores desarrollan productos similares, de modo que hay menos esfuerzo desperdiciado. La producción se organiza con más eficacia. Las industrias venden sus productos en todo el mundo. Los productores de variantes locales específicas de un producto son absorbidos o incapaces de competir con compañías que operan a nivel mundial y que están respaldadas por grandes centros de investigación y desarrollo. Así, la globalización lleva a una paradoja que se asemeja a la paradoja de la biodiversidad. La cantidad de productos que se pueden comprar a nivel local se ha incrementado, pero la variedad de productos que se producen a nivel mundial se ha reducido de forma notable.

24 A.D. Chandler, *The Visible Hand: The Managerial Revolution in American Business* (Cambridge, MA: Harvard University Press, 1977).

25 Organización Internacional del Trabajo, 'Export Processing Zones', *World of Work* 27 (diciembre de 1998); www.ilo.org/public/english/bureau/inf/magazine/27/news. htm, 8 de noviembre de 2005.

Consideremos, por ejemplo, los televisores. Entre 1950 y 1959, había 102 fabricantes de televisores solamente en los Estados Unidos. La mayoría fabricaba una cantidad considerable de modelos diferentes, que se vendían principalmente en Norteamérica. Los países europeos más grandes tenían sus propios fabricantes, pero existía cierto nivel de comercio entre naciones vecinas.[26] En la actualidad, el mercado ha experimentado un crecimiento enorme, pero la variedad de marcas se ha reducido a unas 25. En un comercio de televisores local, las opciones actuales exceden a las de la década de 1950, pero son, al menos, 50% idénticas a las de cualquier otro comercio en el mundo.

La pérdida de diversidad es significativa. La diversidad de los productos que consumimos también forma parte de nuestra herencia cultural. Asimismo, ¿no deberíamos valorar la relación entre producción y consumo... para saber quién fabricó el producto, en qué condiciones, y si fabricar ese producto le permite llevar una vida decente?

Un siglo atrás, los granjeros producían la mayor parte de los productos que consumían. Hoy, se ha vuelto prácticamente imposible saber de dónde vienen nuestros productos. Debemos confiar en los funcionarios públicos y las compañías para salvaguardar nuestra salud.

Los productos no son meros dispositivos neutros. Tienen una conexión íntima con un mundo social en el que estos productos tienen sentido. Esto implica que exportar productos también significa exportar estilos de vida. Esta exportación de estilos de vida suele reforzarse en las campañas de marketing mundial que acompañan el comercio global de productos de marca. Internet facilita esta exportación mundial de los estilos de vida de los consumidores del mundo desarrollado. No es nuestro propósito juzgar los sistemas de valores que sostienen estos estilos de vida, pero todavía es posible observar estilos de vida alternativos en los que elementos como la solidaridad, la frugalidad, la introspección y la armonía con la naturaleza desempeñan papeles claves.

La emergencia de conflictos, por tanto, no resulta sorprendente. Es el resultado de la profunda penetración en nuestra vida diaria del estilo de vida dominante de una sociedad globalizada.

Desigualdad estructural

En 1820, la renta per cápita en Europa occidental era 2,9 veces la de África. En 1992, la renta per cápita de Europa occidental era 13,2 veces la de África.[27] El *Informe sobre Desarrollo Humano de 1999* del PNUD reveló que:[28]

- el 20% de la población global recibía el 86% de los ingresos mundiales
- el 60% medio de la población recibía el 13% de los ingresos mundiales
- el restante 20% de la población global recibía apenas el 1% de los ingresos globales

No obstante, la distribución de los ingresos entre las naciones se está equilibrando un poco como resultado de las altas tasas de crecimiento de países como India y China (5-8% anual en años recientes).

Asimismo, el capital social está lejos de estar distribuido equitativamente entre las naciones. Todos los años, la revista *Forbes* estima los activos de los 400 ciudadanos norteamericanos más ricos.[29] En 2003, pertenecer a este club requería al menos 600 millones de dólares. Ese año, los activos conjuntos de estos 400 ciudadanos totalizaban casi 1.000.000 de millones de dólares. El más rico entre los ricos, Bill Gates, experimentó una caída en sus activos, cerca de 46.000 millo-

26 www.tvhistory.tv, 8 de noviembre de 2005.

27 Programa de las Naciones Unidas para el Desarrollo (PNUD), *Human Development Report* 2003 (Nueva York: PNUD): 39; www.undp.org/hdr2003/pdf/hdr03_chapter_2.pdf, 8 de noviembre de 2005.

28 Programa de las Naciones Unidas para el Desarrollo (PNUD), *Human Development Report*, 1999 (Nueva York: PNUD): 2; hdr.undp.org/reports/global/1999/en/, 8 de noviembre de 2005.

29 www.forbes.com/richlist, 8 de noviembre de 2005.

nes de dólares; esta cifra es casi el total de ingresos anuales de las 50 naciones más pobres (estimados según paridad de poder adquisitivo).[30] La misma revista estimó que existían 476 personas en el mundo con fortunas de miles de millones de dólares.

Mientras tanto, 34,6 millones de ciudadanos norteamericanos viven en la pobreza.[31] Después de una caída brusca en los niveles de pobreza en la década de 1960, el porcentaje de personas pobres en los Estados Unidos se estabilizó para luego subir otra vez a alrededor de 12,1%. Los ingresos anuales totales de estos 34,6 millones de norteamericanos equivalen a menos de un tercio de las posesiones de las 400 personas más ricas de los Estados Unidos.

Muchas naciones pobres tienen deudas enormes. A principios de la década de 1980, el aumento de los precios del petróleo creó grandes fortunas para los países petroleros. Al mismo tiempo, las oportunidades de inversión eran limitadas, puesto que el mundo atravesaba una depresión económica. Los bancos prestaron dinero a varios países de América del Sur y Central, de África sub-sahariana y del sudeste asiático, con frecuencia, para propósitos a corto plazo. Sin embargo, como los precios de las exportaciones de estos países (en su mayoría materias primas) no se recuperaron después de la recesión económica, los intereses que debían pagar por estos préstamos los atraparon en un círculo vicioso. La incapacidad de pagar significó que, o la economía se veía perjudicada por la falta de una divisa fuerte para comprar equipamiento crucial con el cual sostener la producción o los precios que la población tendría que pagar podrían desatar una revolución. Los países que pospusieron los pagos de los intereses perdieron la confianza de los bancos, con consecuencias potencialmente graves para el comercio.

En 1996, el Banco Mundial lanzó su programa Países Pobres Muy Endeudados (HIPC, por sus siglas en inglés) para aliviar la deuda de estas naciones. El programa apunta a reducir a la mitad la deuda de 90.000 millones de dólares de 33 de los países más pobres del mundo en un periodo de 20 años.[32]

Durante mucho tiempo, se asumió que los países en desarrollo se desarrollarían del mismo modo que las naciones occidentales. La tecnología se «filtraría» poco a poco en las naciones pobres y acarrearía con ella la abundancia de los países industrializados. Existen varias razones por las que esto no funciona así:

- La tecnología no es el problema principal del desarrollo. La tecnología es sólo una parte de la transición que se debe realizar para proveer mejores condiciones de vida.
- Los países en desarrollo nunca seguirán el mismo camino que los países industrializados, ya que no había países industrializados cuando Occidente construyó su industria y, por lo tanto, no había competidores establecidos.
- Las tecnologías no se pueden simplemente transferir de una cultura a otra. Las tecnologías representan la cultura en la que son producidas (los Capítulos 5 y 9 analizan este tema). Sus campañas de marketing apelan al estilo de vida al que esas tecnologías se ajustan. A menos que la población del mundo entero decida convertirse en consumidores de estilo occidental, la transferencia de tecnologías sin considerar el ajuste cultural generará nuevos conflictos.

La sociedad futura del conocimiento

¿Cuáles son las consecuencias de una mayor globalización para las distintas regiones del mundo? ¿Qué sucederá con el empleo y las plantas de producción? ¿Qué regiones se beneficiarán y cuáles

30 www.geographyiq.com/ranking/ranking_GDP_purchasing_power_parity_dall.htm, 8 de noviembre de 2005.
31 No es sencillo brindar una definición de pobreza. En el caso de un adulto, significa obtener un ingreso anual menor a 9,573 $. Cf. Oficina del Censo de los EE.UU.; www.census.gov/hhes/ www/poverty.html, 8 de noviembre de 2005.
32 www.worldbank.org/hipc/about/hipcbr/hipcbr.htm, 8 de noviembre de 2005.

sufrirán? ¿Dónde se realizará la investigación y el desarrollo? Estas regiones prosperarán, ya que atraerán los empleos mejor pagados.

La investigación y el desarrollo conforman una actividad que requiere mucha mano de obra. Sin embargo, los costes laborales no son la principal preocupación. El éxito de la I+D se basa en tener una gran idea, patentarla, y luego sacar el producto al mercado. Por lo tanto, la calidad de la mano de obra de la I+D es mucho más importante que la cantidad. Contratar personal extra suele no ser suficiente. La I+D necesita ideas y redes de relaciones nuevas con:

- Otros científicos que trabajen en universidades u otros laboratorios
- Clientes que utilicen el producto
- Proveedores con capacidad para mejorar la calidad de sus suministros

La investigación y el desarrollo con éxito constituyen el núcleo de estas redes de conocimiento. A la hora de decidir la ubicación geográfica de sus centros de I+D, las compañías se concentran en identificar los enlaces o nodos en estas redes de información. Las grandes empresas quieren formar parte de todos los enlaces en las redes de conocimiento. Por ello, las áreas de marketing, producción y la gerencia deben mantener un contacto estrecho con el departamento de I+D a fin de integrar los resultados de este último en la estrategia corporativa e implementar las decisiones estratégicas en los laboratorios de I+D.

La formación de una red de I+D apunta a:

- Establecer relaciones con académicos con acceso a redes científicas y con otros institutos de I+D
- Interactuar dentro de la compañía a fin de operar conforme a la misma visión estratégica
- Cooperar con los clientes para comprender sus necesidades
- Cooperar con los proveedores para ver qué pueden ofrecer
- Comprender el contexto socio-político de la investigación

Los incrementos en los costes de I+D todavía superan los incrementos promedio de los ingresos. Uno de los factores es la complejidad creciente de la tecnología, que convierte la innovación en un emprendimiento que cada vez más requiere la colaboración entre empresas. Por ejemplo, las industrias de la electrónica, automovilística y de materiales están trabajando juntas en equipamientos nuevos para automóviles. Esta tendencia a la cooperación refuerza la importancia para las empresas individuales de estar ubicadas en sitios donde los socios puedan acercarse para celebrar reuniones.

Como resultado, los centros de I+D suelen concentrarse cerca de las sedes corporativas en áreas del mundo donde ya existe una actividad de investigación considerable. Las regiones que ya se encuentran rezagadas en este sentido no tienen ninguna posibilidad. Incluso las regiones que son marginales dentro de uno de los bloques económicos más grandes (Estados Unidos/el Tratado de Libre Comercio de Norteamérica –NAFTA–, la Unión Europea y Japón) pueden perder estas actividades económicas.

¿Es posible establecer actividades económicas nuevas en sitios olvidados del mundo? Será muy difícil, por las siguientes razones:

- Establecer industrias nuevas requiere mucho capital, que no está disponible.
- Las regulaciones sobre seguridad de productos o procesos, protección del medio ambiente, mejora de las condiciones laborales, cumplimiento de las normas comerciales, etc., suelen obstaculizar la creación de compañías nuevas en ramas existentes de la industria. Los negocios existentes saben manejar estas regulaciones, mientras que los actores nuevos a menudo experimentan dificultades.

- Los gobiernos que ofrecen ayuda a los actores nuevos en mercados existentes podrían ser acusados de incentivar prácticas comerciales injustas.
- Los mercados de exportación establecidos no están abiertos a nuevos actores.

En las circunstancias actuales, únicamente las políticas a largo plazo consistentes en que los países en desarrollo se concentren en regiones y sectores específicos podrían tener éxito.

Preguntas, análisis y ejercicios

1. Dedique tres minutos a buscar información sobre el país de origen de los objetos a su alrededor. ¿Cuántos países identificó?
2. ¿Por qué disminuye la variedad de productos a nivel mundial y aumenta la variedad local?
3. ¿Cuáles son los principales motivos de la urbanización?
4. Resuma las principales ventajas y desventajas de la globalización. ¿Existen opciones para combinar las ventajas de un mundo globalizado y las de uno no-globalizado?
5. ¿Qué es la «trampa demográfica»? ¿Qué estrategias podrían utilizarse para evitarla?

4 Desarrollo sostenible y estructuras económicas, sociales y políticas

La economía y el desarrollo sostenible suelen ser considerados como adversarios. Este capítulo analiza hasta qué punto el desarrollo sostenible y las fuerzas económicas pueden convivir en armonía.

En primer lugar, el capítulo considera los principios generales de la organización económica y el desarrollo de la economía de mercado. Suele argumentarse que todo mercado libre necesita la participación gubernamental activa para que el mercado pueda funcionar y para guiar el equilibrio del mercado hacia el bien común. En el marco de este concepto de mercado, es posible tomar distintas medidas para estimular productos y una producción más limpios.

A continuación, se describen los procesos de elaboración de políticas a nivel nacional e internacional, con una atención especial a cómo abordar las problemáticas relacionadas con la capacidad tecnológica y cómo comprometer a los stakeholders (grupos de interés).

Por último, se examina la cuestión del cambio social. ¿Cómo pueden los individuos modificar los modelos sociales en los que están atrapados y trabajar por el cambio?

La organización de la producción y el consumo

Organización económica

Los procesos productivos en una sociedad pueden organizarse conforme a los siguientes principios:

- **Mercado**; es decir, las interacciones libres entre consumidores y productores de bienes y servicios. La producción y el consumo dependen únicamente de la demanda de los consumidores y la oferta de productos. Se supone que productores y consumidores optimizan su relación coste-beneficio individual. Los precios se forman según el ratio entre la oferta y la demanda en el mercado. Los desfases en el mercado pueden generar grandes fortunas por un lado y empobrecimiento por el otro.

- **Jerarquía**; es decir, la producción y el consumo de bienes y servicios (y sus niveles de precios) están bajo el control de un único actor. Este único actor no tiene un interés personal y dirige la economía hacia el bien común, a saber, con el propósito de impedir la explotación y la conducta fraudulenta en el mercado. La libertad individual para realizar transacciones comerciales está limitada. La jerarquía era el modelo dominante de la organización económica en las economías comunistas y en la Alemania nazi, pero también en las economías de guerra de los poderes aliados (Estados Unidos e Inglaterra) entre 1940 y 1945.
- **Redes**; es decir, la producción, el consumo y los precios no son el resultado de un mercado totalmente libre ni tampoco están determinados por una jerarquía absoluta. Los controles y contrapesos que aspiran a prevenir resultados socialmente inaceptables controlan la economía del mercado. El estado garantiza condiciones sociales básicas, la asistencia sanitaria y la educación, y los ciudadanos aceptan niveles impositivos altos por la prestación de estos servicios.

Estas formas de organizar la economía tienen consecuencias para el sistema político. En general, se asume que el mercado libre es un sistema económico que no necesita interferencia gubernamental. Esto es una equivocación grave. Sin la fuerza de la ley, el mercado libre desaparecerá. La protección de la autonomía y la integridad de los individuos es una precondición para la existencia del mercado. Y sólo los gobiernos pueden garantizar esta condición.

La manipulación de los mercados libres puede adoptar distintas formas, entre ellas:

- Acciones conjuntas de actores individuales (por ejemplo, grupos industriales, pero también huelgas)
- Acciones deliberadas de individuos importantes y/o ricos
- Actos de difamación

Por lo tanto, toda economía de mercado necesita leyes y que éstas sean aplicadas para poder mantenerse. Asimismo, las economías de mercado podrían querer protegerse de las acciones (económicas o violentas) de sus vecinos. Las leyes comerciales internacionales, las leyes de inmigración y la protección militar también son, por ende, actividades gubernamentales. Es más, un verdadero mercado libre es difícil para algunos productos o servicios; por ejemplo, la construcción de dos redes ferroviarias es a menudo una solución ineficiente para garantizar la competencia ferroviaria. Lo mismo se aplica a las infraestructuras de electricidad, gas natural o agua potable.

Un importante desafío para cualquier gobierno en una economía de libre mercado es mantener su imparcialidad hacia los poderes económicos que se supone que debe controlar. Cualquier acuerdo entre el gobierno y una compañía específica debería ser transparente. Los individuos gozan de mucha libertad y de impuestos bajos y, no obstante, incidentes menores pueden arruinarles. En una economía de libre mercado, abordar la pobreza no es tarea del estado sino de las partes privadas, como las iglesias.

La economía jerárquica no necesita leyes contra la manipulación económica. En principio, el gobierno necesita controlar todas las actividades económicas individuales. Pero es fácil caer en el abuso de esta autoridad a la hora de ejecutar un control absoluto sobre todos los ciudadanos. Es más, los experimentos con esta forma de organización económica sólo tuvieron éxito en condiciones de guerra. En tiempos de paz prolongados, este modelo económico no tuvo mucho éxito debido a los desfases entre la oferta y la demanda. El error básico es la premisa según la cual es posible ejercer un control central y racional de la economía. Es poco probable que alguna vez exista la sabiduría y la información para el control central de toda la economía.

En el modelo de organización económica de red, ningún actor tiene poder absoluto. La atención de los medios de comunicación y su constante amenaza de acciones legales pueden ejercer un relativo control público sobre los efectos negativos de la economía de mercado. La introducción de leyes nuevas tiende a ser por consenso y su elaboración resulta necesaria para evitar la conducta fraudulenta de los actores económicos individuales. Las cuantiosas tareas asignadas al estado suelen convertir la acción gubernamental concertada en una fantasía, y con frecuencia aparecen los conflictos de intereses entre los departamentos gubernamentales. Muchos intereses de la sociedad están institucionalizados en organizaciones poderosas, que son interdependientes. En este esquema de organización económica, el ciudadano está más protegido del infortunio individual. No obstante, es difícil introducir cambios en las políticas porque la totalidad del sistema descansa sobre un conjunto complejo de instituciones y reglas y una red compleja de actores.

El desarrollo de la economía de mercado

En la actualidad, muchas personas consideran la economía de libre mercado como una especie de sistema natural. De hecho, la economía de mercado surgió durante los siglos XIX y XX.

En la sociedad medieval, los productores no eran libres para tomar decisiones en relación a la producción. Las decisiones críticas recaían en el sistema de asociación gremial y, en un pueblo, sólo sus miembros podían practicar el oficio. Éstos tomaban decisiones conjuntas sobre los precios, cantidades y normas de calidad de la producción. El gremio representaba los intereses de sus miembros ante las autoridades.

Las asociaciones no sólo regulaban los oficios de alta cualificación (por ejemplo, el tejido, la producción de objetos de plata y la construcción) sino también los empleos poco cualificados como la carga y descarga de barcazas y barcos. Las personas no se podían establecer con libertad ya que existían numerosas barreras comerciales, incluso dentro de las distintas entidades políticas de pequeña escala de la época. El sistema de asociaciones gremiales y las barreras comerciales protegían a los artesanos de las fluctuaciones externas: en tiempos agrícolas difíciles, por ejemplo, la mano de obra no cualificada podía inundar las ciudades. Sin la protección de las asociaciones, hechos de este tipo podían arruinar el negocio de los artesanos.

Las asociaciones gremiales también tomaban decisiones acerca de la aceptación de las tecnologías. En este sentido en particular, el sistema de asociaciones se convirtió en una barrera gradual al progreso. En 1776, el economista escocés Adam Smith publicó su famoso libro, *Una Investigación sobre la Naturaleza y las Causas de la Riqueza de las Naciones*.[1] El libro se constituyó en un importante tratado académico a favor del libre comercio que, argumentaba, era beneficioso para todos. El libre comercio fomentaría la especialización de las regiones/naciones en las formas de producción en las que tenían una ventaja de costes. Esto incrementaría la producción total, con lo que todas las partes se beneficiarían.

Los *Principios de la Economía Política*[2] de David Ricardo, publicado en 1817, llevó este argumento aún más lejos. Ricardo alegaba que, aún cuando una nación fuera ineficiente y careciera de ventajas de costes, el libre comercio sería beneficioso porque impulsaría la especialización en la actividad que fuera menos ineficiente (ver la Tabla 4.1).

La Revolución Francesa acabó con el sistema de asociaciones gremiales. Con su desaparición, la producción industrial pudo prosperar, aunque, en el siglo XIX, la explotación sin precedentes de la mano de obra y de la mano de obra infantil emergió como una desventaja. Asimismo, en épocas de depresión, los salarios caían con rapidez.

A fines del siglo XIX, la «cuestión social» generó estallidos revolucionarios. Rusia, por ejemplo, se reorganizó como una economía de planificación central. Al cabo de la Segunda Guerra Mundial, países como China, Vietnam y Cuba también desarrollaron sistemas económicos centralizados. La Unión Soviética forzó a los países de Europa oriental a reorganizar sus economías, aunque Yugoslavia desarrolló una economía centralizada con una libertad considerable para las empresas más pequeñas.

1 www.adamsmith.org/smith/won-index.htm, 8 de noviembre de 2005.
2 www.econlib.org/library/Mill/mlP.html, 8 de noviembre de 2005.

Costes de producción calculados en horas de trabajo	País A		País B	
	Sin comercio	Con comercio	Sin comercio	Con comercio
Vino	20	7	5	5
Hierro	8	8	14	10

La comercialización podría ser atractiva si el País B pudiera producir hierro a menos coste que el País A. El déficit comercial que resulta del País A pronto daría lugar a un cambio de valores para balancear el comercio a largo plazo.

TABLA 4.1 **Ejemplo: ventajas del comercio sobre la base del supuesto que el valor de la mano de obra es igual y los costes comerciales ascienden a 2 por unidad**

La economía de mercado tenía una falla básica en el sentido que estaba sujeta a esquemas de desarrollo cíclicos: el progreso económico creaba mayores ingresos y ganancias. Esto generaba un incremento en la demanda del mercado y un crecimiento económico aún mayor. Sin embargo, el declive económico provocaba la caída de los beneficios y los salarios, lo cual, a su vez, resultaba en una disminución en la demanda de productos, etc. En particular durante la década de 1930, la recesión económica creó un desempleo enorme en las principales naciones industrializadas. Esto contribuyó a la toma antidemocrática del poder en países como Alemania y España.

John Maynard Keynes analizó estos ciclos económicos en su libro, *La Teoría General del Empleo, el Interés y el Dinero*.[3] Su análisis se utilizó para compensar este ciclo con gastos gubernamentales anticíclicos; en los períodos de recesión, había que realizar inversiones en infraestructura. Sin embargo, su teoría fue objeto frecuente de crítica por incrementar los gastos gubernamentales. En tiempos de crisis, Keynes legitimaba los gastos altos; en tiempos de progreso económico, los ingresos fiscales gubernamentales eran altos y, por lo tanto, no había necesidad de recortar presupuestos. Los altos niveles de deuda pública resultantes limitaban las opciones de políticas de los gobiernos y hacían que los políticos democráticos de los países financieramente más débiles se volvieran vulnerables a las presiones políticas de las grandes instituciones financieras.

Entorno y mercados

La Figura 4.1 ilustra el mecanismo del mercado. Las preferencias de los consumidores se reflejan en la curva de la demanda, que indica que la demanda cae a medida que se incrementan los niveles de precios. La curva de la oferta indica que la oferta crece a medida que crecen los niveles de precios. La intersección representa el equilibrio del mercado. Este equilibrio cambia cuando cambian las preferencias de los consumidores o la riqueza o los costes de producción (costes laborales, tasas de interés, costes de capital, eficiencia tecnológica).

El equilibrio también se modificará como resultado de gravámenes extras a los productos o de subsidios de precios: en el caso de un impuesto extra sobre un producto, la curva de la oferta será más alta y se establecerá un nuevo punto de equilibrio. En general, el nuevo precio de equilibrio es inferior al precio inicial más impuestos porque la demanda cae y la competencia se incrementará. En el caso de un subsidio, la curva de la oferta baja. El nuevo punto de equilibrio suele ser superior al del precio original del producto menos los subsidios porque hay menos competencia del lado de la oferta.

3 J.M. Keynes, *The General Theory of Employment, Interest and Money* (Londres: Macmillan, 1936).

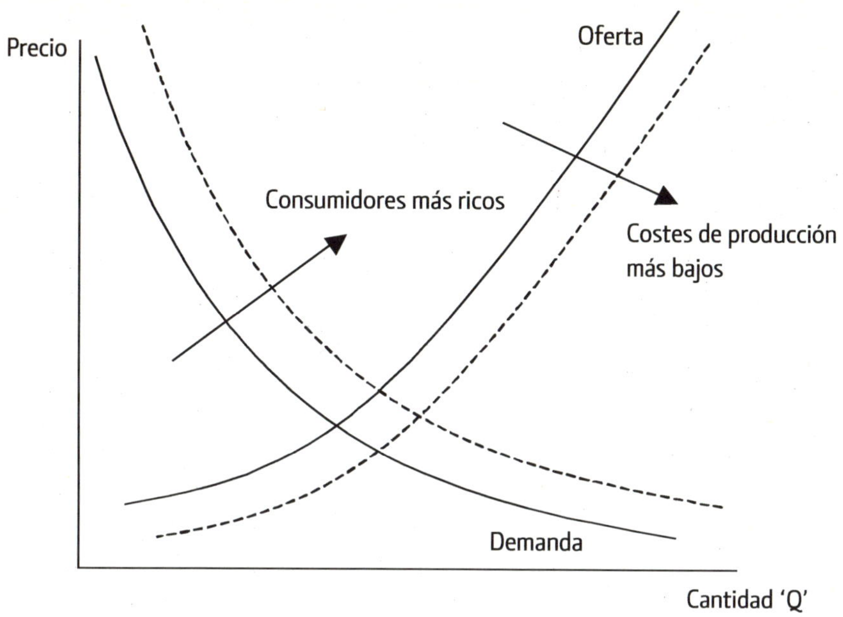

FIGURA 4.1 Equilibrios cambiantes en el mercado

Las curvas se pueden utilizar para mostrar el denominado efecto rebote: si la innovación genera productos con una mejor calidad ambiental, las personas no los comprarán si los productos son mucho más caros. No obstante, la gente está más dispuesta a pagar un poco más por tener la conciencia tranquila: por ejemplo, comprando huevos de gallinas criadas en libertad (en vez de huevos de gallinas criadas en gallineros atiborrados).

Si los productos limpios nuevos son menos costosos, la demanda crecerá. El hecho de que el producto se publicite como «seguro para el medio ambiente» puede apelar a la conciencia de las personas y, de este modo, incrementar las ventas.

Esto sucedió, por ejemplo, con las bombillas fluorescentes compactas (CFLs, por sus siglas en inglés). Aunque estas bombillas cuestan más, consumen un 66% menos electricidad y duran diez veces más que las bombillas incandescentes.[4] Además, son más seguras que otras bombillas porque producen mucho menos calor. Sin embargo, una vez que los consumidores descubrieron estas ventajas de coste, comenzaron a utilizar las CFLs para propósitos adicionales, como, por ejemplo, para iluminar los jardines, con lo cual quedaron sin efecto algunos de los beneficios ambientales.[5] Lo mismo se aplica a los automóviles pequeños con bajo nivel de emisiones. Para muchas personas, la introducción de estos automóviles creó una excusa para comprar un segundo vehículo: esto eliminó parte de la mejora ambiental.

4 Programa Energy Star del gobierno de los EE.UU.; www.energystar.gov/index.cfm?c=cfls. pr_cfls, 8 de noviembre de 2005.

5 En el Reino Unido, el Departamento de Asuntos del Medio Ambiente, Alimentos y Rurales (Defra, por sus siglas en inglés) calculó que este efecto rebote en las bombillas de luces fluorescentes compactas (CFLs, por sus siglas en inglés) era del 30%; www.defra.gov.uk/environment/ consult/climatechange/technical/4.htm, 8 de noviembre de 2005.

Las fallas del mercado

Las economías jerárquicas y de planificación central no han logrado producir bienes con la misma eficiencia que las economías basadas en el mercado. A pesar de que la Unión Soviética alegó en varias oportunidades durante las décadas de 1950 y 1960 que su economía se equipararía pronto con la de occidente, la superaría y proporcionaría una gran riqueza para todos, nunca estuvo cerca de lograrlo. Las tiendas solían estar vacías. La eficiencia de la producción era baja, al igual que la eficiencia en el uso de los recursos. Las ciudades industriales y mineras en Rusia todavía son focos de degradación ecológica.[6]

El fracaso de las economías de planificación central para satisfacer las necesidades básicas de sus ciudadanos sugiere que el mercado es un elemento importante en toda organización económica. Pero, aunque todos los participantes en el mercado aspiran a optimizar su relación coste-beneficio individual, el resultado no necesariamente es una optimización para todos. O, peor aún, es posible que la gran mayoría no alcance el punto óptimo. El ciclo económico es apenas un factor que impide una mayor riqueza para todos.

La teoría del mercado presupone que las preferencias de un consumidor son independientes de las decisiones de otros, pero con frecuencia, no lo son. Algunos productos, como los de alta tecnología, resultan más atractivos si otras personas los compran también (por ejemplo, ¿qué sentido tendría comprar un teléfono si nadie más tuviera uno?). A veces, los individuos se ven forzados a abandonar su producto o servicio preferido como resultado de las acciones de otros. Por ejemplo, llevar a los niños a la escuela en automóvil incrementa el riesgo para otros niños de verse involucrados en un accidente cerca de la escuela. Esto podría estimular a otros padres a que llevaran sus hijos a la escuela también en automóvil. La situación óptima podría ser que nadie llevara sus hijos a la escuela en automóvil. El problema es cómo alcanzar esta situación óptima. ¿Podrían los padres llegar a un acuerdo viable sobre el tema?

Esto se denomina el **dilema del prisionero**: un grupo de individuos libres para actuar no pueden alcanzar la situación óptima a menos que desarrollen algún tipo de acuerdo social conjunto. A continuación, presentamos un clásico ejemplo del dilema.

Supongamos que dos criminales son arrestados por robo a mano armada (un delito con una sentencia de diez años en prisión), pero la policía no tiene una prueba sólida contra ellos. Sin más evidencia, sólo se podrá condenar a ambos hombres por posesión ilegal de armas de fuego, un delito con una sentencia de apenas un año tras las rejas. La policía ofrece libertad condicional a ambos criminales a cambio de que colaboren para condenar al otro. Si ambos cooperan, pasarán cinco años en la cárcel. Para los criminales, la situación óptima es mantener sus bocas cerradas. Pero, ¿pueden confiar uno en el otro? Consideremos las alternativas de cada uno (Tabla 4.2); si no cooperan, pasarán diez o un año en prisión, si lo hacen, recibirán cinco años o ninguno. Por lo tanto, sería lógico que los dos prisioneros cooperaran con la policía, en particular, si no están seguros de poder confiar en su compañero. Para poder alcanzar la situación óptima, deberían confiar plenamente el uno en el otro.

Prisionero 1 **Prisionero 2**	Coopera con la policía	No coopera con la policía
Coopera con la policía	5 5	10 0
No coopera con la policía	0 10	1 1

TABLA 4.2 **El dilema del prisionero**

6 Consultar por ejemplo: N.P. Walsh, 'Hell on earth', *The Guardian*, 18 de abril de 2003; www. guardian.co.uk/g2/story/0,3604,939043,00.html, 8 de noviembre de 2005.

El dilema del prisionero suele ocurrir en la sociedad cuando basamos nuestras acciones en supuestos sobre el comportamiento de otros. Por ejemplo, las campañas del gobierno para minimizar el uso de los automóviles durante períodos de *smog* casi nunca son efectivos porque muchas personas piensan que su contribución es pequeña y creen que los demás seguirán conduciendo.

El dilema del prisionero nos muestra que el libre mercado puede generar un equilibrio que no necesariamente será el mejor resultado para el bien común.

Muchas veces, ofrecer soluciones subóptimas es la única forma de poder competir en el mercado. Por ejemplo, a la hora de competir, las compañías aéreas ofrecen a los pasajeros tarifas más bajas a cambio de que acepten un desvío. Pero esta clase de competencia de mercado no genera optimización ambiental, puesto que la cantidad de pasajeros-kilómetros se incrementará para la misma cantidad de viajes.

Una de las áreas en que falla el mecanismo del mercado es en la provisión de bienes públicos como señales viales, puentes, plazas, salud pública, aire limpio y agua pura. Los bienes públicos se caracterizan por:

- Sus costes son (prácticamente) independientes de su uso
- Rara vez se puede excluir a las personas de hacer uso de los bienes

Ejemplo: viaje aéreo

Una vez me encontré con un colega británico en el aeropuerto de Narita en Tokio. El hombre volaba de regreso a Londres por KLM, vía Ámsterdam. Yo me dirigía a Ámsterdam, vía Londres, en British Airways. Una situación potencialmente beneficiosa para ambos (es decir, que ambos viajáramos directamente a nuestros destinos) ahorraría a cada aerolínea un billete entre Ámsterdam y Londres. Era imposible.

La ciencia también puede considerarse un bien público cuando no aspira directamente a crear productos nuevos. La belleza de los edificios y las ciudades es un bien común, aún cuando estemos en desacuerdo sobre su valor. Las organizaciones no públicas como las iglesias y las entidades benéficas a veces proporcionan bienes públicos. Sin embargo, sus actividades suelen considerarse un complemento de las responsabilidades gubernamentales y no un sustituto. La provisión de bienes públicos requiere recursos y, por lo tanto, su calidad es a menudo una cuestión política importante.

Los mercados requieren que los productos comercializados tengan dueño, pero esto no siempre es posible. Por ejemplo, por su misma naturaleza, es difícil poseer el conocimiento; en general, es posible replicarlo con costes menores, en especial con el desarrollo de las tecnologías de la información y la comunicación. Las patentes protegen la propiedad del conocimiento incorporado en productos innovadores. Los derechos de autor protegen el conocimiento creativo. Pero, con frecuencia, estos derechos son violados sin sanción alguna. Asimismo, el conocimiento suele estar incorporado no sólo en una pieza de arte o un producto innovador. También lo está en las personas dentro de las empresas. Cuando estas personas abandonan la empresa, el conocimiento se pierde, no para la sociedad, pero sí para la compañía que pagó por la creación de ese conocimiento. Esta falta de propiedad del conocimiento impulsa a las empresas a invertir menos recursos del nivel óptimo en la producción de conocimiento. En consecuencia, los gobiernos pueden decidir utilizar fondos públicos para fomentar la producción de conocimiento.

Por otra parte, los individuos en el mercado pueden decidir que es demasiado costoso o arriesgado desarrollar o comprar equipos costosos. Por ejemplo, los granjeros tal vez no puedan adquirir equipos mecánicos para mejorar la producción sin un esfuerzo de cooperación.

Este factor es incluso más limitante en la investigación y el desarrollo. En esta actividad, los costes son enormes y no hay garantías de éxito. Por ejemplo, la investigación de la fusión nuclear o la exploración extraterrestre de minerales raros son muy costosas y demasiado arriesgadas para ser asumidas por una de las partes del mercado. Los gobiernos deberán desempeñar un rol si creemos que estas tecnologías deberían ser desarrolladas.

El mercado no se preocupa por cuestiones de orgullo y prestigio nacionales, que en ocasiones son fundamentales en ciertas actividades. Por ejemplo, la primera aeronave civil supersónica, el Concorde, nunca hubiera volado y Neil Armstrong nunca hubiera dado el famoso gran paso para la humanidad en la luna. Los Juegos Olímpicos, tal como los conocemos hoy, no habrían existido nunca si los gobiernos no los hubieran apoyado a fin de demostrar prestigio nacional o metropolitano. Todas las naciones, por más pobres que sean, crean su propia aerolínea para que vuele su bandera alrededor del mundo.

A veces, el mercado produce resultados que se juzgan indeseables desde el punto de vista social. Este es, quizás, el elemento políticamente más controvertido del mercado. ¿Es razonable que haya personas que mueren de hambre cuando existe suficiente comida? ¿Se puede permitir que algunas personas mueran por falta de asistencia sanitaria sólo porque no pueden pagar un médico o un medicamento? Los países africanos amenazaron con violar los tratados de patentes internacionales para forzar a las compañías farmacéuticas a venderles medicamentos para el VIH a precios reducidos. Si los precios no se hubieran reducido, miles de personas habrían muerto. Algunos gobiernos introdujeron seguros públicos para garantizar niveles mínimos de asistencia sanitaria a la población. Este lado negativo del libre mercado (es decir, que algunas personas no puedan costear sus necesidades básicas) constituye uno de los problemas claves que dividen el panorama político en todo el mundo.

En épocas de desempleo, los puestos de trabajo pueden llegar a escasear tanto que los salarios caen por debajo de los niveles de subsistencia. En consecuencia, el salario mínimo es una realidad en muchos países. El resultado del libre mercado en otras áreas como la vivienda y la educación genera debates similares. Algunos países tienen sistemas de racionamiento diseñados para restringir el libre mercado para el acceso a viviendas más baratas. La educación básica suele ser gratuita y el acceso a la educación superior está determinado por la capacidad de aprender antes que por el poder adquisitivo.

Las decisiones de proveedores y clientes también pueden afectar a terceros. En muchas ciudades con alta densidad poblacional, por ejemplo, la decisión de nuestro vecino de comprar un automóvil significa que tendremos más dificultades a la hora de encontrar un sitio donde estacionar nuestro coche. Una solución podría ser privatizar los lugares de estacionamiento (un bien público), aunque esto podría implicar costes extras para la administración y controles para prevenir el estacionamiento ilegal.

Un último tema en la economía de mercado son los costes. Se supone que el precio del mercado refleja costes de producción optimizados; se supone que los clientes prefieren más calidad a menos precio. Sin embargo, pueden surgir algunos fallos, entre ellos:

- Los productos pueden tener defectos ocultos. En la búsqueda de una mejor calidad, los clientes pueden ser engañados e inducidos a comprar productos inseguros o en mal estado. El nivel de calidad resulta en particular difícil de establecer cuando se compra «know-how» o asesoramiento.
- Los productos pueden requerir servicio. Una vez que los clientes han comprado un producto específico, con frecuencia dependen del proveedor para obtener el servicio. El proveedor puede explotar este monopolio y cobrar de más. Los cartuchos de las impresoras son un buen ejemplo de esto: después de comprar una impresora relativamente barata, uno descubre que los cartuchos de tinta que tiene que comprar son muy costosos.
- Los productores pueden «externalizar» los costes para intentar disminuirlos: por ejemplo, a través del vertido ilegal de residuos o bien contratando mano de obra extranjera barata como forma de externalizar costes sociales. Los problemas de integración social resultantes se dejan en manos de los gobiernos. Los empresarios a veces no cubren los riesgos de seguridad y salud para los trabajadores, por lo que el trabajador asume el precio de los costes de producción más bajos.

- El mercado tiene su precio. Las zonas de estacionamiento gratis pagadas por el gobierno no requieren medidores, vigilantes de tránsito ni multas y, por lo tanto, son más eficientes para la sociedad en su conjunto. No obstante, la tragedia de las tierras comunales (ver el Capítulo 3) nos enseña que las personas tienden a consumir más recursos cuando los recursos están libremente disponibles.

El equilibrio entre la oferta y la demanda que alcanza el mercado no siempre refleja el esquema óptimo (costes más bajos) de la producción económica. El cambio hacia una producción más sostenible puede significar un nivel inferior de costes a largo plazo, en especial si se incluyen todos los costes (externos).

Libre mercado y emisiones

Tradicionalmente, las emisiones industriales están reguladas por permisos o licencias emitidas por organismos reguladores gubernamentales. De este modo, los residentes locales están protegidos contra concentraciones demasiado altas de emisiones tóxicas, contaminación del agua u otros peligros de una planta industrial. Sin embargo, si el impacto de las emisiones no es sólo local sino continental (por ejemplo, dióxido de sulfuro y óxidos de nitrógeno [NO_x]) o incluso global (dióxido de carbono [CO_2]), surgirá un problema.

Las empresas exigen ser tratadas del mismo modo que sus competidores extranjeros y, por tanto, desean derechos de emisión similares. Así, el país que permite el máximo nivel de contaminación determina la norma y el nivel de contaminación resultante puede ser inaceptable. Algunas compañías podrán reducir las emisiones con más facilidad, con costes más bajos, que otras.

La introducción de los derechos de emisiones negociables crea un mercado libre para las emisiones, que puede optimizar su reducción. La compañía que puede reducir sus emisiones al coste más bajo puede vender sus derechos de emisiones a otra que le resulte menos fácil reducirlas. La introducción de los derechos negociables significa que las reducciones de emisiones no sólo se ejecutan en respuesta a las licencias sino que también están estimuladas por un móvil lucrativo. Así, las compañías pueden comenzar a reducir sus emisiones como un proceso rentable. Las compañías que desean expandirse deben adquirir derechos de emisiones; los costes involucrados tal vez las convenzan de invertir en tecnologías con menores niveles de emisiones.

Los derechos de emisiones negociables suenan como una idea maravillosa. Sin embargo, existen un par de problemas.

- ¿Cuál será el punto de partida? ¿Todos los seres humanos tendrán los mismos derechos de emisiones desde un principio? ¿O el punto de partida será la situación mundial actual en la que la contaminación del mundo desarrollado está legitimada por la asignación de los derechos de emisiones?
- Si se asignan derechos de emisiones a países que a su vez podrían reasignarlos a empresas, ¿permitiremos el comercio internacional? Esto podría llevar a que los países pobres vendieran los derechos de emisiones a los países ricos, lo que crearía una barrera a su desarrollo futuro.[7]
- ¿Es posible establecer los procedimientos tecnológicos y administrativos necesarios? ¿Y si los países no cumplieran con las obligaciones internacionales?

7 Consultar por ejemplo: U.E. Simonis, *Internationally Tradeable Emission Certificates: Efficiency and Equity in Linking Environmental Protection with Economic Development* (Berlín: Wissenschaftszentrum Berlin für Sozialforschung GmbH [WZB], Trabajo de Análisis FS-II 96-407, 1996; skylla.wz-berlin.de/pdf/1996/ii96-407.pdf, 8 de noviembre de 2005).

El libre mercado y el agotamiento de los recursos no renovables

¿Por qué el agotamiento de los recursos habría de ser un problema? Si los recursos no renovables se vuelven más escasos, el mecanismo del mercado generará precios más altos. Esto derivará en una mayor disponibilidad de recursos (ya que se podrán explotar más recursos de forma rentable). También estimulará el desarrollo de substitutos (energía renovable por combustibles fósiles, un mejor reciclado de los metales, etc.).

Si bien no existen garantías de que encontremos soluciones, parecería lógico que de alguna manera nos arreglaremos. Sin embargo, la cuestión crítica es si los precios anticiparán las carencias en el mercado con el tiempo suficiente para permitirnos desarrollar tecnologías mejoradas. Habrá que considerar, entonces:

- Antes de que se agoten los recursos no renovables, ¿cuándo empezarán a subir los precios y en qué medida?
- ¿Cuánto tiempo llevará desarrollar las tecnologías nuevas que puedan sustituir las viejas?

Aumentos de precios de los recursos no renovables

En general, los mercados están determinados por cambios a corto plazo. Por ejemplo, los incrementos en el precio del petróleo en la década de 1970 obedecieron a la formación efectiva de un cartel por parte de la Organización de Países Exportadores de Petróleo (OPEC, por sus siglas en inglés). A principios de la década de 1980, los precios del petróleo llegaron a un pico con la guerra de Irán-Irak y, a fines de la década de 1990, alcanzaron una baja histórica (ver Figura 4.2).

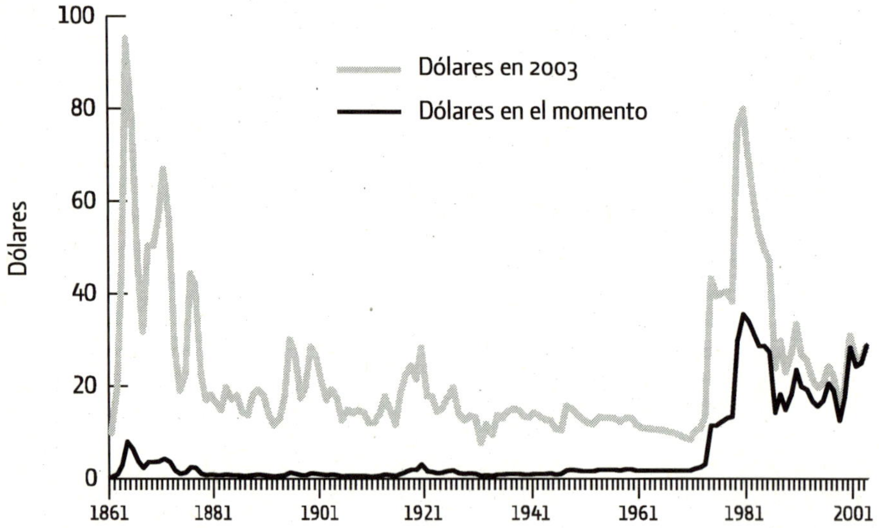

FIGURA 4.2 **Precios del petróleo crudo calculados en dólares 2003**

Los precios del petróleo tienden a reflejar fenómenos a corto plazo, como el riesgo de conflicto militar en Oriente Medio, los inviernos fríos en los Estados Unidos o la disminución en la producción de petróleo debido a los huracanes en el Caribe. Algunos individuos pueden incluso desempeñar papeles cruciales. Por ejemplo, Arabia Saudita posee alrededor de un cuarto de las reservas de petróleo probadas del mundo.[8] Por lo tanto, la familia real saudita, que gobierna el país con un poder absoluto, posee una significativa influencia en los precios mundiales del petróleo, por lo que sus necesidades financieras y móviles políticos resultan decisivos para los mercados del petróleo.

A diferencia de lo que postula el saber económico, los países pueden incrementar la producción cuando bajan los precios o disminuir la producción cuando suben los precios a fin de mantener un flujo continuo de divisas extranjeras para cubrir sus presupuestos.

Hasta el momento, los precios de los minerales metálicos no están determinados por la amenaza de la escasez. La caída en la demanda y la desintegración de los carteles mineros han llevado a la caída de los precios de los metales.

Los precios de las materias primas no reflejan un agotamiento gradual. La amenaza de agotamiento mundial de las materias primas se ha incrementado desde la década de 1970, pero no hay evidencia de que esto haya influido en los precios. Si los precios del mercado anticipan el agotamiento de los recursos, no podemos asumir que el período de advertencia será lo bastante largo para darnos tiempo a identificar las soluciones adecuadas.

Tecnologías nuevas para sustituir las viejas

La industria del petróleo presenta un ejemplo histórico de los efectos de aumentos de precios rápidos en el desarrollo de alternativas. Cuando la OPEC cuadruplicó el precio del petróleo en 1973, ocurrió una serie de cosas.

- Tanto los consumidores de productos del petróleo como los productores de petróleo incrementaron sus esfuerzos por hallar alternativas
- Los productores intensificaron de forma notable sus esfuerzos de exploración e implementaron maneras de incrementar la recuperación de petróleo de pozos previamente «agotados» o antieconómicos
- Los consumidores comenzaron a sustituir el petróleo con otros combustibles y aumentaron las inversiones en un consumo más eficiente

Como consecuencia de las actividades de los productores de petróleo, los recursos del petróleo experimentaron un incremento dramático. Como consecuencia de la innovación y la substitución del lado de los consumidores, el consumo de petróleo sufrió una ligera caída en 1974–75 y no se incrementó entre 1973 y 1986.

En 1972, se pronosticó que el consumo de petróleo se duplicaría para 1982. Esto implicaba que las tecnologías desarrolladas del lado del consumidor reducirían a la mitad el consumo de petróleo. Pero las tecnologías que se desarrollaron eran, en general, sencillas, como la transferencia al gas natural y el aislamiento de edificios. La energía eólica, que se planteó como fuente de energía alternativa, progresaba con mucha lentitud. Sólo 30 años después, la energía eólica está logrando poco a poco una participación de mercado superior a 1% de la provisión de energía.[9]

Por tanto, los incrementos de precios en las materias primas generarán muchos esfuerzos extras, que pueden producir una oferta extra y menor consumo. Sin embargo, estos son los resultados fáciles logrados principalmente por la actual tecnología (optimizada). Es poco probable que los incrementos de precios produzcan alternativas tecnológicas radicalmente nuevas en períodos de tiempo breves.

8 Estadísticas BP; www.bp.com/liveassets/bp_internet/globalbp/STAGING/global_assets/downloads/T/Table_of_proved_oil_reserves_at_end_2002.pdf, 8 de noviembre de 2005.

9 En el año 2005 Alemania, España, Dinamarca y Portugal produjeron más del 5% de su electricidad a través de energía eólica. La cantidad de electricidad proporcionada por energía eólica en los demás países fue considerablemente menor (home.planet.nl/~windsh/stats.html, 17 de marzo de 2006).

Una apuesta sobre la escasez de los metales

En 1980, el economista Julian Simon y Paul Ehrlich (junto con John Holdren, el autor de la ecuación IPAT en el Capítulo 1) discutieron sobre la escasez de los minerales metálicos. Ehrlich había pronosticado una escasez masiva en el plazo de una década, mientras que Simon alegaba que los minerales metálicos abundaban.

Simon desafió a Ehrlich a respaldar sus pronósticos con dinero y le sugirió una apuesta. Ehrlich podía elegir una cantidad de cinco metales por un valor de 1.000 $ en 1980. El perdedor pagaría al vencedor la diferencia del precio de 1990 (después del ajuste por inflación). Ehrlich aceptó la apuesta y eligió el cobre, el cromo, el níquel, el estaño y el tungsteno.

En 1990, el precio de los cinco metales estaba por debajo del nivel de precio ajustado por inflación en 1980. De modo que Ehrlich perdió la apuesta y envió un cheque a Simon por 576,07 $. Las razones de estos precios más bajos incluían:

- Minas nuevas que habían puesto fin a un casi-monopolio (níquel)
- Mejoras tecnológicas que habían disminuido los costes (en especial del cromo)
- El uso de plásticos y compuestos como materiales de reemplazo
- La fibra óptica que reemplazaba los alambres de cobre
- La cerámica que reemplazaba el tungsteno en las herramientas de corte
- El aluminio que reemplazaba el estaño en las latas

El resultado de la apuesta demuestra que los precios de los metales están determinados por el exceso o la falta de oferta real en el mercado.

Fuente: www.overpopulation.com/faq/People/julian_simon.html, 8 Noviembre de 2005

Internalizar los costes externos

Para tener éxito en la competencia del libre mercado, las partes del mercado no sólo intentan obtener el mejor negocio sino desplazar sus costes a otros. El entorno a menudo sufre a causa de esta «externalización» de los costes que promueve la competencia del mercado. Si esos costes se incluyeran en el producto, el consumo sería menor y habría dinero disponible para compensar o mitigar el daño al entorno.

En consecuencia, los precios de los productos deberían reflejar todos los costes involucrados en proveer ese producto. Por ejemplo, los costes sociales de la producción son los costes de los accidentes de trabajo. Estos costes no suelen ser cubiertos por el productor que los causó.

Los regímenes totalitarios no compensaban los costes sociales de sus grandes proyectos. Por ejemplo, entre 1931 y 1933, la construcción del canal Belomor que conectaba San Petersburgo con el Mar Blanco provocó entre 50.000 y 100.000 muertes.

Sin embargo, en los estados de libre mercado, los trabajadores que sufren peligros relacionados con el trabajo no reciben una compensación completa. Por ejemplo, los trabajadores del asbesto que contrajeron cáncer sólo recibieron cierta compensación recientemente. Unas 55.000 personas mueren todos los años como consecuencia de accidentes de la construcción. Por ejemplo, la construcción de las Torres Gemelas en Nueva York (1968-73) ocasionó 60 muertes y la construcción del Túnel del Canal entre Dover y Calais provocó 11 muertes.[10]

¿Se puede compensar con dinero la pérdida de vida o de funciones vitales? ¿Y qué hay de las enfermedades laborales que no pueden relacionarse directamente a una causa? ¿Cómo compensar a

10 T. Zuidema, 'Een dode per miljoen geinvesteerde dollars', *Technisch Weekblad*, 30 de enero de 2004: 7.

las víctimas de cáncer extras causadas por la fusión nuclear de Chernobyl en 1985? ¿Cómo diferenciar entre una víctima de Chernobyl y una persona que sufre de cáncer «común»?

Es necesario atribuir estos costes externos a los productos y los servicios, pero no es fácil. En la práctica, las víctimas casi nunca reciben compensación y, cuando lo hacen, esta compensación suele provenir del gobierno y no del productor.

Es difícil expresar el daño a la naturaleza en términos monetarios. Se podrían plantar bosques para compensar las emisiones de CO_2, pero, ¿y la extinción de las especies o la degradación de los ecosistemas?

Internalizar los costes es importante para crear estímulos económicos para prácticas más sostenibles, pero no todo se puede compensar en términos financieros. La internalización de los costes no puede substituir las regulaciones efectivas de riesgos y seguridad ocupacionales y de protección del medio ambiente.

El ejemplo del transporte

Los costes que se pagan por el transporte en automóvil privado cubren los costes de manufactura del automóvil y los costes de combustible. El impuesto que paga el propietario está destinado a crear y mantener la infraestructura necesaria asociada. Los dueños de automóviles suelen verse forzados también a comprar un seguro para cubrir los daños que podrían infligir a otros.

Con frecuencia, los pagos del seguro y la infraestructura del automóvil no están relacionados con el uso real del coche. En algunos países, los conductores deben pagar por el uso de autopistas de larga distancia y estructuras costosas como puentes y túneles en el momento en que las utilizan. Pero, una vez que los dueños de automóviles han pagado sus cargos fijos, pueden decidir conducir más a costes adicionales bajos. Los costes de estacionamiento no suelen estar cubiertos por el usuario del automóvil. Por lo tanto, muchas personas prefieren estacionar sus automóviles en la calle, aún cuando cuentan con garajes privados.[11]

Cada año, los accidentes automovilísticos en todo el mundo se cobran unas 885.000 víctimas.[12] La cantidad de heridos graves es mucho mayor. En los casos en que estas víctimas o sus familiares son compensados, el estado cubre los costes.

Los vehículos motorizados se han convertido en una grave fuente de contaminación en muchas ciudades. La contaminación del aire ambiental puede plantear una amenaza significativa a la salud en las ciudades. A nivel mundial 1.100 millones de personas en áreas urbanas están expuestas a niveles de contaminación del aire que exceden las normas de la Organización Mundial de la Salud (OMS). El problema es en particular pronunciado en las ciudades con grandes cantidades de automóviles en mal estado de mantenimiento. Distintos estudios sugieren que la contaminación del aire es responsable, principalmente a través de enfermedades respiratorias o cardiovasculares, de 2-3% de todas las muertes.[13] Los conductores no suelen pagar por los daños ocasionados por las emisiones de escape de sus automóviles.

El ruido producido por los automóviles se considera más una molestia que un factor de coste. No obstante, esta molestia tiene consecuencias financieras; por ejemplo, en el precio de la propiedad inmobiliaria. Un estudio reciente realizado en Dinamarca sugiere que, en las viviendas expuestas a por lo menos 55 dB, su valor cae 0,49% por cada incremento de dB en el nivel de ruido.[14]

11 Cf. La 'tragedia de las tierras comunales' descrita en el capítulo 3.

12 Organización Mundial de la Salud (OMS), *World Health Report 1995: Bridging the Gaps* (Ginebra: WHO, 1995; www.who.int/whr/1995/en, 8 de noviembre de 2005): 35.

13 Instituto de Recursos Mundiales (WRI), 'Citywide Problems: Ambient Air Pollution'; pubs.wri.org/pubs_content_text.cfm?ContentID=955, 8 de noviembre de 2005.

14 T.B. Bjørner, J. Kronbak y T. Lundhede, *Valuation of Noise Reduction: Comparing Results from Hedonic Pricing and Contingent Valuation* (Copenague: AKF Forlaget, 2003; www.akf.dk/eng2003/noise_reduction.htm, 8 de noviembre de 2005).

Asimismo, ¿cómo podemos compensar el daño a la naturaleza? Las autopistas y otras rutas son responsables de la muerte de muchos animales silvestres. Además, las barreras creadas por las autopistas y rutas dividen los hábitats en pequeñas parcelas. Esto puede resultar aún más devastador para la vida silvestre, en especial para las especies migratorias, ya que las poblaciones se vuelven demasiado pequeñas para reproducirse. Los accidentes con combustibles y sus derrames (durante la refinación, almacenamiento, de los vehículos, etc.) pueden ejercer un efecto profundo en la calidad del agua y la vida marina. El aditivo metil-terbutil-éter (MTBE), que reemplazó los aditivos de plomo tóxicos en los combustibles de los automóviles, produce estragos en la calidad del agua subterránea. Un estudio de la Sociedad Geológica norteamericana detectó MTBE en el 8,7% de los pozos de agua potable de Estados Unidos.[15]

Al término de su vida, el automóvil se convierte en un residuo. Su contenido de acero se recicla, pero el reciclado de los demás componentes todavía no se ha generalizado.[16] Los vertidos con estos materiales pueden generar contaminación del suelo y del agua.

Un estudio europeo[17] estimó que los costes externos del transporte ascendían a alrededor del 8% del PIB. El uso de automóviles representaba el mayor porcentaje de costes externos (58%), seguido de los vehículos industriales (21%). El transporte por carretera representaba, en conjunto, el 92% de los costes externos, mientras que el porcentaje de transporte ferroviario y por agua era muy pequeño. Los automóviles de pasajeros, camiones y la aviación ostentan los costes externos más altos por unidad transportada. Por lo tanto, el cambio del transporte ferroviario y público al transporte terrestre y la aviación que actualmente tiene lugar en los Estados Unidos incrementará los costes externos.

¿Cómo podemos incluir los costes de compensación por o de eliminación de la contaminación y, en última instancia, los costes de la asistencia sanitaria y de la pérdida de trabajo que resultan de los altos niveles de polución y los accidentes que provoca? Internalizar los costes no resuelve todos los problemas; algunas cuestiones son inaceptables, por más compensación que se pague. Aún así, internalizar los costes puede contribuir a crear los estímulos para que el transporte se vuelva más sostenible.

- Podría estimularnos a viajar y transportar menos mediante la búsqueda de alternativas locales disponibles para satisfacer nuestras demandas
- Podría estimular a los consumidores a elegir alternativas de transporte más sostenibles
- Podría estimular a los productores a desarrollar métodos de transporte innovadores, que serían más económicos cuando se incluyera los costes externos en el precio

Por lo tanto, internalizar los costes externos con eficacia requiere instrumentos de fijación de precios flexibles. Si queremos internalizar por completo los costes externos del transporte, necesitamos tecnologías de información y comunicación nuevas. Estas tecnologías deberían permitirnos recibir una factura por nuestro uso del transporte conforme a la modalidad, hora del día y ruta. Es más, la tecnología debería proporcionar información precisa a los consumidores a fin de ofrecerles una opción clara.

Estas tecnologías avanzadas de valoración de itinerarios también incluyen los siguientes costes:

- Hardware
- Su operación y mantenimiento

15 Encuesta Geológica Norteamericana; sd.water.usgs.gov/nawqa/vocns/Nat_Survey_Summary. pdf, 8 de noviembre de 2005.

16 En Septiembre de 2000, la UE adoptó la directiva sobre fin de la vida útil de los vehículos (ELV), que intentaba aumentar el reciclado de los materiales y componentes de los vehículos al final de su vida útil (europa.eu.int/comm/environment/waste/elv_index.htm, 17 de marzo de 2006).

17 Agencia Europea del Medio Ambiente; themes.eea.eu.int/Sectors_and_activities/transport/indicators/cost/TERM25%2C2002, 8 de noviembre de 2005.

- Coste de abuso
- Aplicación

Sin embargo, la totalidad del sistema se volvería contraproductivo si estos costes fueran demasiado altos en comparación con los costes totales. Es más, se debería establecer una norma internacional para impedir problemas entre países.

La elaboración de políticas y el cambio social

Evaluación Tecnológica

Una importante consecuencia de la internalización de todos los costes del transporte podría ser que estos sistemas de facturación tuvieran que incluir datos sobre el comportamiento de transporte de la mayoría de las personas. El acceso a esos datos podría estar controlado por ley, pero la privacidad sería una cuestión problemática. Pocas personas se opondrían a que se procesaran delincuentes como resultado de estos sistemas pero, ¿que pensarían de la facturación automática de las multas por exceso de velocidad? ¿Y del acceso potencial a esta información por parte de las agencias de seguridad? Tal vez sería útil para rastrear terroristas pero, ¿podría usarse también para controlar a los opositores políticos del gobierno?

El estudio de esta clase de consecuencias de las nuevas tecnologías para la sociedad se denomina evaluación tecnológica. A continuación, presentamos la definición que se propuso a principios de la década de 1970 cuando la cuestión apareció en el ámbito de las políticas:

> La evaluación tecnológica es un intento de establecer un sistema de advertencia temprano para detectar, controlar y dirigir los cambios y desarrollos tecnológicos con el propósito de maximizar el bien público y minimizar los riesgos públicos.[18]

La evaluación tecnológica evolucionó como una actividad nueva para los expertos que asesoraban los parlamentos.[19] En 1972, el Congreso de los Estados Unidos creó la Oficina de Evaluación Tecnológica (OTA, por sus siglas en inglés). Institutos de evaluación tecnológica similares le siguieron en Europa (Tabla 4.3).[20]

Los institutos de evaluación tecnológica suelen enfrentarse a un dilema. ¿Deberían interferir en los debates políticos «candentes», a riesgo de hacerse enemigos, o deberían evitar temas controvertidos, a riesgo de volverse invisibles?[21] En el largo plazo, sólo la segunda estrategia será exitosa, ya que solamente una buena reputación ayudará al instituto a sobrevivir a los ataques políticos.

En el ejemplo del transporte arriba mencionado, no es de particular importancia que el gobierno tenga intenciones de abusar de los sistemas para hacer caso omiso de la privacidad de los datos. Lo que importa es si los ciudadanos confían en sus gobiernos cuando dicen que no harán un mal uso de los datos personales que estén en sus manos.

18 M.J. Cetron y L.W. Connor, 'A Method for Planning and Assessing Technology against Relevant National Goals in Developing Countries', en M.J. Cetron y B. Bartocha (eds.), *The Methodology of Technology Assessment* (Nueva York: Gordon & Breach, 1972).

19 Para obtener mayor información sobre la metodología del proceso, consultar F.B. Wood, 'The Status of Technology Assessment: A View from the Congressional Office of Technology Assessment', *Technological Forecasting and Social Change* 22.3/4 (1982): 211-22.

20 R.E.H.M. Smits, 'State of the Art of Technology Assessment in Europe'. Informe sobre el 2do. Congreso Europeo sobre Evaluación Tecnológica desarrollado en Milán, Italia, del 14 al 16 de noviembre de 1990. Evaluación Tecnológica en los Parlamentos de Europa (EPTA); www.eptanetwork.org/EPTA, 8 de noviembre de 2005.

21 D. Dickson, *The New Politics of Science* (Nueva York: Pantheon, 1984).

País / Cuerpo	Instituto
Austria	Instituto para la evaluación tecnológica (ITA)
República Checa	Instituto de estudios avanzados de Praga
Dinamarca	Comité Danés de Tecnología –Teknologiradet
Unión Europea	Instituto para el estudio de la perspectiva tecnológica (IPTS)
Parlamento Europeo	Evaluación de opciones científicas y tecnológicas (STOA)
Bélgica, Flanders	Instituto de evaluación de tecnología y ciencias de Flemish (viWTA)
Francia	Oficina parlamentaria de evaluación de opciones científicas y tecnológicas
Alemania	TAB Oficina de evaluación tecnológica
Holanda	Instituto Ratheneau
Suecia	Fundación internacional por la ciencia (IFS)
Reino Unido	Oficina parlamentaria de ciencia y tecnología

TABLA 4.3 **Institutos de evaluación tecnológica en Europa**

La internalización de los costes, en especial a través de los precios de los peajes, suele considerarse un intento por aumentar los impuestos. En principio, no lo es. Es una manera diferente de recolectar el dinero para cubrir todos los costes del transporte (siempre que el sistema de administración y facturación no sean demasiado costosos). No obstante, los ciudadanos podrían considerarlo una forma nueva del gobierno para quitarles más dinero del bolsillo.

Los cambios a gran escala en la sociedad, diseñados para servir al bien común, siempre afectan los intereses de grupos específicos en la sociedad. Las situaciones en las que todos ganan son excepcionales. Es probable que el sistema de peaje afecte la cantidad total de transporte y, por ende, los intereses de las industrias automovilística y del petróleo. Tal vez las organizaciones de transporte público se encuentren con que no tienen capacidad para incorporar a los viajeros nuevos y exijan inversiones en capacidad adicional.

La compensación financiera de minorías que se oponen a una decisión es a veces justificada. Pero la introducción de políticas nuevas sería imposible si hubiera que compensar a todos los grupos que sufren algún daño por las decisiones políticas.

Elaboración de políticas

En última instancia, las democracias políticas se basan en el gobierno de la mayoría. Sin embargo, esto no significa que se pueda ignorar los intereses de los grupos minoritarios. En ese caso, las democracias se convertirían en dictaduras de la mayoría. Por este motivo, los controles y balances han existido desde hace mucho tiempo:

- Los gobiernos de la mayoría son generalmente controlados por parlamentos con dos cámaras
- Los grupos minoritarios pueden iniciar acciones legales contra el estado cuando no se consideran sus intereses de forma apropiada

- Los ciudadanos de los países europeos pueden recurrir, en última instancia, a la Corte de Justicia Europea en Luxemburgo o a la Corte Europea de Derechos Humanos en Estrasburgo cuando sus naciones estados violan sus derechos

Algunos problemas políticos permanecen sin resolver durante muchos años. En ocasiones, ni siquiera llegan a figurar en la agenda del parlamento del país. Pero estos mismos problemas pueden convertirse de pronto en el punto focal del debate político. Por ejemplo, a menos que ocurra un desastre, las leyes de seguridad no suelen constituir una cuestión política. En la década de 1970, las víctimas de accidentes de tránsito eran un tema político. Sin embargo, hoy en día, parecería que se las acepta como parte del precio de la movilidad. En otro orden de cosas, las ideas de la década de 1970 con respecto al sistema de peajes parecerían estar ganando aceptación.

¿Qué determina el momento adecuado de una idea? La respuesta es que se necesita una combinación correcta de hechos en tres niveles para crear una «ventana de oportunidad» para una política, en la que los hacedores de políticas puedan escoger temas nuevos y realizar progresos.

- A nivel del problema, la cuestión debe ser reconocida como significativa. Distintos ciudadanos, grupos de interés y periodistas influyen en este reconocimiento.
- A nivel del saber experto, en el que se identifican opciones y alternativas, se deben poder generar vías para una solución
- El nivel político con sus dinámicas de elecciones, cambios de gobierno y (cambios de) programas políticos debe ser capaz de reconciliar el tema en cuestión con la política. Las cuestiones deben ser consistentes con las políticas generales; un gobierno que se caracteriza por desregular tendrá dificultades para resolver un problema que requiera la introducción de regulaciones nuevas.

La ventana de oportunidad para una política surge cuando se produce una apertura hacia ideas nuevas. Esto suele derivar de un hecho de importancia, como una crisis o un nuevo acuerdo internacional. Estas ventanas proporcionan la oportunidad de considerar con seriedad cuestiones y soluciones alternativas.[22]

En el terreno de las políticas, un tema suele recibir atención durante un tiempo limitado. Pieter Winsemius,[23] ex ministro del Medio Ambiente holandés, formuló cuatro etapas en la elaboración de políticas:

1. Reconocimiento del problema
2. Formulación de políticas
3. Implementación de políticas
4. Evaluación de resultados

La fase de reconocimiento del problema puede ser muy larga cuando la cuestión no ha generado una ventana de oportunidad. Si lo hace, la atención política en las etapas 2 y 3 es alta. En la etapa 4, casi ningún político se interesa en el tema, que acaba derivado a los procedimientos administrativos normales.

22 J.W. Kingdon, *Agendas, Alternatives and Public Policies* (Nueva York: HarperCollins, 1994).
23 P. Winsemius, *Gast in eigen huis, beschouwingen over milieumanagement* [*A Guest in One's Own House: Contemplations on Environmental Management*] (Alphen aan den Rijn, Holanda: Samsom, 1986).

Toma de decisiones internacionales

Nuestro mundo está compuesto de naciones estados soberanos. Esto significa que no existe una autoridad formal por encima del estado nacional. Los tratados suelen dar origen y asignar poder a las instituciones internacionales. Los estados nacionales pueden decidir no participar en organizaciones internacionales o retirarse de ellas. En última instancia, pueden negarse a cumplir con sus obligaciones conforme a esos tratados.

La Organización de las Naciones Unidas (ONU) es la entidad donde se discuten los problemas mundiales. Su Asamblea General es el foro donde se reúnen todas las naciones. El Consejo de Seguridad debate las crisis y las amenazas de conflictos armados. Está compuesto por cinco miembros permanentes (Estados Unidos, Inglaterra, Francia, Rusia y China) con el poder de vetar cualquier decisión y diez miembros elegidos por la Asamblea General.

La ONU y sus organizaciones ejecutivas[24] son responsables de la coordinación de la toma de decisiones globales en muchos campos, e incluye:

- La Convención Marco de las Naciones Unidas sobre el Cambio Climático (CMNUCC)[25]
- La Organización para la Alimentación y la Agricultura (FAO, por sus siglas en inglés)[26]
- El Alto Comisionado de las Naciones Unidades para Refugiados (ACNUR)
- El Programa de las Naciones Unidas para el Desarrollo (PNUD)
- La Organización de las Naciones Unidades para la Educación, la Ciencia y la Cultura (UNESCO, por sus siglas en inglés)
- El Programa de las Naciones Unidas para el Medio Ambiente (PNUMA)
- La Conferencia de las Naciones Unidas sobre Comercio y Desarrollo (UNCTAD, por sus siglas en inglés)
- La Organización Meteorológica Mundial (WMO, por sus siglas en inglés)
- La Organización Marítima Internacional (IMO, por sus siglas en inglés)
- La Organización Internacional del Trabajo (OIT)
- La Unión Internacional de Telecomunicaciones (ITU, por sus siglas en inglés)
- El Fondo Monetario Internacional (FMI)
- La Corte de Justicia Internacional (ICJ, por sus siglas en inglés)

La toma de decisiones global es, básicamente, una actividad voluntaria de las naciones. Aunque, en principio, todos los estados soberanos son iguales, algunos son «más iguales» que otros. Sin el consentimiento de las naciones poderosas (en especial de los Estados Unidos), ningún acuerdo global es posible.

La escala espacial de los problemas es de importancia crucial. Si las escalas espaciales de las causas y los efectos de los problemas se vuelven más grandes, los problemas serán más difíciles de resolver. Si la escala espacial de los efectos no coincide con la escala espacial de las causas del problema, habrá un conflicto de intereses en cuanto a la responsabilidad para resolver el problema. Los gobiernos locales o nacionales no siempre pueden controlar por completo las causas de los problemas. La Tabla 4.4 presenta ejemplos de la escala de problemas.

24 Para obtener mayor información sobre las sedes de oficinas y organizaciones de la ONU, consultar: www.un.org/aroundworld/ map, 8 de noviembre de 2005.

25 www.unfccc.int, 8 de noviembre de 2005.

26 www.fao.org, 8 de noviembre de 2005.

Efecto	Causa	Global
	A. Polución del suelo. (ej. causada por actividades industriales locales)	**B.** Agujero de Ozono sobre el Antártico. Aborígenes siendo privados de derechos tradicionales debido a regulaciones internacionales
Global	**C.** Fusión nuclear	**D.** Efecto invernadero. Depletación de minerales

TABLA 4.4 Escala de causas y efectos

En el caso A, la acción del gobierno local es apropiada. En el caso B, la comunidad internacional podría compensar a las víctimas. Por ejemplo, el 22 de octubre de 1997, la Comisión Internacional Ballenera aprobó cuotas de caza de ballenas para comunidades aborígenes (los Chukcki rusos, los Inuits y Makha indios).[27] En el caso C, la comunidad internacional podría ofrecer apoyo para resolver las causas locales de los problemas globales. De hecho, esto ha ocurrido a la hora de proteger los bosques tropicales (biodiversidad) y de acrecentar la seguridad de los reactores nucleares en Europa oriental.

El caso D es el problema más difícil. ¿Qué país u organización contribuirá a una solución? ¿Quién desempeñará el papel de «oportunista»? Los países sólo están dispuestos a entrar en acción cuando existe una sensación de urgencia internacional. En el caso de la destrucción de la capa de ozono, por ejemplo, la acción a nivel mundial fue rápida. En 1984, Joe Farman y otros colegas hallaron evidencias de la destrucción de la capa de ozono[28] y, en 1987, se firmó el Protocolo de Montreal.[29] Como resultado, en 1995 se prohibió la fabricación y el uso de CFCs en el mundo industrializado y, en 2005, en los países en desarrollo. Los países en desarrollo recibieron ayuda para instalar tecnologías nuevas.

Un ejemplo interesante es el problema de los desechos espaciales (es decir, el material abandonado luego de las misiones espaciales que queda en órbita permanente alrededor de la Tierra). Como este problema constituye una amenaza de envergadura para las misiones espaciales subsiguientes, las organizaciones espaciales están dispuestas a firmar acuerdos para reducir la formación de desechos nuevos. La toma de decisiones es relativamente simple porque las agencias espaciales que sufren el problema son, a su vez, responsables del mismo.

Evaluación tecnológica constructiva

La toma de decisiones públicas requiere argumentos sólidos que demuestren que las decisiones se toman a favor del interés común. También requiere que las personas confíen en estos argumentos. En las democracias modernas, la evidencia de los expertos no es suficiente, dado que su mera condición de expertos ya no basta para suscitar confianza. Un proceso de toma de decisiones transparente y abierto en el que puedan participar grupos y ciudadanos interesados es importante para:

27 D. Mellgren, 'US meets stiff opposition against Makah whaling', www.makah. com/whaling.htm, 17 de marzo de 2006.

28 J.C. Farman, B.G. Gardiner y J.D. Shanklin, 'Large losses of total ozone in Antarctica reveal seasonal ClO_x/NO_x interaction'. *Nature* 315 (1985): 207-10.

29 www.undp.org/seed/eap/montreal/montreal.htm, 8 de noviembre de, 2005.

- La calidad democrática de la sociedad
- La aceptación de decisiones por parte de la sociedad

Estos procesos llevan más tiempo que las decisiones rápidas tomadas por un puñado de funcionarios, pero pueden prevenir las amargas controversias que suelen originarse en torno a las nuevas tecnologías genéricas.

Las controversias sobre la tecnología no se resuelven mediante la evidencia de los expertos ni las investigaciones de los científicos. Estas controversias tienen que ver con los valores involucrados en la tecnología. Esto no significa que todos los expertos están de acuerdo. Por ejemplo, los físicos están divididos a favor y en contra de la energía nuclear.[30]

A fin de adaptar la tecnología a las demandas de la sociedad, la evaluación de la tecnología se ha reformulado como evaluación tecnológica constructiva (CTA, por su siglas en inglés). La CTA aspira a armonizar los desarrollos tecnológicos y las demandas sociales y amplía el proceso de toma de decisiones al incorporar más grupos de interés, incluidos los grupos sociales, en una etapa temprana. El término «constructiva» se refiere a la contribución de actividades y estudios al diseño o «construcción» de tecnología nueva en vez de a la mera crítica previa.

Herramientas para la elaboración de políticas

Los gobiernos cuentan con varias herramientas para la elaboración de políticas; entre ellas, las más conocidas son las leyes. La legislación determina las actividades ilegales y la violación de la ley puede ser castigada. Los parlamentos, que cuentan con el suficiente respaldo de la sociedad, son responsables de promulgar las leyes. Sin embargo, éstas pueden tardar varios años en ser aplicadas y, en ocasiones, pueden no ser la solución correcta. Prohibir una actividad no tiene ningún sentido si los ciudadanos carecen de una alternativa (atractiva).

Ampliar el proceso de toma de decisiones es importante en la CTA[31]

Los paneles de ciudadanos son una manera interesante de tratar de comprometer a los ciudadanos en cuestiones especializadas. Este método se desarrolló en la década de 1980 en Dinamarca, cuando se invitó a 10-20 personas no profesionales a emitir un juicio con respecto a una tecnología controvertida. El grupo recibió apoyo y podía invitar a distintos expertos a que dieran testimonio antes de preparar una declaración durante la sesión final. La publicidad que rodeó al panel aseguró que otros ciudadanos dinamarqueses tomaran conciencia del asunto.

Este método se utiliza hoy en muchos otros países, como los Estados Unidos, Inglaterra, Japón y Noruega.

Los esquemas de subsidios proporcionan otra herramienta de gestión a los políticos. Los subsidios son una forma de interferir en el mercado al disminuir los costes de productos específicos que requieren promoción para recibir adopción; por ejemplo, las instalaciones fotovoltaicas y las turbinas eólicas. Los impuestos específicos incrementan el precio de los bienes y, por lo tanto, dis-

30 H. Nowotny, *Kernenergie: Gefahr oder Notwendigkeit?* [*Nuclear Energy: Danger or Necessity?*] (Frankfurt: Suhrkamp, 1979).
31 S. Joss y J. Durant (eds.), *Public Participation in Science: The Role of Consensus Conferences in Europe* (Londres: Science Museum, 1995).

minuyen su consumo; por ejemplo, los impuestos a los combustibles fósiles y los impuestos especiales a los automóviles.

El consumo de productos alternativos más limpios también se puede estimular a través de la divulgación de información o de la promoción directa. Por ejemplo, para promover el transporte público, los gobiernos podrían persuadir a los ciudadanos que este medio de transporte persigue el interés común. También, divulgar información sobre las maneras de reducir el consumo de energía podría estimular a los ciudadanos a que desarrollaran ideas innovadoras para ahorrar energía en sus hogares.

Un método interesante para la elaboración de políticas gubernamentales es instituir experimentos (locales) para:

- Examinar cómo los ciudadanos podrían modificar su comportamiento
- Hallar maneras nuevas de abordar una tecnología nueva

Por ejemplo, las comunidades ecológicas que en pequeña escala han experimentado con distintas formas de agricultura ecológica y abastecimiento de energía pueden enseñarnos valiosas lecciones sobre cómo organizar nuestras comunidades de un modo más sostenible. Realizar experimentos con los automóviles de hidrógeno o los vehículos eléctricos ayuda a demostrar:

- La viabilidad de las tecnologías
- Si los ciudadanos están preparados para adaptar su comportamiento para usarlas
- Si la experiencia puede contribuir a mejorar las tecnologías

El cambio social

¿Pero, qué pueden hacer los ciudadanos cuando el gobierno se muestra indiferente a sus inquietudes? ¿Qué pueden hacer los ciudadanos que desean mejorar la sociedad para hacer oír sus voces?

Supongamos que usted desea modificar la estructura jerárquica de su universidad y tener más derecho a opinar sobre las materias que está cursando. Esto significa romper el orden social que establece que un estudiante decide a qué universidad asistir pero la universidad decide qué materias conforman una carrera y el profesor decide el contenido de la materia. Los cambios en ese sistema no serán fáciles, ya que afectan la manera en que nos relacionamos unos con otros y nos respetamos unos a otros y las funciones que se supone que debemos desempeñar.

La autoridad tiene un papel significativo en estas situaciones. ¿Pero, cómo se crea la autoridad? La autoridad se basa en el papel que una persona desempeña dentro de un contexto determinado. Los roles suelen ser fáciles de reconocer a través de distintas señales:

- Los uniformes de policías y enfermeras
- El cabello canoso, la forma de hablar e incluso la manera de vestir de los profesores universitarios.

En 1961-62, Stanley Milgram llevó a cabo un famoso experimento sobre roles en la Universidad de Yale. Las parejas de voluntarios se reunirían en el laboratorio de la universidad. Uno de ellos sería un voluntario verdadero y, el otro, un cómplice del experimentador. El cómplice sería el sujeto experimental (el estudiante) de un experimento sobre el aprendizaje, mientras que el voluntario verdadero (el profesor) debía formularle preguntas y administrarle descargas eléctricas cuando no contestara correctamente. El experimentador registraría los logros del estudiante.

Sin embargo, el verdadero experimento tenía que ver con qué descarga eléctrica el profesor estaba dispuesto a administrar al cómplice. Según las instrucciones, el profesor debía administrar una descarga por cada respuesta equivocada; empezaría con 15 voltios y aumentaría la intensidad hasta 450 voltios, de a 15 voltios por vez. Cada interruptor tenía una calificación de potencia que iba de «descarga ligera» a «peligro: descarga intensa». Los últimos dos interruptores rezaban «XXX». El experimentador urgía al profesor que continuara cuando éste expresaba dudas. Si se le preguntaba quién sería responsable de los efectos perjudiciales, el experimentador aceptaba toda la responsabilidad. Ningún profesor se detuvo antes de los 300 voltios y el 65% administró descargas de hasta 450 voltios. Experimentos ulteriores demostraron que éstos eran menos obedientes cuando el experimentador se comunicaba con ellos a través del teléfono. El experimento de la obediencia de Milgram se replicó en Australia, Sudáfrica y varios países europeos.[32]

El experimento demuestra el poder de la autoridad, puesto que no hubo uso de fuerza ni amenazas. Si bien hoy en día se lo rechaza con fundamentos morales, el experimento ofrece una visión básica de los procesos sociales. En la vida diaria, solemos someternos a la autoridad o sucumbir ante su persuasión. Modificar las prácticas diarias significa resistir a las autoridades en nuestras vidas.

Por tanto, modificar la práctica diaria en una escuela significa modificar la autoridad. Con frecuencia, esto implica un conflicto. No hay nada de malo con los conflictos, siempre y cuando las personas mantengan un nivel básico de comunicación y respeto. La historia del desarrollo social de la humanidad es una historia de conflictos. Los conflictos entre empresarios y empleados, ancianos y jóvenes, aprendices y maestros, padres e hijos, profesores y alumnos parecen ser el único camino hacia la emancipación. Una paráfrasis de Kant de 1786 ilustra con propiedad el desarrollo sostenible en el sentido social:

El desarrollo social sostenible ocurre cuando las personas deciden abandonar la situación autocreada en la que nadie las escucha.[33]

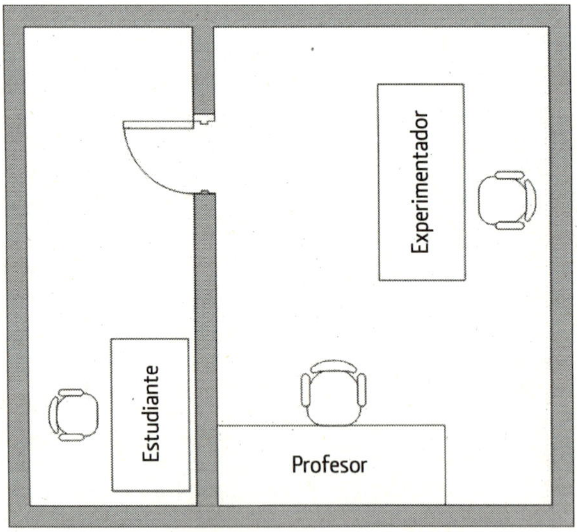

FIGURA 4.3 **Entorno experimental de los experimentos de obediencia de Milgram**

Fuente: www.new-life.net/milgram.htm, 8 Noviembre, 2005

32 www.stanleymilgram.com/milgram.php, 8 de noviembre de 2005.

33 'Aufklärung ist der Ausgang des Menschen aus seiner selbst Verschuldeten Unmündigkeit', en I. Kant, *Der Streit der Fakultäte* (10 vols.; ed. W. Weischedel; Darmstadt, 1968 [1983]): Vol. 9, 228.

Preguntas, análisis y ejercicios

1. La Tabla 4.1 muestra que el comercio es atractivo sólo cuando la diferencia en los costes de producción es lo bastante grande en comparación con los costes de transporte. Las diferencias en el clima/geografía generan distintos costes de produccción y, por tanto, distintos tipos de comercio. ¿Qué otros factores afectan el comercio?
2. La oferta no siempre puede satisfacer la demanda con rapidez. ¿Qué efectos produce en el mercado el crecimiento o la disminución bruscos de la demanda?
3. Discuta la reintroducción de un sistema económico de tipo gremial. ¿Cuáles serían sus principales ventajas y desventajas?
4. Suponga que debe realizar una evaluación tecnológica de la próxima generación de aviones civiles. ¿Cuáles serían los principales efectos? ¿Cuáles serían las diferencias más significativas entre las elecciones de Boeing y Airbus (ver a continuación)?

Aviación En el día del centésimo aniversario de la aviación, Boeing anunció con gran pompa y dramatismo que iniciará la producción del 7E7 Dreamliner. *Por Mark Plekker*

Haarlem—Después de mucho soñar con el Sonic Cruiser, la sede central en Seattle por fin tiene un plano viable sobre el tablero de dibujo. A primera vista, el 7E7 parece convencional: de tamaño mediano, bimotor, con 15.500 kilómetros de autonomía de vuelo y una capacidad para transportar de 200 a 250 pasajeros. La novedad del diseño yace en la elección de materiales y la eficiencia de los motores y la producción.

Más de la mitad de la construcción de la aeronave, que actualmente sólo existe como un modelo de 2 metros para la prueba de túnel de viento, consistirá de materiales compuestos. Los motores más eficientes y las propiedades aerodinámicas mejoradas generarán una reducción en el consumo de combustible de más del 20%. El uso de materiales compuestos y el menor peso resultante sólo reducirán un 3% el consumo de combustible; el resto de la reducción responderá a la significativa mayor eficiencia de los motores y la aerodinámica mejorada.

La elección de Boeing del 7E7 mediano también revela una visión diferente de la de Airbus en lo que concierne al desarrollo futuro del transporte aéreo civil. Airbus tiene la mira puesta en los grandes aeropuertos que funcionan como centros de operaciones y está desarrollando aeronaves grandes con este propósito. Boeing, con su diseño, ha apostado al crecimiento de los aeropuertos medianos que ofrecen más aviones, pero más pequeños, a los pasajeros.

Fuente: traducido de *Technisch Weekblad*, 9 de enero de 2004

5 Tecnología: ¿culpable o redentora?

Muchos críticos han argumentado que la tecnología es la causa básica de la falta de sostenibilidad en la sociedad.[1] Estos argumentos atribuyen a la tecnología el papel clave en el desarrollo de los problemas del mundo moderno:

> La tecnología domina más y más la vida de las personas, sin ofrecer la posibilidad de influir en ella. Por lo tanto, es necesario detener la tecnología para volver a un mundo más natural. Los intentos por estimular la innovación para las tecnologías sostenibles están destinados a la futilidad, o incluso podrían empeorar las cosas, puesto que la dominación tecnológica irá en aumento y los efectos secundarios (impensados) de la tecnología exacerbarán la situación.

Sin embargo, la historia de la tecnología también presenta otro lado: el mundo social no está solamente dominado por la tecnología sino que también determina de forma activa la tecnología nueva. Los conflictos entre trabajadores y empleados, por ejemplo, forjaron tecnología que reflejaba los imperativos morales, sociales y políticos de la época.

Necesitamos mejorar la eficiencia ambiental de nuestra producción de bienes y servicios. En consecuencia, el cambio tecnológico debe ocupar el centro del desarrollo sostenible. Este capítulo explora el papel de la tecnología en la sociedad y su relación con la ciencia, ya que ciencia y tecnología han alcanzado una profunda interrelación.

Los cambios más profundos en la forma en que abordamos la ciencia y la tecnología ocurrieron durante los últimos 500 años. La sección inicial se concentrará en este período y, a continuación, se ofrecerán algunas reflexiones teóricas.

1 Por ejemplo, los filósofos Habermas y Marcuse. También más recientemente: E. Braun, *Futile Progress: Technology's Empty Promise* (Londres: Earthscan, 1995) y K. Sale, *Rebels Against the Future: The Luddites and their War on the Industrial Revolution* (Reading, MA: Addison Wesley, 1995).

La tecnología y la ciencia en la historia de la humanidad

Tecnología medieval

Los seres humanos han desarrollado varios medios tecnológicos para su manutención. En la Edad Media, el «progreso» tecnológico se extendía con mucha lentitud. El caso de la fabricación del papel (Figura 5.1) sirve como ejemplo.

> Las características básicas de la tecnología moderna de la fabricación del papel se crearon en China a principios del siglo II DC. A principios del siglo VII, la fabricación de papel llegó a Corea y Japón. En el siglo VIII, llegó a Samarcanda, en Asia Central. La tecnología se instauró en el mundo musulmán en el siglo X y, en la Europa cristiana, en los siglos XI y XII, donde en un principio se la denunció como una tecnología del enemigo musulmán. Esta actitud prevaleció hasta la introducción de la imprenta en el siglo XV, cuando el papel fue finalmente aceptado en Europa occidental.[2]

FIGURA 5.1 **Fabricación del papel en la era medieval**

Fuente: www.st-armand.com/Images/200412_CoursPapier.gif, 9 Noviembre 2005

En la época medieval, las innovaciones que hoy llegarían a todos los rincones del mundo en un par de años, se diseminaban con mucha lentitud, cuando lo hacían. Los métodos de transporte más lentos y las comunicaciones limitadas eran sólo en parte responsables. La lentitud del cambio tecnológico tampoco obedecía a una falta de inventiva individual. La resistencia cristiana a la fabricación del papel ilustra otra característica de la sociedad medieval. En una sociedad que buscaba su consuelo más allá de la vida terrenal, el cambio tecnológico se consideraba poco importante. El pensamiento medieval europeo sobre el orden de la naturaleza y la sociedad enfatizaba la importancia de que los objetos y las personas permanecieran en el «sitio asignado». No se alentaba la prosperidad financiera como resultado de la innovación tecnológica. En tanto las instituciones existentes pudieran absorber la tecnología nueva, se la toleraba con moderación, y sólo se la buscaba en forma activa en tiempos de desgracias como hambrunas, invasiones o inundaciones.

2 Paperonline; www.paperonline.org/index.html, 9 de noviembre de 2005.

La tecnología formaba parte del mundo de los artesanos. Los artesanos eran hombres libres que vivían en aldeas medievales donde se organizaban en asociaciones que protegían sus intereses (ver el Capítulo 4). Para poder ejercer su oficio, necesitaban una licencia del señor local. Los artesanos sentían mucho orgullo de su oficio y se convertían en aprendices a la edad de 11 o 12 años. Esta capacitación duraba alrededor de siete años.

La ciencia en la era cristiana medieval ocupaba una posición muy diferente. Abarcaba la búsqueda de la verdad como una forma de comprender mejor la creación de Dios. No tenía nada que ver con la curiosidad pura ni con el deseo de mejorar el destino de la humanidad. La filosofía apuntaba a encontrar evidencia de la existencia de Dios y a resolver inconsistencias aparentes, por ejemplo, entre la perfección de Dios y las imperfecciones visibles en el universo. El estudio de la ley aspiraba a conciliar la práctica comercial y la ley divina. Las ciencias que hoy consideramos empíricas y experimentales como la botánica, la física, la astronomía y la fisiología formaban parte de la filosofía. Estaban destinadas a explicar las obras divinas de Dios y no a una utilidad práctica.

Los artesanos ordinarios no tenían nada en común con esta ciencia. Este conocimiento no tenía valor para ellos. Los científicos pertenecían al entorno social de los gobernantes de esos tiempos; es decir, la nobleza, el clero y los comerciantes exitosos.

Como se explicó en el Capítulo 4, la estructura de la producción económica medieval asfixiaba la competencia medieval; es decir, la producción agrícola del campesinado dependía de la nobleza y la producción de una variedad limitada de bienes era generada por artesanos organizados en sistemas de asociaciones gremiales. El resultado general era una tendencia a mantener la tradición antes que a fomentar la innovación para un futuro «mejor».

FIGURA 5.2 **Tipo de molino de viento medieval (adviértase las aspas rectas)**

Fuente: Diderot et d'Alembert, *Recueil de Planches sur les Sciences, les Arts Liberaux et les Arts Méchanique, avec leur explication* (París, 1762)

De hecho, hubo cambios tecnológicos, pero en gran medida como consecuencia de la influencia externa y en aquellas sociedades donde existía un desafío mayor al antiguo «orden divino». Así, los cruzados probablemente introdujeron el molino de viento (Figura 5.2) en Europa a principios del siglo XIII. El molino era una gran ventaja en las tierras bajas que carecían de fuerza hidráulica. Pero la tecnología se propagó con gran lentitud debido a su impacto en la estructura social, que alteraba los tradicionales derechos de los molinos en manos de la nobleza. En las tierras bajas del noroeste de Europa, sin embargo, el molino de viento se convirtió en un medio muy popular y efectivo para bombear agua. Con niveles del mar cada vez más altos y tierras turberas con siglos de uso, estos países necesitaban fuerza de bombeo con desesperación. En estas áreas, las bombas impulsadas por los molinos de viento no se introdujeron inicialmente para expandir la actividad económica sino para proteger la agricultura del deterioro de las condiciones naturales. Más tarde, el crecimiento de la población generó la necesidad de expandir la agricultura y, como la mayor parte de la tierra arable ya estaba en uso, los molinos de viento proporcionaron la oportunidad de «reclamar» tierras nuevas.

El Renacimiento

La ciencia medieval europea estaba rezagada en comparación con las obras de los estudiosos islámicos de ese tiempo. Las obras griegas clásicas se estudiaban en los centros de aprendizaje islámico, pero apenas en Europa. Los eruditos europeos contactaron con la fisiología, la filosofía y las matemáticas a través de la interacción con los centros españoles de aprendizaje islámico, que fueron conquistados en los siglos XIV y XV durante la Reconquista.

El estudio del orden divino adquirió una orientación cada vez más empírica. Por ejemplo, el noble dinamarqués, Tycho Brahe, se hizo famoso por sus detalladas observaciones astronómicas.[3] Ante las inconsistencias, los estudiosos se atrevían a proponer interpretaciones propias que desafiaban las interpretaciones de la iglesia. Por ejemplo, el estudioso polaco, Nicolás Copérnico, propuso una cosmología heliocéntrica.[4] La defensa de este sistema por parte de Galileo Galilei culminó en su conocido enfrentamiento con el Papa: en 1633, la Inquisición condenó a Galileo por sus teorías heréticas.

No es casualidad que este enfrentamiento coincidiera con la gran división religiosa dentro del cristianismo europeo. Los valores subyacentes en esta división, a saber, el empirismo, la racionalidad y la convicción individual, dividieron las instituciones del cristianismo y permanecieron como puntos de debate dentro de las iglesias.

Los cambios que tuvieron lugar en el Renacimiento (siglos XIV - XVI) ejercieron una influencia poderosa en el clima social hacia la tecnología. La sociedad se orientaba más hacia el individuo, que podía intentar obtener poder, propiedad y posición. La lucha de los intelectuales por la expresión individual incluía el diseño activo de máquinas nuevas; esto lo sabemos, por ejemplo, a partir de los numerosos dibujos de Leonardo da Vinci.[5]

Los cambios también estimularon un deseo de descubrir el mundo, facilitado, en particular, por técnicas nuevas y superiores en la fabricación de barcos y la navegación. Esto llevó a una cantidad de descubrimientos famosos, entre ellos:

- Descubrimiento de América por Colón en 1492
- La ruta marítima de Europa a India por el portugués Vasco da Gama en 1497
- El primer viaje alrededor del mundo por Fernando de Magallanes[6] en 1521

3 es.rice.edu/ES/humsoc/Galileo/People/tycho_brahe.html, 9 de noviembre de 2005.
4 *De revolutionibus orbium coelestium* fue editado en 1543 justo antes de que Copérnico falleciera.
5 Las máquinas de Leonardo da Vinci pueden verse en el Museo Nacional de Ciencia y Tecnología de Milán, Italia (www.museoscienza.org/english/leonardo/invenzioni.html, 17 de marzo de 2006) y en el Castillo Clos Lucé, Parque Leonardo da Vinci, Amboise, Francia (www.vinci-closluce.com/machines.htm, 17 de marzo de 2006).
6 Magelhaes falleció durante este viaje, pero uno de sus cinco barcos regresó a salvo a España.

Un ejemplo temprano de la aplicación de la ciencia a la tecnología puede observarse en el trabajo de Galileo a fines del siglo XVII. Galileo fue el primero en demostrar que, si se ignora la resistencia del aire, la aceleración de un cuerpo en caída es independiente de su masa. Esto le permitió calcular las órbitas parabólicas de los proyectiles. Las tablas resultantes constituyeron una herramienta poderosa para los artilleros, ya que les permitía determinar con precisión el ángulo de disparo necesario para dar en un blanco en cualquier línea de tiro específica.

La nueva ciencia empírica alcanzó un pico con la teoría mecánica de Isaac Newton. Las teorías de Newton podían explicar el movimiento de los planetas y de la tierra con el mismo conjunto de ecuaciones. Newton y Leibniz desarrollaron, de forma independiente, el cálculo,[7] una poderosa herramienta matemática para los ingenieros modernos.

Las teorías de Newton resultaron útiles para la navegación y el desarrollo de instrumentos nuevos para navegantes y contribuyeron a que Inglaterra lograra el dominio marítimo. Sin embargo, en los siglos XVII y XVIII, la ciencia y la tecnología «convivían por separado».[8]

Gran parte de la tecnología se conservó como tradiciones transmitidas a aprendices. Las universidades no desempeñaron un papel predominante en los cambios científicos que condujeron a la mecánica Newtoniana; permanecieron dominadas por estudiosos clásicos y frecuentadas por estudiantes de la nobleza y la clase terrateniente.

El progreso científico y tecnológico

En el siglo XVIII, todavía no era común que los resultados de los experimentos científicos se explotaran comercialmente en forma de productos y procesos nuevos o mejorados. Los cambios tecnológicos que, en principio, se podían calcular con teorías mecánicas eran desarrollados en su mayoría por artesanos prácticos sin ninguna teoría. A pesar de que los constructores de molinos de viento holandeses mejoraron los diseños durante el siglo XVII; por ejemplo, ajustaron el ángulo de las aspas del molino a lo largo del eje del aspa (Figuras 5.3 y 5.4), sus esfuerzos no se basaron en principios científicos.

FIGURA 5.3 **Ilustración que muestra los ángulos de un aspa en el eje de una paleta**

Fuente: *Groot Volkomen Molenboek* (Amsterdam, 1734)

7 Científicos británicos y del resto de Europa han debatido extensamente sobre la autoría de esta invención.
8 R.S. Westfall, *The Construction of Modern Science* (Cambridge/Nueva York/Melbourne: Cambridge University Press, 1971); T.S. Kuhn, *The Copernican Revolution: Planetary Astronomy in the Development of Western Thought* (Cambridge, MA: Harvard University Press, 1957).

FIGURA 5.4 Aspa de un molino de viento (el ángulo modificado del aspa en relación al eje es bien visible)

Fuente: home.wanadoo.nl/flikkenschild/laeker/molenwiek79.htm, 9 Noviembre 2005; © Erik Flikkenschild, Oegstgeest

No fue hasta 1759 que John Smeaton corroboró el valor de los cambios del siglo XVII en el diseño de los molinos cuando presentó los resultados de los primeros experimentos científicos sobre aspas de molinos en su *Sobre la Construcción y Efectos de las Aspas de los Molinos de Viento*.[9]

Varias tecnologías claves se crearon mucho antes de que se formularan sus principios científicos subyacentes. Por ejemplo, la invención de las primeras máquinas de vapor[10] precedió por más de cien años a la formulación de los principios termodinámicos que explican su funcionamiento.[11] Como expresó con agudeza L.J. Henderson en 1917:

> La ciencia está mucho más en deuda con la máquina de vapor de lo que la máquina de vapor lo está con la ciencia.[12]

La Ilustración (siglo XVIII) puede considerarse la etapa de cierre de esta relación cambiante entre la ciencia y la tecnología. Su filosofía básica de racionalizar la sociedad implicaba que la tecnología debía librarse de las reglas basadas en las asociaciones gremiales y las tradiciones de los artesanos. El filósofo francés Condorcet (1743–94) introdujo la idea de «progreso».

- En la ciencia, implicaba una mejor comprensión de las causas de la naturaleza
- En la tecnología, implicaba construir más y mejores artefactos para mejorar el dominio humano sobre la naturaleza

Para nosotros, esto podría sonar bastante obvio. Sin embargo, para el cristianismo del siglo XVIII y otras religiones, la idea de aspirar al progreso en la vida era extraña. Las recompensas por la conducta sólo se recibían *post mortem*.[13]

La ciencia se apartaba en forma gradual del dogma religioso. Antes de que Charles Darwin publicara *El Origen de las Especies* en 1859, los biólogos basaban su ciencia en supuestos teológicos. Un buen ejemplo es la respuesta a la pregunta sobre qué edad tiene la Tierra: en 1800, el arzobispo James Ussher estableció el año de origen como 4004 AC.[14]

9 John Smeaton, *On the Construction and Effects of Windmill Sails: An Experimental Study Concerning the Natural Powers of Water and Wind* (Philosophical Transactions of the Royal Society of London, 51; 1759): Pt 1, 138-74.

10 Por Newcomen en 1712 (consultar Capítulo 3) y Watt en 1770.

11 Por Carnot en 1824 y Joule en 1845.

12 L.J. Henderson fue el primer presidente de la Sociedad de Historia de la Ciencia. Consultar: L.J. Henderson, *Henderson on the Social System: Selected Writings* (Chicago: University of Chicago Press, 1970).

13 Los cristianos podían merecer el cielo por sus buenas obras o por el arrepentimiento de sus pecados. Los hindúes podrían reencarnarse en un ser superior.

14 D. Nelkin, *The Creation Controversy: Science or Scripture in the School* (Nueva York: W.W. Norton, 1982): 25-26.

Antes del siglo XIX, las innovaciones tecnológicas surgían como resultado de procesos de prueba y error. Como los fracasos solían ser dramáticos, existía una gran reticencia a cambiar las tecnologías. Las iglesias, por ejemplo, se construían según reglas prácticas que no se habían modificado durante siglos.[15] Descubrir que una construcción era inestable era un desastre, en vista de las enormes inversiones que hacían las ciudades medievales para construir esas estructuras. Un ejemplo notable de esto es el campanario de la catedral de Pisa, en Italia (Figura 5.5).

FIGURA 5.5 **La Torre inclinada de Pisa**

Las naciones estados que se conformaron en los siglos XVIII y XIX transformaron las economías europeas de la autarquía local al comercio nacional e imperial. Esta transformación requirió una variedad de obras civiles como:

- Ferrocarriles
- Canales
- Caminos
- Puentes
- Sistemas de control y aprovechamiento del agua

15 A pesar de que la tecnología moderna a veces pretende afirmar que su rigor está totalmente probado por anticipado a través de los medios científicos, siempre pueden surgir problemas inesperados. La construcción de puentes, por ejemplo, aún es en parte una industria basada en procesos de prueba y error, que a veces puede derivar en fracasos imprevisibles. En el año 1996 la ciudad de Rotterdam debió cerrar su nuevo puente, Erasmo, a causa de las oscilaciones provocadas por el viento en los cables de suspensión. De manera similar, el Puente del Milenio de Londres debió cerrarse en el año 2000 para su reparación debido a las oscilaciones provocadas por el paso de transeúntes.

Fuente: *L'escola Industrial de Terrassa 1902-2002, cent anys de vida universitaria* (Lourdes Plan I Campderros, 2002)

FIGURA 5.6 **Vitral de la Escuela Industrial de Terrassa (España) construido en 1902**

Además, hubo que diseñar máquinas y fábricas para proveer grandes cantidades de bienes de forma eficiente.

Estas tecnologías no se diseñaron conforme a las circunstancias locales (la práctica de los artesanos medievales) sino mediante el uso de leyes de la ciencia universales. La sustitución de la tradición por la racionalidad en el siglo XIX generó la necesidad de una profesión nueva: el ingeniero.

Los ingenieros no eran artesanos tradicionalmente capacitados sino personas que se capacitaban científicamente para diseñar y operar tecnologías según principios racionalistas. Por ejemplo, los fundadores del Instituto Real Holandés de Ingenieros de 1874[16] exigían de forma explícita que sus miembros estuvieran científicamente capacitados.

Las primeras escuelas de ingeniería se fundaron en Francia; por ejemplo, la École des Mines en 1783.[17] Más tarde, en el siglo XIX, se establecieron en Europa y los Estados Unidos. Como los únicos predecesores de los ingenieros nuevos eran los ingenieros militares que se dedicaban a la artillería y la construcción de fuertes, los nuevos ingenieros se denominaron «ingenieros civiles».

16 Koninklijk Instituut van Ingenieurs (KivI); www.kivi.nl, 9 de noviembre de 2005.
17 www.ensmp.fr/Fr/ENSMP/Histoire/histoire.html, 9 de noviembre de 2005.

A fines del siglo XIX, el «tema social» dominaba el debate público: la producción industrial había creado un proletariado urbano y un conflicto social agudo. Muchos ingenieros simpatizaban con visiones políticas en las que se asignaba al estado un rol líder en la promoción de la justicia social. Para una profesión que se había ganado una posición sobre la base de racionalizar las infraestructuras y la producción, la planificación racionalista de las actividades económicas resultaba una propuesta muy atractiva. La Figura 5.6 presenta un ejemplo de concepción en términos de progreso industrial.

Esto se evidenció en las décadas de 1920 y 1930 cuando varias fuentes de energía (electricidad, carbón, petróleo, gas urbano) se volvieron disponibles. Muchos ingenieros comenzaron a abogar por una planificación racional (estado) de estas fuentes de energía, ya que la competencia entre ellas creaba ineficiencias en las infraestructuras. En general, los ingenieros de la primera mitad del siglo XX estaban abocados a resolver los problemas de la sociedad a través de la planificación racionalista. El progreso de la ingeniería se adecuaba bien al progreso por el cual pugnaba, en particular, el movimiento socialista.

La tecnociencia

A pesar de que los ingenieros tenían una instrucción científica, los científicos académicos no los consideraban colegas. Las escuelas e institutos politécnicos no solían ofrecer estudios de postgrado y su posición social era muy inferior a la de las universidades. Sin embargo, este concepto se modificó en la medida en que los politécnicos capacitaban a científicos excelentes; por ejemplo, Albert Einstein se graduó en 1900 en el Instituto Federal de Tecnología Suizo en Zurich. Las universidades del siglo XIX se concentraban en los clásicos. Las ciencias naturales estudiaban fenómenos interesantes pero sin ningún uso práctico. La industria y el comercio se interesaban poco por las actividades académicas de las universidades.

El primer cambio se produjo en la química. En Alemania, los químicos desarrollaban procesos para fabricar tinturas sintéticas basadas en alquitrán mineral. Bayer AG en Leverkusen fue la primera empresa en desarrollar un laboratorio de investigación para el estudio científico de la química con el objetivo de crear productos químicos nuevos. Cómo realizar la investigación y cómo organizarla dentro del contexto de la industria era, de por sí, una innovación.[18] Otras empresas rivales se apresuraron a seguir el ejemplo de Bayer.

En 1890, las invenciones eléctricas de Thomas Edison dieron origen a la industria eléctrica. Sin embargo, para lograr mejoras, se necesitaba investigación, y esto condujo a la creación del Laboratorio de Investigación de General Electric en Schenectady, Nueva York. Este laboratorio se hizo famoso luego de que Irving Langmuir obtuvo el Premio Nobel en química en 1932.

Du Pont Corporation de Wilmington, Delaware, en los Estados Unidos creó un laboratorio de investigación química. La compañía había hecho una fortuna durante la Primera Guerra Mundial luego de la invención de su pólvora sin humo a fines del siglo XIX. Du Pont decidió continuar con esta estrategia exitosa e intensificar la investigación fundamental. Sin embargo, las fricciones entre la investigación académica e industrial permanecían aún sin resolver.

La historia del descubrimiento del nylon en Du Pont constituye un ejemplo interesante de la tecno-ciencia en formación.

La ciencia ha demostrado su valor para los intereses industriales y militares. La investigación científica se convirtió en la primera etapa en el desarrollo de productos y procesos nuevos.

Durante la Segunda Guerra Mundial, los físicos en los Estados Unidos sospechaban que Hitler estaba trabajando en una bomba nuclear alemana y convencieron a Einstein para que pidiera al presidente Roosevelt que implementara un proyecto de investigación para desarrollar también una

18 G. Meyer-Thurow, 'The Industrialisation of Invention: A Case Study from the German Chemical Industry', ISIS 73.268 (1982): 363-81.

Creación del nylon

A fines de 1926, Du Pont decidió emprender un programa de investigación fundamental. Más tarde, Charles M.A. Stine, uno de los principales promotores, explicó los motivos:

> La investigación fundamental contribuye a pronosticar el curso del desarrollo de la industria química. La investigación aplicada pionera nos permite lograr ciertos objetivos indicados por la investigación fundamental. Por lo tanto, el crecimiento continuo (a diferencia de la mera expansión) de la industria química depende de la investigación fundamental. Esa es la filosofía básica de la investigación fundamental.

Stine afirmaba que la investigación fundamental también mejoraba la interacción entre la industria y la universidad y creaba especialistas asesores para la investigación aplicada dentro de la empresa. La principal diferencia con la investigación universitaria sería:

> En la investigación universitaria, el descubrimiento, de por sí, es un objetivo suficiente...

Du Pont contrató a científicos académicos y les concedió libertad para que se abocaran a los temas que pensaban que podían ser útiles. En 1928, la empresa incorporó a Wallace Hume Carothers (Figura 5.7), un químico de la Universidad de Harvard, como jefe del equipo de química orgánica. Durante un largo tiempo, Carothers dudó acerca de dar este paso, puesto que la investigación industrial no gozaba de la alta estima de los académicos. En la Estación Experimental de Du Pont, inició la investigación sobre el concepto macromolecular de los polímeros, un tema de gran interés y un punto de debate central en la química de entonces. Carothers creó polímeros de cadena larga nuevos a través de reacciones químicas bien conocidas. El proyecto de investigación, que demostró que los polímeros eran meras moléculas, solo que más largas, generó una avalancha de publicaciones.

En un principio, se suponía que Carothers se limitaría a realizar investigación fundamental y Dupont alentó la publicación de sus resultados. No obstante, en 1930, los nuevos gerentes presionaron

Cortesía: Hagley Museum and Library

FIGURA 5.7 Wallace Hume Carothers

a Carothers para que concentrara su investigación en desarrollar productos nuevos basados en polímeros. El químico no se resistió a la presión. Su máxima preocupación era la libertad de publicar. La empresa se la concedió, a cambio de que estuviera dispuesto a darle tiempo a la empresa para patentar las aplicaciones para sus descubrimientos.

En septiembre de 1931, Carothers anunció la posibilidad de obtener fibras útiles de materiales sintéticos puros. En julio de 1935, Du Pont escogió comercializar la poliamida 6, dado que las materias primas eran relativamente baratas. A fines de 1937, se inició la producción en una planta piloto.

Los problemas tecnológicos de la producción eran enormes. La pureza requerida de las materias primeras no tenía precedentes y el proceso de hilado difería bastante de los procesos convencionales. Unos 230 ingenieros trabajaban en el proyecto y se otorgaron más de 200 patentes sólo por el trabajo tecnológico.

A fines de 1938, Du Pont lanzó el «nylon». Fue un éxito abrumador en el mercado. Durante la Segunda Guerra Mundial, la compañía no pudo satisfacer la demanda debido a la demanda militar de paracaídas de nylon. Las medias desaparecieron del mercado, pero sólo para regresar después de 1945 con un éxito incluso mayor.

Paul Flory, miembro del equipo de Carothers y más tarde ganador del Premio Nobel, describió el espíritu con que Carothers lideraba su grupo:

> Abordaba la ciencia con una curiosidad sin límites y libre de las fronteras superficiales entre las especialidades.

Carothers no vivió para ver el éxito del nylon. Se suicidó en abril de 1937, víctima de una profunda depresión y, pese a ser el primer químico industrial en ser admitido como miembro de la Academia Nacional de Ciencias, convencido de haber fracasado como científico.

Los científicos como Carothers estrecharon la brecha entre los académicos y los tecnólogos industriales. James B. Conant, presidente de Harvard, comentó sobre el hecho de que Carothers aceptara una posición en Du Pont:

> ... le permitía continuar su investigación en instalaciones de una escala difícil o imposible de duplicar en la mayoría de los laboratorios universitarios.

bomba nuclear. El Proyecto Manhattan congregó a físicos destacados con ese propósito. El 16 de julio de 1945, tuvo lugar la primera explosión nuclear en el campo de prueba Trinity, en el desierto Alamogordo, Nuevo Méjico, Estados Unidos (Figura 5.8).

Las ciudades japonesas de Hiroshima y Nagasaki fueron los primeros blancos de ataques nucleares el 6 y 9 de agosto de 1945, respectivamente.[19] La física había perdido su inocencia.

Hoy en día, las ciencias naturales no sólo contribuyen a la tecnología. La tecnología también desempeña un papel predominante en el funcionamiento de la ciencia: los supercolisionadores en la física de las partículas, el telescopio espacial Hubble, las supercomputadoras y los microscopios de alta resolución son tecnologías sin las cuales la ciencia moderna sería imposible.

19 Se ha debatido extensamente sobre si pudieron haberse evitado los bombardeos a estas dos ciudades efectuando una demostración de la bomba nuclear a Japón. Para obtener mayor información sobre el rol y la visión de los científicos: consultar la breve biografía de Robert Oppenheimer, director del proyecto Manhattan (www.pbs.org/wgbh/aso/databank/ entries/baoppe.html, noviembre de 2005) o R. Jungk, *Brighter than a Thousand Suns: A Personal History of the Atomic Scientists* (Nueva York: Harcourt, Brace & Co., 1958).

Fuente: www.lanl.gov/orgs/pa/photos/historical.html, 9 Noviembre 2005; © The Regents of the University of California, 1998–2003

FIGURA 5.8 **Campo de prueba Trinity—12 segundos después de la primera explosión nuclear el 15 de julio de 1945**

La tecnocracia

En la segunda mitad del siglo XX, surgieron nuevos problemas en las economías de mercado industriales. Con gran parte de la sociedad racionalizada con eficacia, muchas personas se sentían alienadas por la complejidad de los sistemas tecnológicos de los que formaban parte. La producción industrial se organizaba conforme a los métodos de «gestión científica» de Frederick W. Taylor, lo que entrañaba que la producción se dividía en pequeñas tareas que se asignaban a un único operario. Las tareas de los operarios se medían, y se fijaban objetivos para su producción. En 1913, Henry Ford fue el primero en combinar el enfoque de Taylor con la línea de montaje móvil para producir el Ford Modelo T. De este modo, un operario no capacitado, que se limitaba a hacer copias exactas de una pieza específica, reemplazó al artesano que fabricaba cada parte a medida.

Se necesitaban ciudades de vastas extensiones para proporcionar vivienda a la población urbana creciente y para mejorar las condiciones de vida de las clases más bajas. La planificación racional del espacio aseguraba un uso eficiente de los espacios internos y externos. Sin embargo, este método de planificación espacial derivó en una opresiva uniformidad del entorno construido.

Las críticas crecieron a partir de la década de 1960. Los trabajadores y sus sindicatos criticaban la naturaleza idiotizante del trabajo en la línea de montaje.[20] La contaminación ambiental, la destrucción ecológica y el agotamiento de los recursos se volvían cada vez más evidentes y se los consideraba «el precio del progreso». El progreso en la tecnología militar impulsaba la creación de armas de destrucción masiva, que incluso creaban el riesgo de que la humanidad se exterminara a sí misma.

Si bien las críticas iniciales apuntaban a los impactos perjudiciales de productos tecnológicos específicos, «la tecnología» en sí misma no tardó en convertirse en el blanco del ataque. Se acusaba al «pensamiento tecnológico» de estar basado en un principio de dominación tanto de la naturaleza como de las personas. Las sociedades occidentales eran tildadas de «tecnocracias», es decir, de estar regidas por el conocimiento especializado.

20 La película *Tiempos Modernos* de Charlie Chaplin presenta una hermosa crítica a la línea de montaje.

La actitud tecnocrática se condenaba de:

- Antidemocrática en el sentido de que aspiraba a controlar a las personas en vez de a interactuar con ellas
- Miope en el sentido de que el uso creciente, intensivo y exponencial de los recursos naturales y la producción de desperdicios y emisiones estaban destinados a terminar en una catástrofe

En líneas generales, no sólo se culpaba a los ingenieros y sus tecnologías por crear estos graves problemas sino que también se los acusaba de perjudicar a la sociedad. Como resultado, los ingenieros comenzaron a comprometerse mucho menos con las cuestiones sociales, con lo cual, en vez del compromiso social de la primera mitad del siglo XX, la segunda mitad se caracterizó por ingenieros que tendían a distanciarse de la sociedad. Muchos consideraban la política como irracional y creían que los políticos sólo buscaban su propia reelección en vez del bien común.

La controversia sobre la energía nuclear que tuvo lugar en casi todos los países industriales a comienzos de la década de 1970 ilustra esta perspectiva. Para satisfacer el incremento proyectado en la demanda de energía, no había otra opción más que construir plantas de energía nuclear. Este progreso se concretó a expensas de:

- El problema sin resolver de los residuos nucleares
- El riesgo de accidentes sin precedentes
- El riesgo de divulgar la tecnología para fabricar armas nucleares
- Las amenazas a la libertad derivadas de las medidas para combatir los riesgos de ataque a las centrales nucleares

Muchas personas no estuvieron de acuerdo con este sacrificio. Entretanto, resultó que el crecimiento en el consumo de energía en la mayoría de los países no fue tan grande como se había anticipado. La controversia que emergió se extinguió con la explosión del reactor nuclear de Chernobyl en 1986 (Figura 5.9).[21] El argumento tecnocrático en cuanto a que existía una única solución para proveer de energía a la sociedad había fracasado.

Acostumbrados a las críticas de los ambientalistas, los ingenieros no se sumaron con entusiasmo al tema de la sostenibilidad introducida por la Comisión Brundtland en 1987 (ver el Capítulo 1).

FIGURA 5.9 **Reactor nuclear de Chernobyl**

21 Consultar, por ejemplo: www.chernobyl.co.uk, 9 de noviembre de 2005.

Aunque el desarrollo sostenible podría muy bien haberse interpretado como un desafío nuevo para la comunidad de ingenieros, muchos ingenieros recelaban del concepto y temían que pudiera significar un nuevo ataque a su profesión.

Durante la última década, ciertas iniciativas prometedoras han comprometido de nuevo a los ingenieros y sus habilidades en los desafíos que enfrenta la sociedad, como el desarrollo sostenible. ¿Podrán los ingenieros contribuir al desarrollo sostenible pero evitar la trampa de la dominación tecnocrática de la naturaleza y las personas?

A continuación, examinaremos algunos conceptos sobre la relación entre la ciencia, la tecnología y la sociedad.

¿Qué factores impulsan el cambio tecnológico?

Muchas personas creen que la tecnología es auto-evidente. Está ahí y es la manera más eficiente o conveniente de satisfacer una necesidad. ¿Pero, por qué fue desarrollada? ¿Fue un golpe de suerte, de ingenuidad? ¿O la determinó el estado de la economía? ¿Pueden extraños o incluso los tecnólogos influir en el curso futuro de la tecnología hacia la sostenibilidad? ¿O son intentos vanos, puesto que nadie puede controlar el curso del cambio tecnológico?

El determinismo tecnológico

Uno de los críticos más abiertos de la tecnología moderna fue el filósofo francés Jacques Ellul (1912–94). Desde una perspectiva histórica, Ellul intentó comprender en qué diferían las tecnologías medievales de las tecnologías producidas por las actitudes racionalistas de los ingenieros del siglo XX. En su opinión, lo hacían en una cantidad de aspectos destacados. Las tecnologías medievales eran:

- Restringidas en cuanto a su alcance de aplicación; las tecnologías solían estar basadas en recursos locales específicos y, por lo tanto, en la mayoría de los casos no se podían transferir.
- Dependientes de recursos limitados y de habilidades muy desarrolladas, como fabricar y reparar herramientas o juzgar las condiciones climáticas y las mareas.
- De naturaleza local: las soluciones tecnológicas a problemas específicos estaban arraigadas en la cultura y la tradición locales.

En conjunto, esto significaba que los individuos y las comunidades locales podían influir en y determinar las tecnologías que aplicaban. En otras palabras, había un grado de elección tecnológica.

Según el análisis de Ellul, la tecnología moderna posee un conjunto bastante diferente de características:

- Automatismo. Existe una única «mejor» manera de resolver cada problema particular y la tecnología acompañante parecería ser obligatoria en todo el planeta
- Auto-perpetuación. Las tecnologías nuevas refuerzan el crecimiento de otras tecnologías, lo que lleva a un crecimiento exponencial
- Indivisibilidad. El estilo de vida tecnológico debe ser aceptado por completo, con todas sus ventajas y desventajas
- Cohesión. Las tecnologías utilizadas en distintas áreas tienen mucho en común
- Universalidad. Las tecnologías son omnipresentes, tanto geográfica como cualitativamente

Para Ellul, esto significaba que la tecnología moderna destruye la libertad humana. A su entender, el futuro de la humanidad era sombrío y no tenía retorno.

Algunos de los argumentos básicos de Ellul son reconocibles en el «Manifiesto del Unabomber». En la década de 1980 y principios de 1990, Theodore Kaczynski, un matemático y terrorista conocido como el Unabomber, lanzó una serie de ataques a compañías aéreas e institutos de investigación norteamericanos. En su Manifiesto del Unabomber, explicó que la única forma posible de que los individuos participaran en la sociedad moderna era si aceptaban sus tecnologías. A pesar de que estas tecnologías se legitimaban como creadoras de mayor libertad, el Unabomber argumentaba que, de hecho, nos despojaban más y más de nuestra libertad, porque demostraban ser cada vez más obligatorias para el individuo. Según la visión del Unabomber, esto llevaría, en última instancia, a la destrucción de la libertad humana. Y, en su opinión, también, no existía alternativa ni retorno.[22]

El Unabomber y la tecnología: Manifiesto del Unabomber, párrafo 127

Un avance tecnológico que parece no amenazar la libertad con frecuencia resulta amenazarla muy seriamente más tarde. Por ejemplo, consideremos el transporte motorizado. En otros tiempos, un transeúnte podía ir adonde quisiera, caminar a su propio paso sin observar ninguna regla de tránsito, y era independiente de los sistemas de soporte tecnológico. Cuando se introdujeron los vehículos a motor, parecieron incrementar la libertad del hombre. No le quitaron libertad al transeúnte, nadie tenía que tener un automóvil si no lo quería y cualquiera que eligiera comprar un automóvil podía trasladarse con mucha más rapidez que el transeúnte. Pero la introducción del transporte motorizado pronto cambió la sociedad de tal manera que restringió gravemente la libertad de locomoción del hombre. Cuando los automóviles se volvieron numerosos, fue necesario regular su uso. En un coche, especialmente en áreas muy pobladas, no se puede ir adonde uno quiere a su propio paso; nuestros movimientos están regidos por el fluir del tránsito y por diferentes normas. Los conductores tienen distintas obligaciones: requerimientos de permiso, examen de conducir, renovación del registro del automóvil, contrato del seguro, mantenimiento requerido por cuestiones de seguridad, pagos mensuales sobre el precio de compra, etc. Además, el uso del transporte motorizado ya no es opcional. Desde la introducción del transporte motorizado, el diseño de nuestras ciudades ha cambiado de manera tal que la mayoría de la gente ya no vive a una distancia cercana de su lugar de trabajo, los centros comerciales y puntos de recreación, por lo que debe depender del automóvil para trasladarse. De lo contrario, tiene que usar el transporte público, en cuyo caso tiene menos control incluso de su propio movimiento que cuando conduce un coche. La libertad de los transeúntes también ha sido muy restringida. En la ciudad, tienen que detenerse continuamente y esperar en los semáforos, que están diseñados principalmente como un servicio para el tránsito. En el campo, el tránsito motorizado hace peligroso y desagradable caminar por la carretera. (Cabe señalar el punto importante que hemos ilustrado con el caso del transporte motorizado: cuando se introduce un nuevo producto de tecnología como una opción que una persona puede aceptar o no, no necesariamente permanece como opcional. En muchos casos, la nueva tecnología cambia la sociedad de tal forma que, a la larga, la gente se ve forzada a usarla).

Fuente: www.thecourier.com/manifest.htm, 9 de noviembre de 2005

22 www.thecourier.com/manifest.htm, 10 de marzo de 2006.

Sin embargo, en sus respectivos análisis, tanto Ellul como el Unabomber no reconocen las tremendas ventajas que la tecnología nos ha aportado. La cantidad de personas que llevan una vida relativamente buena en el planeta Tierra (es decir, que están bien alimentadas y sanas) no tiene precedente histórico. Criticar la alienación creada por la tecnología, como hicieron Ellul y el Unabomber, es, como mínimo, ser parcial y, por tanto, conduce a conclusiones injustificadas. De hecho, sacrificamos algunas libertades pero, a cambio, recibimos otras nuevas. Es más, el debate sobre la energía nuclear demuestra que el curso de la tecnología no es un camino hacia un destino inevitable. Las preferencias sociales se reflejarán en las tecnologías, en particular cuando los ciudadanos participen en los debates en vez de dejar estas cuestiones a los expertos.

El razonamiento de muchos optimistas tecnológicos es bastante similar al de Ellul y el Unabomber, pues a menudo pintan un futuro de alta tecnología como si este futuro no fuera producto del hombre sino una realidad inevitable.

Un típico argumento incluiría:

- El conocimiento científico está en crecimiento constante
- El desarrollo de la tecnología puede utilizar cada vez más conocimiento científico y otras tecnologías
- Esto generará tecnologías mejores (lo que, a su vez, estimulará el crecimiento científico y el desarrollo de otras tecnologías)
- Los ciudadanos deben adaptarse a estas nuevas tecnologías

Esta clase de razonamiento (ya sea optimista o pesimista) se denomina **determinismo tecnológico**: el nivel de desarrollo tecnológico determina la naturaleza de una sociedad y no viceversa. La visión del mundo desde el determinismo tecnológico se refleja en caracterizaciones históricas como la «Edad de Piedra», la «Edad de Bronce» o la «era del automóvil».

El determinismo tecnológico es cuestionable, porque asume que la relación entre la ciencia, la tecnología y la sociedad es sólo unidireccional. Como muestra el ejemplo de la máquina de vapor, la tecnología no sólo resulta de la mera aplicación de principios científicos. Es más, numerosos análisis demuestran que la creación de tecnologías nuevas no es un proceso con un único resultado («óptimo»), como sostiene Ellul, sino el resultado de un proceso de elección, una característica que Ellul restringía a la tecnología tradicional.[23] Sin embargo, el determinismo tecnológico no puede rechazarse por completo.

El constructivismo social

En el modelo de la construcción social de la tecnología (CST), el determinismo tecnológico se rechaza por completo. En este modelo, las tecnologías se consideran construcciones sociales; es decir, las demandas de distintos grupos sociales forjan las tecnologías. Una noción clave en este modelo es que las personas atribuyen diferentes significados al mismo artefacto (objeto hecho por el hombre). El automóvil, por ejemplo, podría ser un medio de transporte para su dueño pero también un objeto que refleja su posición o estilo de vida. Para los transeúntes, puede significar un peligro y, para los funcionarios públicos, un objeto de gravamen fiscal.

Por lo tanto, distintos grupos pueden intentar influir el desarrollo de la tecnología en diferentes direcciones. En ocasiones, estos intentos tal vez coincidan; en otras, pueden suscitar controversias.

23 Existen otras formas de determinismo que reducen los procesos de cambio a un único factor. Uno podría argüir, por ejemplo, que el Marxismo propone una forma de determinismo socio-económico al reducir la historia a un conflicto de clases.: K. Marx, 'The History of All Hitherto Existing Society is the History of Class Struggle', *Communist Manifesto* (1848).

Los artefactos tecnológicos poseen cierta estabilidad, ya que se construyen sobre la base de experiencias pasadas y conocimiento existente. En consecuencia, los cambios en la tecnología no siempre coincidirán con las nuevas demandas de la sociedad, sino que podrán estar rezagados. Lo contrario es también posible: la sociedad se adaptará a las posibilidades que ofrecen las nuevas tecnologías pero estas adaptaciones llevarán décadas (por ejemplo, el uso de las computadoras por parte de personas ancianas).

Estas demoras crean un patrón dinámico de interacción tecnología-sociedad. En la medida en que muchas tecnologías fracasan y ciertas demandas de la sociedad no se pueden satisfacer, surge un patrón de desarrollo co-evolutivo.

Para el constructivista, la estabilidad de las preferencias sociales en la sociedad explica la estabilidad de los artefactos tecnológicos. El Capítulo 9 analiza el modelo CST en más detalle.

El debate entre «constructivismo» y «determinismo» no es sólo de interés académico. Para los deterministas tecnológicos, los intentos por influir en la ciencia y la tecnología por motivos comerciales, éticos o políticos son fútiles y apenas producen ondas menores en la superficie del lago. Para los constructivistas sociales, la sociedad decide continuamente sobre la forma futura de las tecnologías (incluso las personas que alegan ser deterministas tecnológicos). Para los constructivistas sociales, forjar tecnologías para el desarrollo sostenible es un rumbo realista a seguir.

El determinismo tecnológico y el constructivismo social como etapas recurrentes

Entre estas dos posiciones más bien extremas, existen diversos conceptos que apuntan a integrar la afirmación central del determinismo (es decir, la tecnología se impulsa a sí misma) con la del constructivismo (es decir, la tecnología es el resultado de elecciones determinadas socialmente). Estas concepciones nuevas aspiran a explicar las condiciones en las que:

- El cambio tecnológico es impulsado, en su mayor parte, por fuerzas sociales
- Las fuerzas sociales apenas influyen en este proceso

La estabilidad de las tecnologías pueden explicarse mediante los diferentes entornos a los que pertenecen:

- **Entorno socio-económico:** una tecnología debe satisfacer las demandas impuestas sobre ella por todos los actores sociales relevantes en su entorno (en el caso de un automóvil: precio, posición social, comodidad, seguridad, atractivo, velocidad, etc.). En otras palabras, las tecnologías nuevas deben resolver los problemas que los actores creen que pueden ser resueltos por el objeto en cuestión.
- **Entorno físico:** todo artefacto se adapta a otros artefactos, a la infraestructura tecnológica, sistemas de mantenimiento, fuentes de energía, etc. Por ejemplo, los automóviles deben adaptarse a las carreteras, utilizar combustibles disponibles y estandarizados, estar equipados con mecanismos de dirección habituales y cumplir varias normas técnicas antes de ser aprobados. Las tecnologías nuevas deben ser compatibles con estas condiciones existentes.
- **Base de conocimiento tecnológico:** las tecnologías se basan en conocimientos existentes, reglas y vías de innovación aceptadas que cuentan con la aprobación de una comunidad tecnológica particular. Los artefactos tecnológicos nuevos surgen del estado del conocimiento y las creencias compartidas con respecto a posibles mejoras dentro de la comunidad de quienes los diseñan y construyen. Por ende, un cambio tecnológico más radical implica modificar las ideas generalizadas dentro de comunidades tecnológicas o romper su dominio a través de la creación de una comunidad tecnológica alternativa para que tome su lugar.

Dado que no es habitual que se susciten alteraciones de importancia en los tres entornos al mismo tiempo, las innovaciones radicales son por tanto poco comunes. Por ejemplo, una alternativa para el automóvil debería ser viable desde un punto de vista socio-económico (en términos de la relación coste/beneficio) y adaptarse a la infraestructura existente (carreteras, combustible, normas, etc.). Además, deberíamos poseer la habilidad para diseñarla.

Las distintas fuerzas que favorecen la estabilidad tecnológica implican que los artefactos tecnológicos tienden a cambiar sólo de forma incremental y a lo largo de extensos períodos de tiempo. Sin embargo, al igual que en la evolución biológica, una tecnología puede extinguirse o fragmentarse en varias especies que se adapten a nichos y circunstancias específicos.

En los actuales sistemas tecnológicos en gran escala, las instituciones sociales y el *hardware* tecnológico conforman una red uniforme donde cualquier distinción entre las dimensiones «social» y «tecnológica» de estos sistemas se vuelve inútil. En particular cuando los sistemas fallan, surgen intentos para responsabilizar a uno de ambos factores, el «humano» o el «tecnológico». Estos intentos están condenados al fracaso, puesto que en cualquier sistema tecnológico es de hecho imposible distinguir entre los factores humano y tecnológico. ¿Es el hardware que no está bien adaptado a los seres humanos que lo operan, administran o mantienen, o acaso los seres humanos no están funcionando conforme a las demandas establecidas por el hardware que están manejando?

A veces, los cambios tecnológicos son lentos y quedan rezagados con respecto al veloz ritmo de cambio en el conjunto de la sociedad. No obstante, la creatividad de los tecnólogos también genera productos y sistemas nuevos que revolucionan la vida social, como los teléfonos móviles y las computadoras, aunque esto no equivale a decir que la sociedad acepta toda tecnología revolucionaria nueva. De hecho, muchas tecnologías nuevas no fueron aceptadas y han sido prácticamente olvidadas. Aviones civiles de despegue y aterrizaje vertical o tabletas solubles para reemplazar el dentífrico son apenas dos de una vasta serie de tecnologías que han sido rechazadas. En el caso de la energía nuclear, el tema de la aceptación todavía no se ha resuelto.

Podría argumentarse, entonces, que en la medida en que es posible distinguir la tecnología de su entorno social, la relación entre ambos es una relación de (co-) evolución; se adaptan uno al otro, pero hay numerosos desajustes. Estos desajustes ocurren generalmente en tiempos de cambio rápido, ya sea como resultado de la conquista masiva de nuevas tecnologías, como en el caso de la tecnología informática (IT, por sus siglas en inglés) en la década de 1980 o de cambios rápidos en las preferencias de la sociedad.

Las tecnologías que se aplican para resolver problemas ambientales son producto de:

- El presente y el pasado
- Las normas y valores de la sociedad
- Las experiencias y paradigmas de los tecnólogos

Las tecnologías determinan nuestro futuro común y reflejan las normas e intereses contemporáneos. En consecuencia, desarrollar las tecnologías que la humanidad necesita para el desarrollo sostenible no sólo constituye un desafío formidable para los tecnólogos sino para toda nuestra civilización, dependiente de la tecnología.

Ideología y responsabilidad tecnológicas

Elección política y controversia

Hoy en día, la toma de decisiones con respecto a la tecnología es tal vez más importante para el futuro a largo plazo de la sociedad que ninguna otra cuestión política. A pesar de que las tecnologías no suelen ser el centro de la atención de los medios (salvo en casos de accidentes importantes), las decisiones que se toman en relación a su diseño, desarrollo e introducción son cruciales para el futuro de la sociedad.

Las decisiones sobre la tecnología no son neutrales. La tecnología es una cuestión política, al igual que las tecnologías sostenibles. Por ejemplo, la solución a los problemas ambientales creados por las prácticas agrícolas actuales podría inclinarse hacia la agricultura orgánica (que requiere grandes extensiones) o hacia la cría extensiva de alta tecnología como las llamadas «fábricas de cerdos» (de alta eficiencia y bajo nivel de emisiones, pero que entraña erradicar a los animales de su entorno natural).

Sin embargo, las tecnologías nuevas no suelen ser reconocidas como cuestiones políticas que requieren su correspondiente debate.

Un ejemplo notable de las tecnologías políticas son los puentes increíblemente bajos sobre las carreteras de Long Island en Nueva York, que tienen una altura inferior a los tres metros.[24] Robert Moses, arquitecto jefe de Nueva York desde la década de 1920 a la de 1970, los diseñó y construyó de este modo con un propósito deliberado. Su objetivo era desalentar la presencia de autobuses en sus carreteras. Estos motivos reflejan su discriminación social y prejuicio racial. Las personas blancas con automóviles y pertenecientes a las clases «alta» y «media acomodada», como las denominaba Moses, serían libres de desplazarse por las carreteras con propósitos de recreación o laborales. La gente pobre y de color, que normalmente se trasladaba en transporte público, no utilizaría las carreteras, puesto que los autobuses de casi cuatro metros de altura no podían pasar por los puentes. En consecuencia, las minorías raciales y los grupos de bajos ingresos tenían acceso limitado a las playas. Moses se aseguró bien de esto al vetar la propuesta de extender el ferrocarril de Long Island a Jones Beach.

Si la naturaleza política de las decisiones tecnológicas se muestra evidente, la tecnología se convierte en el punto focal del debate. Pero como la naturaleza política de las decisiones tecnológicas suele estar oculta, el debate es con frecuencia posterior a las decisiones oficiales. Las controversias públicas son un trastorno para los tomadores de decisiones, pero son muy importantes para la calidad democrática del proceso de toma de decisiones. Las controversias estimulan el escrutinio de los argumentos y, por lo tanto, mejoran la claridad del tema entre el público.[25]

En estas controversias, el dilema del control suele ser importante. Según Collingridge, los encargados de tomar las decisiones sobre tecnologías están atrapados en un «dilema de control»:

> intentar controlar una tecnología es difícil, y en ocasiones imposible, porque durante sus etapas tempranas, cuando es posible controlarla, no se sabe demasiado acerca de sus consecuencias sociales perjudiciales como para justificar el control de su desarrollo; pero para cuando estas consecuencias son aparentes, el control es costoso y lento.[26]

Una de las dos maneras de resolver este problema es intentar, en la fase de diseño, prever los efectos (secundarios) que ocurrirán más adelante. En opinión de Collingridge, esto es un callejón sin salida. Los ejemplos históricos demuestran que el intento de predecir todos los efectos secundarios está condenado al fracaso. Así, Collingridge propone una manera alternativa que apunta hacia la fase de diseño e intenta incorporar la idea de que hay que tomar decisiones sobre la base de una ignorancia (parcial). Por lo tanto, las tecnologías deberían ser flexibles. ¿Pero, para qué deberían ser flexibles? Con mucha frecuencia, las normas y valores para la evaluación de los efectos tampoco son precisas y pueden modificarse con el tiempo.

24 L. Winner, *The Whale and the Reactor: A Search for the Limits in an Age of High Technology* (Chicago: University of Chicago Press, 1986). Este ejemplo fue tomado de: R.A. Caro, *The Power Broker: Robert Moses and the Fall of New York* (Nueva York: Vintage, 1975).

25 Consultar por ejemplo: A. Mazur, *The Dynamics of Technical Controversy* (Washington, DC: Communications Press, 1985) y A. Rip, 'Controversies as Informal Technology Assessment', *Knowledge: Creation, Diffusion*, Utilisation 8 (1986): 350.

26 D. Collingridge, *The Social Control of Technology* (Londres: Pinter Publishing, 1980).

Las controversias públicas pueden contribuir a una mejor comprensión de una tecnología y sus efectos. Durante estos eventos, se escriben numerosos informes que cubren todo tipo de detalles tecnológicos, pero estos informes rara vez tienen como propósito discutir o intercambiar argumentos. En general, los participantes tratan de desacreditarse unos a otros; para ello, hacen hincapié en la falta de solidez de la experiencia de sus oponentes e intentan demostrar intereses o móviles ideológicos.[27] En la práctica, estas controversias nunca se resuelven con argumentos tecno-científicos.

Sin embargo, una argumentación tecno-científica sólida es un prerrequisito para la credibilidad pública y política. En ocasiones, los políticos deciden en las controversias tecnológicas, aunque como a menudo tienden a sentirse inseguros en medio de un debate intenso en la sociedad y entre expertos, las controversias suelen concluir debidas a hechos externos como el accidente nuclear en Chernobyl o a desaparecer de forma gradual.[28]

La responsabilidad de los ingenieros y los científicos

Los científicos y los ingenieros tienen una responsabilidad considerable en la toma de decisiones públicas con respecto a la tecno-ciencia. A menudo son los primeros en reconocer los peligros que los nuevos desarrollos tecnociencia pueden entrañar para el público. Por ejemplo, el análisis de los peligros de la investigación del ADN fue iniciado por científicos. Robert Pollack, un especialista en virus de Estados Unidos, fue el primero en expresar sus inquietudes a sus colegas; esto derivó en una carta de advertencia publicada en *Science* en 1974.[29]

Asimismo, como el saber provee credibilidad a las opiniones en el debate público, es importante que los grupos menos privilegiados como las organizaciones no gubernamentales (ONGs) y las iniciativas de los ciudadanos también tengan acceso a la experiencia científica. Los «talleres de ciencias» pueden desempeñar un papel significativo en esto. Estas pequeñas unidades (por lo general dentro de las universidades) pueden ofrecer la experiencia científica que necesitan las ONGs y los grupos de ciudadanos.[30]

La responsabilidad pública de los científicos y los ingenieros puede crear dilemas morales. Los intereses de empresarios, la industria privada o también de las organizaciones públicas pueden peligrar cuando un científico o ingeniero alza su voz en favor del interés público. Estas personas suelen verse en dificultades y poner en peligro sus carreras o incluso su trabajo. Los códigos de conducta publicados por las asociaciones profesionales son importantes para ayudar a las personas a reflexionar sobre los dilemas (mas que para prescribir una conducta específica) y a respaldar a los individuos que alzan su voz.[31] La Figura 5.10 presenta el código preparado por el Instituto de Ingenieros Eléctricos y Electrónicos (IEEI, por sus siglas en inglés).

La ciencia y la tecnología en la vida diaria de las naciones ricas

En la vida diaria, los ciudadanos de los países ricos han llegado a depender completamente de las tecnologías. Sin embargo, casi no son conscientes de ello, y así debería ser. En general, si toman conciencia de la dependencia tecnológica, es que algo no funciona bien. Por ejemplo, si una conexión de Internet no funciona, es un inconveniente menor. Pero un corte de energía es un problema

27 Dicho análisis sobre el rol de los físicos en la controversia de la energía nuclear en Austria fue realizado en: H. Nowotny, *Kernenergie: Gefahr oder Notwendigkeit? Anatomie eines Konflikts* (Frankfurt am Main, Germany: Suhrkamp, 1979).

28 D. Nelkin, *Controversy: Politics of Technical Decisions* (Beverly Hills, CA: Sage Publications, 1984).

29 P. Berg, D. Baltimore, H. Boyer, S. Cohen, R. Davis, D. Hogness, R. Roblin, J. Watson, S. Weissman y N. Zinder, 'Potential Biohazards of Recombinant DNA', Science 185 (1974): 303.

30 Cf. la Red Europea de Science Shops; www.scienceshops.org, 9 de noviembre de 2005.

31 Cf. el Centro Virtual de Ética en Ingeniería y Ciencias; onlineethics.org/codes, 9 de noviembre de 2005.

Código de Ética del Instituto de Ingenieros Eléctricos y Electrónicos (IEEE)

Nosotros, los miembros del IEEE, habiendo tomado conciencia del importante efecto que nuestra tecnología tiene sobre la calidad de vida en el mundo entero, y en aceptación de una obligación personal para con nuestra profesión, con los miembros de nuestra institución y con la comunidad a la cual servimos, por medio de este documento nos comprometemos a observar la conducta ética y profesional más elevada, y acordamos:

1. Aceptar la responsabilidad de tomar decisiones de ingeniería que guarden coherencia con la seguridad, la salud y el bienestar del público, así como a revelar los factores que puedan poner en peligro al público o al medio ambiente;
2. Evitar conflictos de intereses reales o percibidos cuando sea posible y ponerlos en conocimiento de las partes afectadas cuando estos existan;
3. Ser honestos y realistas al presentar reclamos o estimaciones basados en la información disponible;
4. Rechazar los sobornos en todas sus formas;
5. Mejorar la comprensión de la tecnología, su aplicación adecuada y sus probables consecuencias;
6. Mantener y mejorar nuestra competencia técnica y desempeñar tareas tecnológicas para otros solamente si estamos adecuadamente calificados por capacitación o experiencia, o luego de haber hecho conocer plenamente nuestras limitaciones al respecto;
7. Buscar, aceptar y ofrecer una crítica honesta del trabajo técnico; aceptar y corregir los errores; y dar a otros los créditos correspondientes por sus contribuciones;
8. Tratar con imparcialidad a todas las personas sin importar su raza, religión, género, discapacidad, edad o nacionalidad de origen;
9. Evitar hacer daño a otros, a su propiedad, su reputación o empleo por acciones falsas o maliciosas;
10. Ayudar a los colegas y compañeros de trabajo en su desarrollo profesional y apoyarlos en el cumplimiento de este código de ética.

Aprobado por el Directorio del IEEE, Agosto de 1990.

FIGURA 5.10 Código de Ética de IEEE

Fuente: www.ieee.org, 9 Noviembre 2005

mayor. En el hogar, la gente se las ingenia con la ayuda de la red social pero, cuando un apagón afecta a toda la ciudad, la organización social se tambalea al borde del colapso total. Esto sucedió en 1977 en Nueva York:

> al anochecer del 13 de julio de 1977, un relámpago anuló una línea de transmisión eléctrica central [...] A los minutos del apagón, los saqueos se propagaron por distintas partes de la ciudad, incluidos el sector Oeste de Manhattan, el sector Este de Harlem y el centro de Brooklyn. La policía recorría las calles oscuras y disgregaba las multitudes que se hacían con ropa, alimentos y muebles. En el Sur del Bronx y en Bushwick, los incendios se extendían sin control. Para cuando Consolidated Edison restauró la energía a la tarde siguiente, los saqueadores, alborotadores e incendiarios habían ocasionado daños estimados en trescientos millones de dólares y la policía había arrestado a más de tres mil personas.[32]

32 J.B. Freeman, *Working Class New York: Life and Labour Since World War II* (Nueva York: New Press, 2000). También consultar: blackout.gmu.edu/events/tl1977.html, 9 de noviembre de 2005.

La tecnología ha irrumpido en la vida de todos y la mayoría de las personas parecen muy contentas con esto. Si comparamos las vidas de las personas en los países ricos con las vidas de individuos hace 500 años, la tecnología les ha aportado muchas comodidades. Las personas viven más tiempo y en mejores condiciones, y son muchas más. Sin embargo, los ciudadanos modernos todavía tienen problemas.

Por ejemplo, parecería que aceptamos las víctimas de los accidentes de tránsito como parte de nuestra forma de vida. Sólo en la Unión Europea mueren 42.500 personas por año y 3,5 millones de personas padecen heridas en accidentes de tránsito.[33] Después de convertirse en una cuestión política importante alrededor de la década de 1970, las cifras de las víctimas de accidentes de tránsito se redujeron en forma significativa, en parte debido a la introducción de tecnologías más seguras y en parte por ajustes en el sistema del tránsito. A pesar de que los accidentes de tránsito todavía constituyen un tema de gran preocupación, las víctimas son más o menos consideradas como el precio que la sociedad acepta por su movilidad.

Por otro lado, las tecnologías no son sólo artefactos. Para poder utilizar una tecnología, es necesario saber cómo usar el artefacto, es decir, cuándo aplicarlo, la manera apropiada de activarlo y los resultados que produce. Esto lo aprendemos con relativa rapidez y casi sin darnos cuenta. Pero si este aprendizaje lleva demasiado tiempo o se vuelve demasiado complicado, algunas personas no llegan a adquirirlo (por ejemplo, las personas ancianas que tienen dificultades para operar la computadora o programar la videograbadora). Este aprendizaje involucra cuestiones muy menores que sólo se vuelven aparentes cuando alguien comete un error:

> Cuando los ferrocarriles introdujeron puertas automáticas en los trenes, no era poco común ver a las personas que luchaban con las puertas que no se cerraban manualmente.

> En Barcelona, es habitual ver a los turistas que luchan con los torniquetes de acceso al metro, porque no han aprendido que deben colocar el pasaje en la ranura a la izquierda del molinete y no a la derecha.

Los artefactos tecnológicos nos prescriben ciertos comportamientos; de lo contrario, son inútiles. Estas prescripciones ocultas se denominan guiones. La comedia *Catweazle* de la década de 1970 ilustra con claridad lo que sucede cuando no conocemos los «guiones».

> Catweazle era un mago del siglo XI que acabó en nuestro mundo por error. Lo gracioso de la comedia era que Catweazle asignaba sus propios guiones a los artefactos que encontraba. Un protector para soldar se interpretaba como un casco mágico, de modo que el guión que Catweazle seguía era usarlo mientras pronunciaba varios hechizos.[34]

Catweazle tenía otra característica interesante. Interpretaba las funciones de los artefactos modernos según su estructura mágica. Por lo tanto, el teléfono se convertía en un hueso mágico parlante. En la estructura mágica tradicional, todos los objetos eran animados.

Los ciudadanos modernos han perdido este marco para interpretar los artefactos. Los teléfonos son instrumentos tecno-científicos que operan conforme a leyes científicas, aunque pocos podrían explicarlas. Una interpretación mágica o divina de las fuerzas de la naturaleza no resulta atractiva para el ciudadano moderno. Por ejemplo, las tormentas son fenómenos que se pueden predecir y explicar a través de la meteorología. Los rayos son descargas eléctricas de las nubes, que pueden explicarse mediante leyes electromagnéticas. Así, la ciencia eliminó la magia de la vida diaria y ya no hay bendiciones y castigos divinos; sólo existen las leyes de la naturaleza y la mala suerte.

33 Consejo Europeo de Seguridad en el Transporte (ETSC), *Intelligent Transportation Systems and Road Safety* (Bruselas: ETSC, 1999).

34 Para obtener algunos clips de Catweazle, consultar: www.propaganda.com.au/catweazle/downloads.shtml, 25 de enero de 2005.

El ciudadano moderno es escéptico hacia las historias de milagros como los relatos de iconos sagrados de madera que derraman lágrimas o la búsqueda de un monstruo que se supone que acecha en el Lago Ness en Escocia. Los objetos voladores no identificados (OVNIs) parecen ser historias de milagros que tomaron la forma de nuestra visión tecno-científica del mundo. Sin embargo, la recurrencia de estas historias parece apuntar hacia problemas nuevos y sentimientos de incomodidad que resultan del éxito mismo de la ciencia y la tecnología:

- ¿Quiénes somos como humanos? ¿Nuestra vida está exclusivamente determinada por los genes que se combinaron en nuestra concepción y los golpes de mala y buena suerte posteriores? Y de ser así, ¿qué nos hace ser nosotros?
- Científicos en Edimburgo, Escocia, lograron clonar un mamífero, la oveja Dolly, que nació el 24 de febrero de 1997.[35] En principio, los humanos también pueden ser clonados. Desde 1978, es posible concebir bebés fuera del útero materno. Los óvulos se fertilizan en un tubo de laboratorio y los óvulos fertilizados se clasifican genéticamente. ¿A dónde nos conducirá esto? La posibilidad de seleccionar a nuestros propios descendientes crece cada día más. ¿Sólo queremos bebés perfectos? ¿Qué implica esto para las personas que son menos que perfectas?
- En mayo de 1997, la Supercomputadora Deep Blue de IBM jugó un partido de ajedrez fascinante con el entonces campeón mundial Garry Gasparov y ganó la sexta partida decisiva.[36] ¿Qué nos dice esto? ¿Acaso los seres humanos son apenas una etapa en la evolución que será superada por diseños más inteligentes?

Responder estas preguntas está más allá del alcance de este libro, en tanto y en cuanto esto sea posible. Lo que sí es claro es que la ciencia y la tecnología modernas nos afectan a tal punto que plantean interrogantes fundamentales a todos los seres humanos.

Preguntas, análisis y ejercicios

1. La conocida Ley de Moore (Figura 5.11) pronostica que la cantidad de transistores por pulgada cuadrada en las placas de circuitos integrados se duplicará cada dos años.
   - **a.** ¿Es esto una prueba de determinismo tecnológico, es decir, de que esta tecnología avanza al margen de los factores sociales cambiantes o es posible interpretarlo también como un resultado de la construcción social?
   - **b.** Busque en Internet afirmaciones que respalden estas dos interpretaciones. Idenfifique a los autores de estas afirmaciones.
2. Investigue la historia de su propia universidad o instituto.[37]
   - **a.** ¿Quién la creó?
   - **b.** ¿Qué papel debía desempeñar en la sociedad? ¿En qué sentido eran nuevos sus programas educativos al momento de su fundación?

35 www.sciencemuseum.org.uk/antenna/dolly/index.asp, 10 de marzo de 2006.
36 Consultar www.research.ibm.com/deepblue, 9 de noviembre de 2005.
37 Si no está disponible, consulte el sitio web de alguna de las universidades de ingeniería más antiguas como: Instituto de Tecnología de Massachusetts (MIT), libraries.mit.edu/ archives/mithistory/index.html, 9 de noviembre de 2005; Imperial College, Londres, www3.imperial.ac.uk/portal/page?_pageid=73,369046&_dad=portallive&_schema=PORTALLIVE, 17 de marzo de 2006; la universidad TU Delft, Holanda, www.tudelft.nl/index.cfm/site/Organisatie/pageid/66142E6B-8C71-EDEB-0D57799545A36F7D/index.cfm, 9 de noviembre de 2005; la universidad RWTH-Aachen, www.rwth-aachen.de/zentral/english_history.html, 9 de noviembre de 2005; Instituto Federal de Tecnología de Suiza (ETH) de Zurich, www.150jahre.ethz.ch/program/ ethistory/index_EN, 9 de noviembre de 2005.

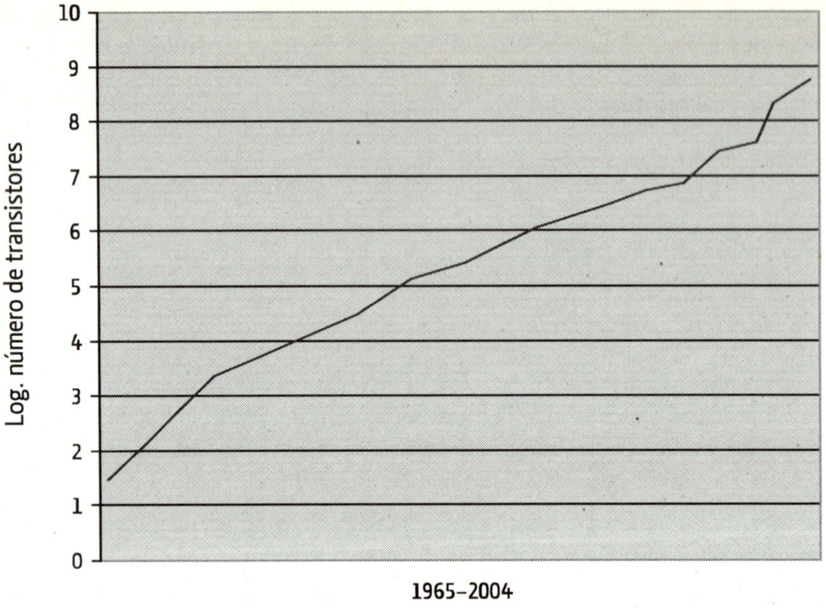

Figura 5.11 **Ley de Moore (transistores por circuito integrado)**

Fuente: ftp://download.intel.com/pressroom/kits/events/moores_law_40th/MLTimeline.pdf, 9 Noviembre 2005

3. ¿Qué es el dilema del control?

a. ¿Es posible eludir el dilema del control con tecnologías que sean flexibles de cara a cambios futuros o conocimiento nuevo?

b. ¿Qué consecuencias tendría una estrategia de este tipo para el desarrollo de tecnologías nuevas?

c. Discuta esto en relación con la introducción de cultivos genéticamente modificados o el desarrollo de dispositivos a nano escala que puedan operar enteramente por sí mismos.

6 Medir la sostenibilidad

Este capítulo aborda cómo medir la sostenibilidad. A la hora de medir los cambios en el capital social, natural y económico, las complejidades son enormes y no existe un único método estándar para medir la sostenibilidad. Se han propuesto distintos sistemas de medición. Sin embargo, es posible detectar algunas características comunes, cuyo origen está en la Conferencia de las Naciones Unidas sobre el Medio Ambiente y el Desarrollo que tuvo lugar en Río de Janeiro en 1992.[1]

Las perspectivas sobre la sostenibilidad difieren según la relación entre el desarrollo humano y la naturaleza. Para medir la sostenibilidad, es necesario integrar esferas que, tradicionalmente, han sido medidas de forma separada.

El principal objetivo de medir la sostenibilidad es supervisar la evolución de variables e indicadores a lo largo del tiempo. De este modo, podemos entender dónde estamos y hacia dónde vamos. Nos ayuda a escoger metas para el futuro y a determinar a qué distancia estamos del destino a donde queremos llegar.

La comparación entre países o regiones es también importante. Los indicadores y los índices contribuyen a identificar las áreas problemáticas y a establecer la vía para hallar soluciones.

Para medir la sostenibilidad se necesita:

- Un marco metodológico apropiado
- Datos fiables si nos permiten el contraste
- Una estrategia de comunicación apropiada
- Un sistema de evaluación permanente

Principios generales

El desarrollo sostenible no se alcanza de una manera pasiva. Hay que tomar decisiones y definir estrategias para establecer una ruta para el desarrollo. Es necesario adoptar un curso de acción específico y comunicarlo a una variedad de actores. Las autoridades regionales o municipales, por ejemplo, deberían ser capaces de monitorear sus problemas y su progreso hacia las soluciones a fin de tomar decisiones.

1 Esta conferencia también es conocida como la Cumbre de la Tierra.

Es importante que la toma de decisiones se base en información precisa. Para esto, es necesario crear un sistema de información que integre los principios y los enfoques del desarrollo sostenible. La información generada por estos sistemas debe ser de fácil acceso para facilitar la participación pública.

Sin embargo, en vista de la complejidad del desarrollo sostenible, estos sistemas de información nunca podrán proveer un panorama completo de todos sus aspectos relevantes. Es más, demasiada información puede ocasionar un «flujo informático excesivo» para los responsables de la toma de decisiones. Para reducir esta complejidad, se necesitan indicadores que proporcionen una perspectiva de segmentos específicos de la realidad.

Las estrategias para medir la sostenibilidad deberían poder:

- Monitorear la dinámica de los problemas
- Evaluar las consecuencias de las soluciones propuestas

De este modo, los sistemas de información conformarán la base de un método más apropiado para la toma de decisiones.

Indicadores e índices

Las palabras índice e indicador a menudo se utilizan de forma intercambiable. Esto genera errores de interpretación. Llamamos **variable** a las características de un sistema.

Los **indicadores** representan un fenómeno específico que no se puede medir de modo directo. Se obtienen mediante la combinación de diferentes variables (por ejemplo, intensidad de la energía como consumo de energía per capita, etc.) En general, deberían proporcionar suficiente información para una evaluación subjetiva del problema, que se realiza al comparar el valor del indicador con un valor umbral.

> Los indicadores están destinados a facilitar el proceso de la toma de decisiones. Contribuyen a medir y a evaluar el progreso hacia los objetivos del desarrollo sostenible. Por otra parte, pueden proporcionar señales de advertencia para impedir perjuicios sociales, ambientales y económicos.[2]
>
> Los **índices** son valores que proporcionan información general sobre un problema específico. Se obtienen al agregar varios indicadores o variables que se asumen como componentes del fenómeno en estudio. Los indicadores y/o variables suelen ponderarse para crear el índice.

Un análisis del ciclo de vida (ACV; ver el Capítulo 8) es un ejemplo de un índice relacionado con productos.

Indicadores de sostenibilidad

Los indicadores de sostenibilidad son herramientas que proporcionan información sobre un fenómeno complejo como el producto interior bruto (PIB), las emisiones de dióxido de carbono (CO_2) por persona, etc. Se pueden calcular por período y/o por área y permiten evaluar el progreso de una región/ciudad/país hacia una meta específica.

Para posibilitar las evaluaciones de políticas, debe estar claro qué valor del indicador es más o menos deseable.[3] Esto requiere una escala que puede tener formas diferentes:

2 Naciones Unidas, *Indicators of Sustainable Development: Framework and Methodologies* (9a. sesión de la Comisión sobre Desarrollo Sostenible realizada en Nueva York, del 16 al 27 de abril de 2001; Nueva York: United Nations Publications, 2da. ed., 2001); www.un.org/esa/sustdev/natlinfo/indicators/indisd/english/english.htm, 10 de noviembre de 2005.

3 Instituto de Investigación de Europa Sostenible (SERI); www.seri.de, 10 de noviembre de 2005.

- **Escalas nominales:** consisten en sólo dos valores como sí/no. Las escalas nominales proveen poca información significativa, pero es fácil determinarlas en casos de temas controvertidos. Por ejemplo, mientras que la efectividad de un consejo de sostenibilidad nacional puede ser cuestionable, su existencia es fácil de reportar
- **Escalas ordinales:** se basan en una jerarquía de estados cualitativos; por ejemplo, la calidad de capacitación del personal, la transparencia de los procesos de toma de decisiones o las posibilidades de participación pública en ellos. Para aplicar estas escalas de forma apropiada, se debe hacer explícita la jerarquía y definir las distancias relativas entre las diferentes clases. Sin embargo, estas distancias a menudo se basan en juicios de valor y no es fácil determinarlas.
- **Escalas cardinales:** proveen información cuantitativa. Cuando los objetivos del desarrollo sostenible están relacionados con un blanco cuantitativo, es posible medir la distancia hacia esta meta. Estos indicadores se denominan «indicadores de rendimiento»*. Para derivar las escalas, hay que determinar blancos cuantificados.

Los indicadores de rendimiento cardinales son la opción de preferencia, mientras que los indicadores ordinales proveen una alternativa. En general, los indicadores deben ser:

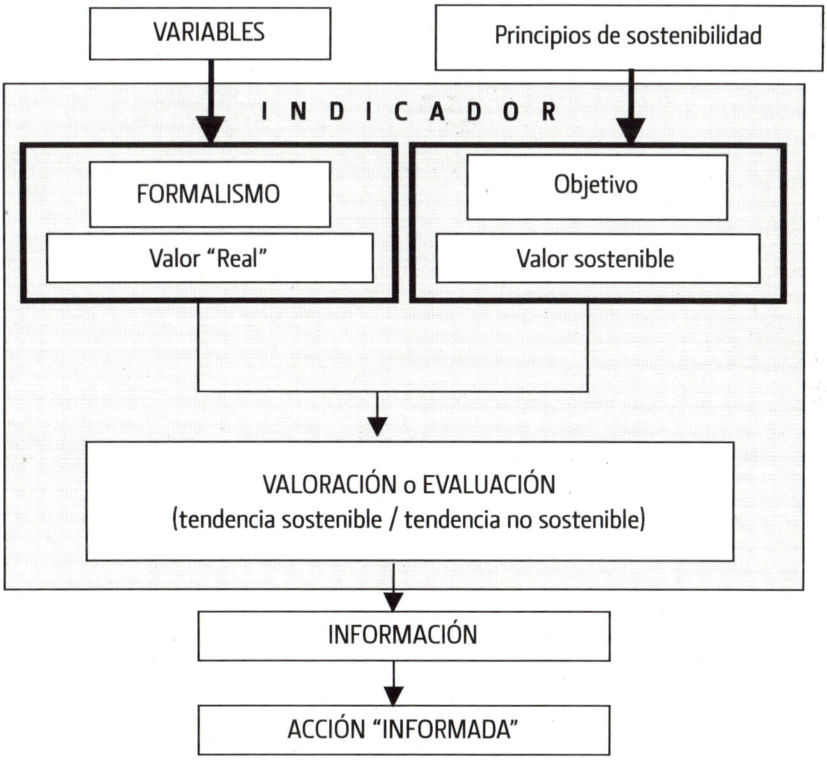

FIGURA 6.1 **Recopilación de información para la toma de decisiones**

* Esta denominación proviene del término «perfomance indicators», de difícil traducción al castellano. Es frecuente encontrar diversas denominaciones, tales como indicadores de rendimiento, de actuación, de desempeño o de gestión (N. T.).

- **Generales**, es decir, no dependientes de una situación, cultura u organización económica específicas
- **Indicativos**, es decir, verdaderamente representativos del fenómeno que se intenta caracterizar
- **Sensibles**, es decir, deben responder rápido y claramente a los cambios en aquello que están supervisando
- **Robustos**, es decir, sin cambios significativos en caso de cambios menores en la metodología o de mejoras en la base de datos

Los indicadores del desarrollo sostenible necesitan una referencia (valor sostenible) que proporciona un objetivo. Podrá iniciarse entonces el proceso de análisis, en el que se medirán las tendencias sostenibles y las no sostenibles.

La Figura 6.1 resume el proceso de recopilación de información para la toma de decisiones.

Los Principios Bellagio

En noviembre de 1996, el Instituto Internacional para el Desarrollo Sostenible (IISD, por sus siglas en inglés) desarrolló un conjunto de principios para medir el desarrollo sostenible conocido como los Principios Bellagio (Figura 6.2). Estos principios pretenden evaluar el progreso hacia el desarrollo sostenible.

1. Visión y objetivos rectores

La evaluación del progreso hacia el desarrollo sostenible debería regirse por una visión clara del desarrollo sostenible y por objetivos que definan esa visión.

2. Perspectiva holística

La evaluación del progreso hacia el desarrollo sostenible debería:

- Incluir una revisión de la totalidad del sistema y de sus partes
- Considerar el bienestar de los sub-sistemas sociales, ecológicos y económicos, sus respectivos estados, así como el rumbo y la tasa de cambio de esos estados, de sus partes componentes y la interacción entre las partes.
- Considerar las consecuencias positivas y negativas de la actividad humana, de modo tal que refleje los costes y beneficios para los sistemas humanos y ecológicos, en términos monetarios y no monetarios.

3. Elementos esenciales

La evaluación del progreso hacia el desarrollo sostenible debería:

- Considerar la equidad y la disparidad en la población actual y entre las generaciones actuales y futuras, en lo que concierne a uso de recursos, exceso de consumo y pobreza, derechos humanos y acceso a servicios, cuando sea apropiado.
- Considerar las condiciones ecológicas de las que depende la vida.
- Considerar el desarrollo económico y otras actividades no del mercado que contribuyan al bienestar humano/social.

4. Alcance adecuado

La evaluación del progreso hacia el desarrollo sostenible debería:

- Adoptar un horizonte de tiempo lo bastante largo para capturar las escalas de tiempo humana y del ecosistema, con lo que respondería a las necesidades de las generaciones futuras además de a la toma de decisiones actuales y a corto plazo.

- Definir un ámbito de estudio lo bastante amplio para incluir no sólo los impactos locales sino también los impactos a largas distancias sobre las personas y los ecosistemas
- Basarse en las condiciones históricas y actuales para anticipar las condiciones futuras; es decir, hacia dónde deseamos ir, adónde podemos ir.

5. Enfoque práctico

La evaluación del progreso hacia el desarrollo sostenible debería basarse en:

- Un conjunto explícito de categorías o un marco de referencia que enlace la visión y los objetivos con indicadores y criterios de evaluación
- Una cantidad limitada de cuestiones claves para el análisis
- Una cantidad limitada de indicadores o combinaciones de indicadores para proporcionar una señal más clara de progreso
- Estandarizar mediciones, siempre que sea posible, para permitir la comparación
- Comparar valores de indicadores con objetivos, valores de referencia, rangos, umbrales o direcciones de tendencias, según resulte apropiado.

6. Apertura

La evaluación del progreso hacia el desarrollo sostenible debería:

- Poner los métodos y datos utilizados a disposición de todos
- Hacer explícitos todos los juicios, supuestos e incertidumbres en los datos y las interpretaciones

7. Comunicación efectiva

La evaluación del progreso hacia el desarrollo sostenible debería:

- Diseñarse en función de las necesidades de la audiencia y del conjunto de usuarios
- Utilizar indicadores y otras herramientas que estimulen y sean útiles para comprometer a los responsables de la toma de decisiones
- Desde el principio, optar por la simplicidad en la estructura y el uso de lenguaje claro y sencillo.

8. Participación amplia

La evaluacion del progreso hacia el desarrollo sostenible debería:

- Obtener la representación amplia de organizaciones de base y de grupos profesionales, técnicos y sociales claves, incluidos los jóvenes, mujeres y personas autóctonas, para asegurar el reconocimiento de valores diversos y cambiantes.
- Comprometer la participación de los responsables de la toma de decisiones para asegurar un vínculo sólido con las políticas adoptadas y la acción resultante.

9. Evaluación constante

La evaluación del progreso hacia el desarrollo sostenible debería:

- Desarrollar la capacidad para la medición repetida a fin de determinar tendencias
- Ser iterativa, y poder adaptarse y responder al cambio y a la incertidumbre porque los sistemas son complejos y cambian con frecuencia
- Ajustar objetivos, marcos e indicadores a medida que se adquieren apreciaciones nuevas
- Promover el desarrollo del aprendizaje colectivo y el feedback para la toma de decisiones

10. Capacidad institucional

La continuidad de la evaluación del progreso hacia el desarrollo sostenible debería asegurarse a través de:

- Asignar responsabilidades con claridad y proveer un apoyo constante en el proceso de toma de decisiones.
- Proporcionar capacidad institucional para la recopilación, mantenimiento y documentación de datos
- Apoyar el desarrollo de la capacidad de evaluación local

FIGURA 6.2 **Principios de Bellagio**

Fuente: www.iisd.org/measure/principles/bp_full.asp, 10 Noviembre 2005

Marcos metodológicos

Los indicadores de desarrollo sostenible se presentan generalmente en tablas estructuradas. El propósito es articular un marco de referencia coherente que facilite la visualización de la información. El uso de marcos es indispensable para la aplicación correcta de un grupo de indicadores.[4]

No existe en la actualidad un marco universal único que ofrezca normas concretas con respecto al diseño, la selección o el desarrollo de indicadores. Distintos factores (por ejemplo, países desarrollados o en desarrollo) determinan la visualización de la realidad y las escalas de aplicación de los indicadores (local, regional, nacional, global, etc.). Los principales marcos de referencia incluyen:[5]

- Sistemas contables ambiental-económicos integrados y nacionales u otros sistemas de registros contables nacionales de existencias y flujos de recursos naturales y servicios ambientales, en la mayoría de los casos expresados en términos monetarios
- Estadísticas ambientales que enumeran variables estadísticas de un modo sistemático sin establecer relaciones funcionales entre esas variables
- Indicadores ambientales puntuales que utilizan «temas», «problemas» o «subsistemas» de modelos seleccionados
- Marcos o convenciones de políticas generales que no se diseñaron para la recopilación de datos pero que reflejan las problemáticas a monitorear (por ejemplo, la Agenda 21)

A continuación se describen los principales modelos de marcos para la integración, el diseño y la presentación de indicadores.

Modelos PER y FPEIR

Las instituciones internacionales, en particular la Organización para la Cooperación y el Desarrollo Económicos (OCDE)[6] utilizan el modelo de marco Presión-Estado-Respuesta (PER). Los indicadores se estructuran conforme a tres categorías básicas (Figura 6.3).

- **Presión:** se refiere a la actividad humana que crea algún tipo de presión sobre los sistemas naturales, como las emisiones de gases de efecto, la generación de residuos, etc.
- **Estado:** se refiere a los cambios en la calidad y en la cantidad de los recursos naturales y a la medición de estos cambios evaluados en un determinado período de tiempo. Esto nos brinda el «estado» del sistema natural. Los ejemplos de indicadores de estado incluyen la temperatura global promedio, las especies amenazadas y las concentraciones de muestra.
- **Respuesta:** se refiere a las políticas o acciones específicas implementadas en respuesta a cambios detectados en el sistema natural, tales como las tasas de reciclado, los compromisos internacionales, etc.

4 Programa de las Naciones Unidas para el Medio Ambiente (PNUMA) y el Departamento de Coordinación de Políticas y de Desarrollo Sostenible de las Naciones Unidas (DCPDS), 'The Role of Indicators in Decision-Making', trabajo conjunto de PNUMA y el Departamento para el Desarrollo Sostenible de las Naciones Unidas, DCPDS, presentado en un Taller Internacional sobre Indicadores de Desarrollo Sostenible para la Toma de Decisiones que se celebró del 9 al 11 de enero en Gante, Bélgica (The Ghent Report; Ginebra: UNEP, 1995): 6.

5 Consultar G.C. Gallopin, 'Indicators and their Use: Information for Decision-making', en B. Moldan y S. Billhartz (eds.), *Sustainability Indicators: Report on the Project on Indicators of Sustainable Development* (Comité Científico sobre los Problemas del Medio Ambiente (SCOPE) Informe 58; Chichester: John Wiley, 1997): 13-27; www.icsu-scope.org/ downloadpubs/scope58/ch01-introd.html, 10 de noviembre de 2005.

6 www.oecd.org, 10 de noviembre de 2005.

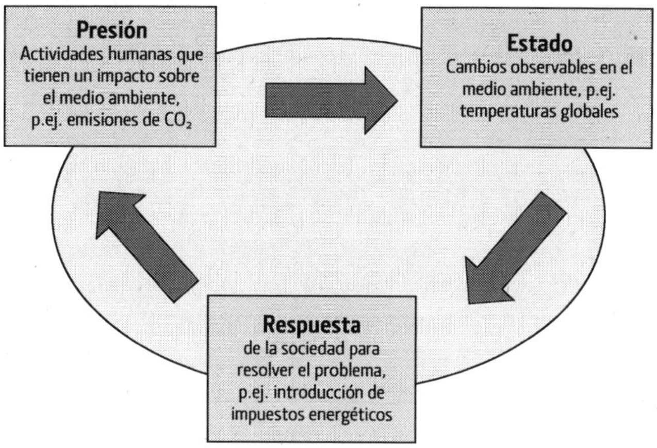

FIGURA 6.3 **Modelo PER**

Fuente: Eurostat

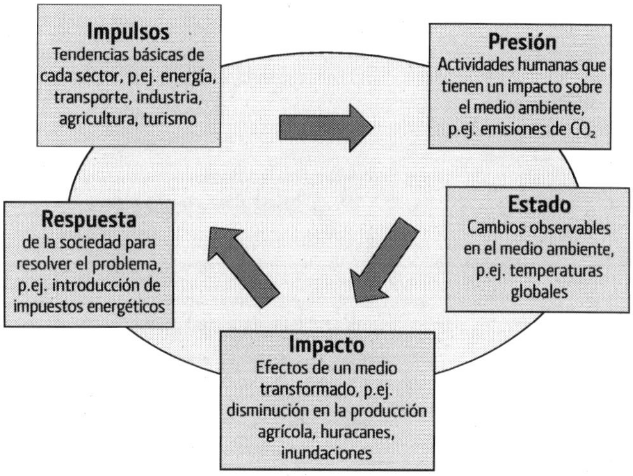

FIGURA 6.4 **Modelo FPEIR**

Fuente: Eurostat

Además de la OCDE, otras instituciones incluidas la Comisión de Naciones Unidas para el Desarrollo Sostenible (UNCSD, por sus siglas en inglés),[7] Eurostat[8] y la Agencia Europea del Medio Ambiente Europeo[9] han adoptado el modelo PER y sus variantes. Sin embargo, este modelo tiene una serie de desventajas:

- Se enfoca en cuestiones ambientales
- Tiende hacia una visualización lineal
- Se concentra en procesos de tensión (disminución de bosques, cambio climático, etc.), lo cual lleva al desarrollo de opciones orientadas a la remediación
- Tiende a trabajar desde el estado requerido sin tener en cuenta los desarrollos externos

7 www.un.org/esa/sustdev/csd/csd.htm, 10 de noviembre de 2005.
8 Oficina Estadística de las Comunidades Europeas; europa.eu.int/comm/eurostat, 10 de noviembre de 2005.
9 www.eea.eu.int, 10 de noviembre de 2005.

Una versión más amplia de este modelo se denomina Fuerzas motrices-Presión-Estado- Impacto-Respuesta (FPEIR). Esta versión amplía el marco PER con la incorporación de las Fuerzas motrices de Presión e Impactos del estado en la sociedad (Figura 6.4).

Modelo jerárquico basado en principios y objetivos

Una posibilidad es introducir una jerarquía que vaya de un objetivo general a principios y criterios más específicos y a indicadores. De esta forma, el conjunto de indicadores resultantes se podrá dividir en módulos que se refieran al mismo principio de sostenibilidad, como:

- Desarrollo económico sostenible
- Eco-eficiencia
- Uso sostenible de recursos
- Principio precautorio

La Figura 6.5 muestra este tipo de modelo

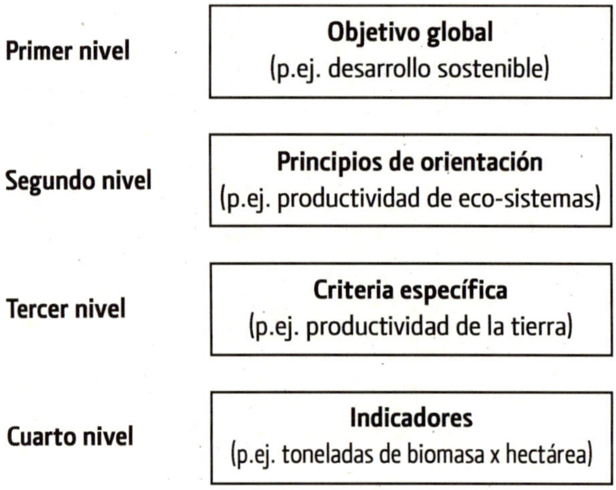

FIGURA 6.5 **Modelo jerárquico**

Fuente: modificado de R. Quiroga, *Indicadores de Sostenibilidad Ambiental y Desarrollo Sostenible: Estado del arte y perspectivas* (Serie Manuales CEPAL; UN, 2001)

Marco de temas y subtemas

Este marco de referencia, que fue diseñado por la Comisión Mundial de Naciones Unidas para el Desarrollo Sostenible (CSD, por sus siglas en inglés), reconoce cuatro dimensiones claves de alta prioridad:

- Ambiental
- Social
- Económica
- Institucional

Cada una de estas dimensiones se divide en temas y subtemas que reflejan las máximas prioridades establecidas en los capítulos de la Agenda 21.[10] Por último, cada subtema lleva a uno o más

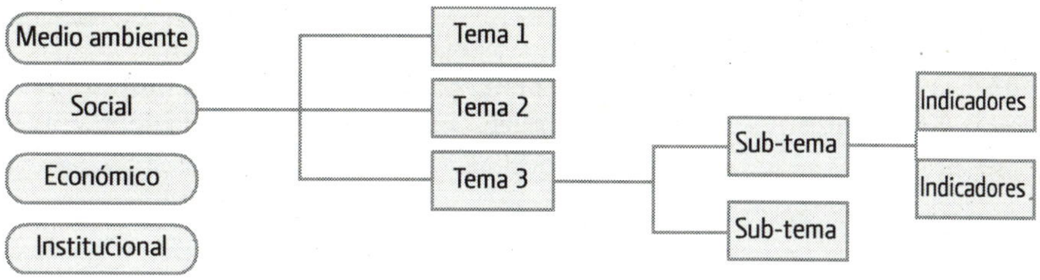

FIGURA 6.6 Marco de CSD

DIMENSIÓN SOCIAL

Temas	Sub-temas
Justicia	• Pobreza • Equidad
Salud	• Estado nutricional • Mortalidad • Sanidad • Agua potable • Beneficios a la salud
Educación	• Nivel de educación • Analfabetismo
Vivienda	• Condiciones de vida
Seguridad	• Delincuencia
Población	• Dinámica de población

DIMENSIÓN MEDIOAMBIENTAL

Temas	Sub-temas
Atmósfera	• Cambio climático • Capa de Ozono • Calidad atmosférica
Tierra	• Agricultura • Bosques • Desertificación • Urbanización
Océanos y costas	• Zonas costeras • Pesquería
Agua dulce	• Cantidad de agua • Calidad de agua
Biodiversidad	• Ecosistemas especiales • Espécies

DIMENSIÓN INSTITUCIONAL

Temas	Sub-temas
Marco institucional	• Estrategias para el desarrollo sostenible • Cooperación internacional
Capacidad institucional	• Acceso a la información • Infraestructura de comunicación • Ciencia y tecnología • Prepa • Preparación y capacitación para ayuda en desastres naturales

DIMENSIÓN ECONÓMICA

Temas	Sub-temas
Estructuras económicas	• Desarrollo económico • Comercio • Finanzas
Tendencias de Consumo y producción	• Uso de la energía • Producción y gestión de los residuos • Transporte

TABLA 6.1 Temas y subtemas en marco de CSD

10 Adoptada en la Cumbre de la Tierra en 1992; www.un.org/esa/sustdev/documents/ agenda21/index.htm, 10 de noviembre de 2005.

indicadores (Figura 6.6). El conjunto de indicadores obtenido presenta las cuatro dimensiones, 15 temas y 38 subtemas (Tabla 6.1).

Buscamos indicadores que reflejen hasta qué punto se satisfacen correctamente las necesidades básicas en determinadas circunstancias. Existen varias maneras de determinar las propiedades ambientales fundamentales.

En los entornos físicos, se puede analizar las señales físicas que recibimos; por ejemplo, mediante el uso de distintos instrumentos. Se detectan seis propiedades fundamentales de relevancia (Figura 6.7).

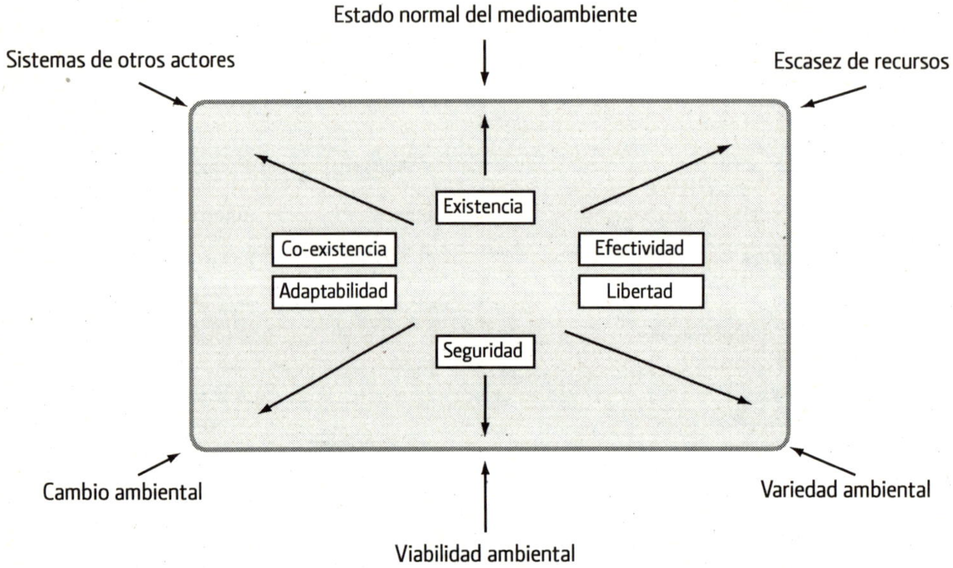

FIGURA 6.7 **Propiedades fundamentales de los entornos de sistemas y sus contrapartes orientadoras básicas en los sistemas**

A modo de ejemplo, examinemos estas propiedades para una familia:

- **Estado ambiental normal.** Una familia que vive en un pequeño pueblo en un país europeo enfrenta entornos económicos, sociales, culturales, legales y políticos específicos que son diferentes de los de, por ejemplo, India
- **Escasez de recursos.** La familia necesita dinero, agua, comida, electricidad, bienes de consumo masivo, servicios médicos, servicios sanitarios, etc., que sólo se pueden asegurar con un esfuerzo considerable
- **Variedad.** La familia se relaciona en un entorno formado por un conjunto de actores y factores muy diferentes; por ejemplo, vecinos, amigos, jefes, colegas, autoridades, tiendas diferentes y una multitud de ofertas sociales y culturales
- **Variabilidad.** La variedad también cambia con rapidez; se muda un nuevo vecino, miembros de la familia enferman, cambian los amigos, pierden el trabajo o tienen que mudarse
- **Cambio.** Además de la variabilidad normal, las condiciones económicas y sociales pueden cambiar y nuevas tecnologías pueden incorporarse al hogar y el trabajo
- **Otros sistemas.** La familia tiene que cuidar de sus mascotas y sus padres ancianos y atender los intereses de un empleador, vecinos, u otros conductores en el tránsito

Herramientas de medición

¿Cómo se miden los aspectos del desarrollo sostenible? El ACV apunta específicamente a productos y, por lo tanto, se analizará junto con el diseño de productos en el Capítulo 8. En esta sección, examinaremos la huella ecológica y los métodos de representación visual.

Orientador	**Rendimiento del Sistema**	**Posibles Indicadores**
Existencia	El sistema, es compatible y puede existir en su contexto particular?	Disponibilidad de refugio, ropa, alimentación, agua, esperanza de vida, sanidad
Efectividad	Es efectivo y eficiente?	Horas laborales necesarias para la supervivencia, eficiencia en el uso del recurso
Libertad de acción	Tiene la necesaria libertad para responder y reaccionar de manera adecuada?	Nivel de ingresos, oportunidad laboral, salud, movilidad
Seguridad	Es seguro y estable?	Vecindarios seguros, ahorros, aseguranzas, sistema de seguridad social
Adaptabilidad	Es adaptable a nuevos desafíos?	Educación y formación, flexibilidad, normas culturales?
Co-existencia	Es compatible con otros sub-sistemas?	Habilidades sociales, compatibilidad de idioma y cultura
Necesidades psicológicas	Es compatible con las necesidades psicológicas y la cultura?	Estrés emocional, ansiedad, insatisfacción, disputas familiares

TABLA 6.2 **Búsqueda de indicadores para la viabilidad de una familia**

La huella ecológica

Uno de los indicadores más conocidos del desarrollo sostenible es la huella ecológica. Este método produce un índice que provee una referencia cuantitativa de la forma de vida de un (cierto grupo de) individuo(s), una región o un país.[11]

Este índice no se mide en unidades monetarias sino en área de superficie. La huella ecológica es la cantidad de tierra que una persona necesita, directa o indirectamente, para:

- Consumir productos y servicios
- Producir recursos y asimilar cantidad de residuos

A su vez, esto significa la tierra necesaria para producir los alimentos y los materiales para vivienda, edificios, caminos, infraestructura y los árboles que regeneran el CO_2 producido por la quema de combustibles fósiles.

11 W. Rees y M. Wackernagel, *Our Ecological Footprint: Reducing Human Impact on the Earth* (Isla Gabriola, BC: New Society Publishers, 1996).

En consecuencia, el término «huella ecológica» se refiere al área de tierra que usarían personas, un país, una región o una ciudad si fueran sostenibles.

La noción de huella ecológica constituye el concepto inverso de la capacidad de carga de una región. La capacidad de carga mide la cantidad de personas que pueden vivir en un área determinada, mientras que la huella ecológica mide la cantidad de tierra que un determinado grupo de personas necesita para vivir.

El tamaño de la huella ecológica depende de una cantidad de factores, entre ellos:

- Tipo de desarrollo y el estilo de vida del sujeto
- La cantidad de recursos utilizados
- La tecnología utilizada
- La organización social y económica

Sería deseable que la huella ecológica de un país no excediera su territorio. En ese caso, el país podría abastecerse de una manera sostenible (incluido el comercio).

Por desgracia, muchos países, la mayoría de ellos industrializados, tienen una huella ecológica mucho más grande que su propio territorio. Consumen muchos recursos importados. Un ejemplo extremo es Holanda, cuya huella ecológica equivale a 15 veces su territorio. Esto obedece a una alta densidad demográfica combinada con un alto consumo de petróleo y una considerable importación de alimentos, como el forraje de soja para la cría de cerdos. La huella ecológica de Japón también excede en mucho el territorio del país.

De forma simétrica, muchos países en desarrollo tienen huellas ecológicas mucho más pequeñas que sus territorios; no explotan todo su territorio y exportan muchos de los recursos que producen.

La Tabla 6.3 ilustra las huellas ecológicas de varios países. La huella ecológica mundial promedio por persona es de 2,8 hectáreas. Eso es mucho más que el área disponible, dada la bio-capacidad de la Tierra. El área que utilizamos es más grande que la que tendrán las generaciones futuras. En otras palabras, la huella ecológica indica que la forma de vida actual no es sostenible.

No obstante, utilizar la huella ecológica como un indicador tiene algunas desventajas:

- La estimación del área de la huella ecológica no es exacta porque es imposible enumerar de forma exhaustiva las distintas maneras en que utilizamos la Tierra
- No todos los costes sociales están incluidos en el indicador. Por ejemplo, reemplazar monumentos por árboles en ciudades superpobladas como la famosa catedral de Gaudi, La Sagrada Familia, en Barcelona, reduciría la huella ecológica, pero no es deseable
- La huella ecológica es un indicador «reduccionista». Un único indicador (dinero o área) no puede describir todo. Es necesario usar enfoques múltiples.

Herramientas visuales: el Tablero y el Índice Brújula

Existen varias herramientas visuales para medir la sostenibilidad. Dos de las más importantes son:

- El Tablero de Sostenibilidad[12] desarrollado por el IISD
- El Índice Brújula de Sostenibilidad[13] desarrollado por el Gruppo AtKisson

12 esl.jrc.it/envind/dashbrds.htm, 10 de noviembre de 2005.
13 www.atkisson.com/accelerator/#compass, 10 de noviembre de 2005.

País	Huella ecológica por persona (ha)
EEUU	10,3
Australia	9,0
Canadá	7,7
Rusia	6,0
Alemania	5,9
Holanda	5,3
Reino Unido	5,2
Bélgica	5,0
Japón	4,3
Italia	4,2
Austria	4,1
Francia	4,1
España	3,8
Portugal	3,8
Venezuela	3,8
Brasil	3,1
Tailandia	2,8
México	2,6
Chile	2,5
Turquía	2,1
Colombia	2,0
Perú	1,6
Nigeria	1,5
China	1,2
Egipto	1,2
Etiopia	0,8
India	0,8
Pakistán	0,8
Bangladesh	0,5
Intención de huella ecológica mundial media	2,8
Capacidad biológica disponible	1,7

TABLA 6.3 Huella ecológica mundial, 1997

Fuente: M. Wackernagel, N. Chambers y C. Simmons, *Sharing Nature's Interest: Ecological Footprints as an Indicator of Sustainability* (Londres: Earthscan, 2000)

El Tablero de Sostenibilidad

El Tablero de Sostenibilidad es una herramienta en Internet que visualiza el avance en el desarrollo sostenible y ayuda a políticos o ciudadanos a tomar decisiones.[14] El software proporciona un formato sencillo que permite a las personas comparar el progreso sostenible de países, regiones y comunidades.

El Tablero se basa en el marco de indicadores metodológico de la Comisión de Naciones Unidas para el Desarrollo Sostenible, dividido en 19 indicadores sociales, 20 ambientales, 14 indicadores económicos y 8 institucionales (Figura 6.8).

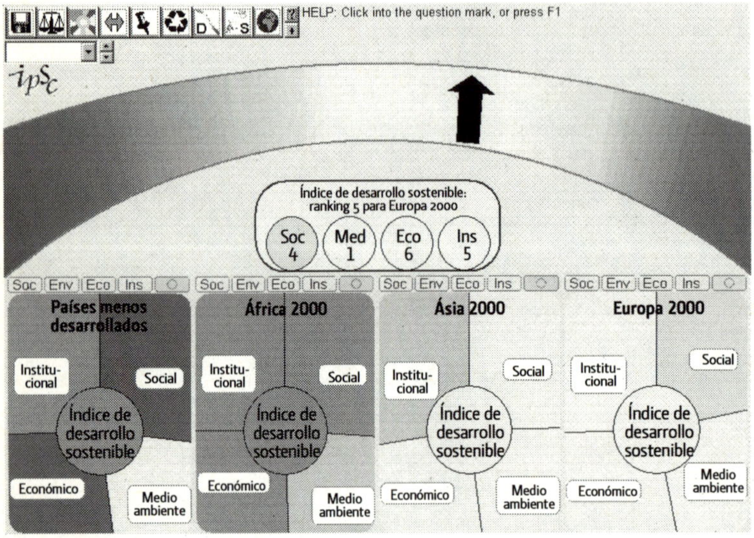

FIGURA 6.8 **Tablero de Sostenibilidad**

Fuente: esl.jrc.it, 10 noviembre 2005. Agradecimiento especial a Jochen Jesinghaus

El Índice Brújula de Sostenibilidad

El Índice Brújula que ofrece el Grupo AtKisson (una consultora norteamericana/europea) es un paquete de software para desarrollar una medida del progreso genuino en diferentes niveles; por ejemplo, comunidad, negocio u organización. Abarca cuatro aspectos de la sostenibilidad:

- Naturaleza
- Economía
- Sociedad
- Bienestar

La metodología permite a todos los grupos de interés participar en cada punto de la Brújula. Primero se los introduce a los conceptos y principios de la sostenibilidad, luego desarrollan un conjunto de activos e inquietudes y a continuación desarrollan los indicadores que reflejarán las tendencias críticas a largo plazo en cada área relevante. También exploran los vínculos entre los indicadores y preparan el terreno para crear programas de acción cooperativa.

14 www.iisd.org/cgsdi/intro_dashboard.htm, 10 de noviembre de 2005.

Esta herramienta proporciona un feedback a los grupos de interés (stakeholders) involucrados en el proceso de toma de decisiones. Esto significa que se pueden publicar actualizaciones de modo regular y que permite el desarrollo de conjuntos nuevos de relaciones entre los stakeholders, lo cual podría generar iniciativas nuevas.

Indicadores de Tecnología

La tecnología también se puede medir en términos de su contribución al desarrollo sostenible. Los indicadores para la tecnología y el desarrollo sostenible se pueden clasificar en dos categorías principales:

A. Indicadores de la relación de una tecnología con el sistema natural

B. Indicadores de la relación de una tecnología con el sistema social

Los indicadores del primer grupo se pueden dividir en dos grupos de indicadores básicos:

A1. **Indicadores de eco-eficiencia** que muestran el grado de desmaterialización del sistema tecnológico. Este grupo incluye los indicadores que se refieren a las propiedades de los recursos; por ejemplo, si un recurso es renovable o no

A2. **Indicadores de calidad ambiental** que muestran el impacto sobre el medio ambiente generado por la tecnología; por ejemplo, emisiones a la atmósfera, el agua o la tierra

El ACV de un producto (ver el Capítulo 8) es un indicador que realiza esta tarea.

Los indicadores del segundo grupo incluyen aquellos indicadores que proporcionan información sobre los efectos sociales de la tecnología:

B1. **Aspectos sociales**, como la creación de empleo por la tecnología

B2. El grado de **descentralización** de la tecnología

B3. El grado de **complejidad** de la tecnología y el grado de formación requerido para su uso

B4. La **inversión** requerida para la tecnología

Los indicadores que miden los efectos sociales de la tecnología no suelen estar disponibles. La evaluación tecnológica es la actividad que se ocupa de los efectos sociales de una tecnología (ver el Capítulo 4). Sin embargo, existen representaciones como los análisis de compatibilidad social.[15]

Las listas de verificación pueden resultar útiles para asegurar que se recuperen todos los efectos relevantes a fin de utilizarlos para crear un indicador. Sin embargo, esto no sucede muy a menudo porque un solo detalle puede convertir la tecnología en inaceptable sin importar el valor de los otros ítems. La Figura 6.9 provee un ejemplo de una lista de verificación.

15 Desarrollado por V. Carabias-Hutter y H. Winistorfer, Escuela de Ingeniería, Universidad de Ciencias Aplicadas Zúrich Winterthur (ZHW), Suiza; zsa.zhwin. ch/cms/zsa/upload/pdf/SCA_poster.pdf, 10 de noviembre de 2005.

A. ¿Hasta qué punto es aceptable el trabajo de investigación y desarrollo que acompaña la formación del producto nuevo y su proceso de producción?

1. ¿Existen fuerzas sociales para neutralizar los métodos utilizados en el trabajo de investigación y/o desarrollo o la recopilación y almacenamiento de ciertos datos?
2. ¿El trabajo de investigación y desarrollo es científicamente interesante o el desarrollo de esta tecnología proporciona una contribución especial a una disciplina(s) técnica y/o científica?
3. ¿Es posible preveer que invertir en el desarrollo de una tecnología en este momento podría impedir que se desarrollara una alternativa mejor en el futuro?

B. ¿Hasta qué punto el producto nuevo es, de por sí, aceptable?

1. ¿El producto en sí o el producto al que reemplaza se asocian con valores sociales?
2. ¿Algunas facciones religiosas o culturales específicas consideran el producto inaceptable para sus sistemas éticos?
3. ¿Es posible que los costes del producto nuevo generen críticas?
4. ¿Qué efectos tendrá el producto sobre el medio ambiente? ¿Qué cambios de comportamiento originará y qué efectos medioambientales resultarán?
5. ¿Qué riesgos entraña el uso del producto, tanto para los usuarios como para otros?
6. ¿El uso del producto se contrapone con las pautas de comportamiento habituales de grandes grupos de personas?
7. ¿Existen barreras financieras o psicológicas que obstruyen la aceptación del producto?
8. ¿El producto permite actividades nuevas (económicas o de otro tipo)? ¿Cómo deberían juzgarse estas actividades?
9. ¿El producto constituye una amenaza para actividades existentes que poseen un cierto valor social o cultural?
10. ¿El producto ejerce una influencia en la estructura social (vida privada, comunidad local, región cultural)?
11. ¿Tiene el producto algún otro uso (posible) además del uso primario para el cual se diseñó?

C. ¿Hasta qué punto es aceptable la producción del producto nuevo?

1. ¿La producción del producto supone una amenaza a normas y/o valores éticos?
2. ¿Son aceptables las condiciones laborales en el proceso de producción?
3. ¿Cuáles son los efectos físicos de la planta de producción sobre el medio ambiente?
4. ¿Qué efectos (primarios y secundarios) se estima que ejercerá la producción sobre el empleo? ¿Qué nivel educativo se requiere del personal?
5. ¿Qué otras consecuencias tiene el producto para el entorno local?
6. ¿Qué implicaciones sociales tiene la producción para la comunidad local?
7. ¿Existe un terreno de cultivo poderoso para el activismo local?
8. ¿Escoger una ubicación adecuada puede reducir de forma drástica los efectos negativos?
9. ¿Qué actividades económicas (ya sean existentes o planificadas) se ven amenazadas por la producción?

FIGURA 6.9 **Ejemplo de lista de verificación de los efectos de la tecnología en la sostenibilidad social**
(continúa en la siguiente página)

10. ¿La nueva producción influye en el equilibrio de poder existente? Considere las siguientes relaciones entre:
    - Empleados (o sindicatos) y empresarios
    - Diferentes productores
    - Productores, clientes y proveedores
    - El gobierno y el sector industrial
    - Distintos organismos gubernamentales
11. ¿Qué significa la tecnología nueva para el desarrollo de los países del tercer mundo? ¿La producción influye en las relaciones entre los bloques comerciales globales?

Preguntas, análisis y ejercicios

1. Calcule su huella ecológica personal en www.ecofoot.org. Compárela con la huella de sus compañeros de clase. Desarrolle opciones para reducir su huella en un 30%.
2. Escoja un tema de la siguiente lista y aplique la lista de verificación de efectos de sostenibilidad sociales de la tecnología:
    - Fusión nuclear
    - Parques de turbinas eólicas a gran escala y cerca de las costas
    - Transporte ferroviario de alta velocidad
    - Automóviles híbridos
    - Candados para bicicletas irrompibles
    - Un análisis y sistema de intercambio de datos a nivel mundial para reducir el fraude en la gestión empresarial
3. Estudie un informe sobre el desempeño ambiental de su ciudad o pueblo. Sugiera tres variables que sean fáciles de medir y que puedan utilizarse para crear un indicador de desarrollo sostenible para su ciudad o pueblo. Exponga las ventajas y desventajas de emplear estas tres variables.
4. Complete el FPEIR para el problema del cambio climático. Identifique las áreas donde existan diferencias entre países.

7 El desarrollo sostenible y las empresas: ¿por qué, qué y cómo?

Las empresas existen para obtener beneficios. Pero, ¿el deseo de obtener ganancias es el único móvil que determina la acción corporativa?

En el caso de las empresas pequeñas, los dueños necesitan vivir de la empresa. En las empresas más grandes, los accionistas requieren dinero a cambio de su inversión. Pero si concebimos las empresas como máquinas diseñadas para exprimir la máxima cantidad de dinero de los bolsillos de los ciudadanos o de otras compañías, ¿por qué habría de tolerarlas la sociedad?

¿Necesitamos leyes detalladas que nos protejan de la avidez excesiva de las compañías? ¿Necesitamos una gran organización para controlar las compañías? Los incidentes de fraude corporativo parecerían sugerir que sí. Pero incrementar las regulaciones sofocaría la actividad económica y nunca conseguiría eliminar todo tipo de comportamiento indebido. Por lo tanto, necesitamos algo diferente.

Este capítulo analiza cómo las corporaciones asumen sus responsabilidades y qué pueden contribuir al desarrollo sostenible a través de los distintos aspectos de sus negocios.

Sostenibilidad: ¿por qué debería importarles a las empresas?

Las compañías son parte de la sociedad y la sociedad es parte de ellas; todos los empleados tienen vidas privadas y participan en actividades comunitarias. Sin comunidades prósperas, no hay empresas prósperas. De manera que lo mínimo que debería hacer una empresa es respetar la cultura, las normas y los valores de la comunidad de la cual forma parte.

Las empresas deberían comprender que sus ingresos se basan en el valor que crean para la sociedad. Las más exitosas producen valor con más eficiencia que sus competidores y, por lo tanto, obtienen más ganancias. Pero la sociedad determina este valor a través de leyes, impuestos y el mercado. En consecuencia, ninguna empresa puede permitirse el lujo de vivir en guerra con la sociedad.

Pero hay más. Asumir que una empresa se rige estrictamente por el principio de la optimización financiera es asumir también que esto puede realizarse sin ambigüedad. Pero no es así:

> Si uno tiene un manzano, puede cortarlo para obtener la madera, alquilarlo a través de una licitación anual o recoger manzanas uno mismo para venderlas en el mercado. La primera actividad generará el retorno más rápido. La última probablemente generará el retorno más alto a largo plazo, ya que el recolector de frutos se ocupará de mantener el árbol en buenas condiciones y no habrá que organizar licitaciones.

Una empresa inteligente optará por retornos optimizados en el largo plazo. Pero, como afirmó el famoso economista John Maynard Keynes, «en el largo plazo estaremos todos muertos»,[1] y, por ende, las políticas a corto plazo siempre serán tentadoras. Asimismo, cualquier política a largo plazo fallará si la empresa no es capaz de sobrevivir a las condiciones a corto plazo del negocio.

> Pasar de las preocupaciones propias de obtener ganancias diarias a gestionar una empresa sostenible que genere ganancias a través de la creación de valor a largo plazo para la sociedad exige un cambio de perspectiva. No requiere que se abandone la actividad empresarial; por el contrario, es una oportunidad extra y un desafío para el emprendedor. De eso mismo trata el espíritu emprendedor sostenible.

Las responsabilidades sociales y económicas de una empresa van más allá de la mera generación de ganancias. El rol de las empresas es crear valor con bienes escasos (capital, mano de obra, conocimiento, calidad gerencial y recursos naturales) y de un modo eficiente y efectivo a fin de producir bienes y servicios que satisfagan necesidades y contribuyan al bienestar social. El empleo creado es un medio importante de proveer a las personas de un ingreso, además de desarrollo social y personal. El principio de «ciudadanía empresarial» resume esta idea de forma apropiada:

> Una empresa debería comportarse en los negocios como un buen ciudadano. La ley no contiene ni prescribe (ni puede hacerlo) todas las obligaciones de un ciudadano. Un buen ciudadano tiene en cuenta los intereses de otros y trata de ejercitar un juicio ético informado e imaginativo a la hora de decidir qué debería y no debería hacer. Así es cómo, se sugiere, deberían comportarse las empresas.[2]

El espíritu emprendedor sostenible es una tendencia mundial entre las empresas. Varias de ellas aspiran a alcanzarlo y una cantidad de organizaciones les permiten a las empresas intercambiar sus experiencias. La principal es el Consejo Empresarial Mundial para el Desarrollo Sostenible (WBCSD, por sus siglas en inglés), una coalición de 170 empresas internacionales unidas por un compromiso compartido con el desarrollo sostenible.[3]

El hecho de que el espíritu emprendedor sostenible tenga distintas interpretaciones no constituye un problema. La enorme diversidad de condiciones empresariales y el conjunto único de actores y factores que gestiona una empresa originarán diferentes acciones. Pero, en líneas generales, el espíritu emprendedor sostenible implica que las corporaciones están dispuestas a y son capaces de comportarse de forma responsable hacia la sociedad.

El espíritu emprendedor sostenible no surgió de pronto. Existe una larga historia de empresarios que han intentado de manera voluntaria contribuir a la sociedad.

Mejorar las condiciones de los trabajadores era una cuestión importante para algunos empresarios del siglo XIX. Por ejemplo, a principios de ese siglo, Robert Owen, gerente y co-dueño de New Lanark Cotton Mills, cerca de Glasgow, construyó viviendas para sus trabajadores y proveyó educa-

1 Tras establecer las ventajas a largo plazo de las políticas económicas anticíclicas, empleó estas palabras para admitir las tentaciones que presentan las políticas a corto plazo.
2 Sociaal-Economische Raad, *De Winst van Waarden* (Dictamen 00/11; La Haya: SER, 2000).
3 www.wbcsd.ch, 17 de octubre de 2005.

ción para la comunidad. Los niños tenían prohibido trabajar antes de los diez años y se pagaba a los trabajadores enfermos y ancianos. Los castigos corporales no estaban permitidos.[4]

En Francia, F.M.C. Fourier (1772–1837) propuso la idea de establecer comunidades productivas donde se remunerara a las personas conforme a su contribución a la comunidad en su conjunto. Varias empresas implementaron la idea, por ejemplo, durante la década de 1840, Jean-Baptiste André Godin desarrolló de este modo su fábrica para estufas y calentadores en Guise, en el norte de Francia.

En 1869, Jacob Cornelis van Marken (1845–1906) creó una fábrica en Delft, Holanda, para la producción de levadura y alcohol metílico. Estimuló a sus empleados a ahorrar y contrató seguros para cubrirlos por enfermedad, accidentes y muerte. También les cedió acciones, con lo cual los convirtió en dueños conjuntos de la empresa, y estableció un consejo de trabajadores. Van Marken pagaba incluso algunas vacaciones y construyó viviendas para sus empleados en un parque especialmente diseñado donde él vivía con su esposa. Sin embargo, estas prácticas fueron criticadas como demasiado paternalistas.[5]

Comunidades similares surgieron en otros países, en particular en el campo. Sin embargo, el móvil de sus creadores no era siempre el de contribuir a la sociedad; a menudo, tenía que ver con mantener bajo control a los trabajadores. En las áreas rurales, los trabajadores estaban menos influidos por el socialismo y los sindicatos gremiales y aceptaban salarios más bajos. La organización social fábrica-colonia[6] garantizaba la dependencia de los trabajadores y su obediencia al dueño.

De la prevención de la polución al desarrollo sostenible

La compañía norteamericana 3M fue pionera en cuestiones ambientales. En 1975, lanzó su programa Prevenir la Polución Vale la Pena (3P) para reducir costes a través de la prevención de residuos y emisiones, un concepto innovador en ese entonces. El programa contribuye a prevenir la polución en su origen (en los productos y los procesos de fabricación) en vez de eliminarla después de haber sido creada.[7] Los proyectos deben satisfacer los siguientes criterios:

- Eliminar o reducir un agente contaminante
- Beneficiar el medio ambiente a través del consumo reducido de energía o un uso más eficiente de los materiales de manufactura y los recursos
- Ahorrar dinero a través de evitar o diferir la necesidad de invertir en equipos para el control de la contaminación, reducir los costes operativos y de materiales o incrementar las ventas de un producto existente o nuevo

Asimismo, se instituyó un premio especial para los proyectos que demostraban innovación técnica. Desde 1975, los empleados de 3M en todo el mundo han lanzado 4.973 proyectos bajo el programa 3P y hasta 2002, 3P había prevenido emisiones de 857.282 toneladas de contaminantes y ahorrado 894 millones de dólares.

4 www.mdx.ac.uk/www/study/SHE8.htm#Owen, 17 de octubre de 2005.
5 Instituto Internacional de Historia Social, www.iisg.nl/collections/vanmarken/ intro.html, 17 de octubre de 2005.
6 Por ejemplo, Colonia Vidal en Cataluña (actualmente Museo de Historia de la Tecnología); www.museucoloniavidal.com.
7 www.3m.com/about3m/sustainability/policies_ehs_tradition_3pEx.jhtml, 17 de octubre de 2005.

El principio 3P se puede aplicar mucho más de lo que se asume. Si las empresas comenzaran a buscar las fuentes de la polución, con frecuencia encontrarían posibilidades de innovación inesperadas. También descubrirían que la prevención de la contaminación reduce los costes de:

- Mantenimiento
- Materias primas
- Accidentes
- Operaciones de limpieza
- Seguros

Un proyecto holandés implementado entre 1988 y 1991 tenía como objetivo intercambiar ideas de prevención de la contaminación entre empresas. Este proyecto demostró que se podían lograr reducciones significativas en las emisiones que, por lo menos, eran neutrales en términos de costes.[8]

Muchas empresas han descubierto los beneficios de «prevenir la polución». El creador de la idea 3P fue el ingeniero químico Joseph Ling, quien afirmó que el desafío medioambiental para el próximo milenio es «progresar de la prevención de la polución al desarrollo sostenible y el diseño para el medio ambiente».[9] Esto significa que ya no basta con producir sin polución, sino que además habría que rediseñar los productos e incluso cambiar la totalidad de los sistemas para satisfacer las necesidades de los clientes de un modo más sostenible.

El principio empresarial sobre el que se apoya el desarrollo sostenible suele expresarse como Personas–Planeta–Provecho o el principio de la triple P. Una compañía debe encontrar un buen equilibrio entre estos tres aspectos. La optimización de una única P genera problemas y no es aceptable.

- El aspecto **Planeta** significa alcanzar un equilibrio entre los impactos sobre el medio ambiente y la capacidad de la Tierra para asumir estos impactos
- El aspecto **Personas** se relaciona con las comunidades y los trabajadores que tienen un interés en las actividades empresariales, como reducir la pobreza, favorecer las buenas condiciones de trabajo, contribuir a las actividades comunitarias y el desarrollo comunitario, integración de inmigrantes, respaldo a la democracia, etc.
- El aspecto **Provecho** implica que todas las actividades económicas deben crear prosperidad para la empresa, sus trabajadores y sus dueños. Es importante distinguir entre perspectivas a corto y a largo plazo (ver arriba)

Incorporar la sostenibilidad en una empresa requiere una inversión en términos de tiempo y dinero. Y a veces es muy difícil determinar con exactitud si y cuándo se recuperarán las inversiones en sostenibilidad. Los retornos pueden ser de tres formas:

- Creación de valor económico para el negocio en términos de rendimiento de productos y costes de producción; puede ser a corto y a largo plazo
- Creación de valor a través de un incremento de la reputación y la imagen de la empresa; esto es importante no sólo externa sino internamente, puesto que influye en la motivación del personal
- Creación de valor a través de una mayor coherencia entre distintas partes de la empresa y mayor efectividad y flexibilidad[10]

8 S.C de Hoo, *Aanbevelingen voor een preventief milieubeleid* (La Haya: Rathenau Instituut, 1991).
9 P. Sorenson, 'Pollution Prevention Pioneer', *Inventing Tomorrow*, 1999, www.itdean. umn.edu/news/inventing/1999_Spring/ling.html, 17 de octubre de 2005.
10 J. Cramer, *Ondernemen met hoofd en hart, Duurzaam ondernemen: Praktijk ervaring* (Assen, Holanda: Van Gorcum, 2002).

Además, existe el riesgo de no incorporar la sostenibilidad en la empresa.

Como resultado de una mejor educación y mayor riqueza, las personas se han vuelto más emancipadas.[11] Hoy en día, las preferencias y opiniones individuales se reflejan con más facilidad en la elección de productos y los veredictos sobre productos y empresas se dictan con rapidez.

Las empresas deben encontrar una respuesta a la presión pública creciente con respecto al desarrollo sostenible. El poder de los consumidores vuelve vulnerable hasta la más grande de las corporaciones, como ilustra lo que le sucedió a Shell en el caso Brent Spar.[12]

En 1995, el gobierno inglés permitió a Shell hundir una vieja plataforma de producción de petróleo en el Atlántico Norte. La organización Greenpeace objetó y ocupó la plataforma para intentar detener el acto, pero fue desalojada. Este evento recibió una amplia cobertura de los medios de comunicación y las estaciones de servicio Shell en toda Europa quedaron desiertas. Varios políticos se unieron en contra de la empresa. En última instancia, Shell cambió sus planes y decidió desmantelar y reutilizar la Brent Spar en Noruega.

Existen numerosos otros ejemplos de la efectividad de la protesta de los consumidores; las condiciones en que se mantienen las gallinas mejoraron y la caza de focas se redujo como resultado de las protestas de consumidores.

Ahora que las empresas pueden trasladar (partes de) su negocio con más facilidad de un país a otro,[13] las reglamentaciones gubernamentales han perdido relevancia; por el contrario, la reputación y la imagen pública de una empresa se han vuelto más importantes. Cumplir con las leyes no es la única responsabilidad de las empresas. Les guste o no, tienen otras responsabilidades.

No sólo las compañías multinacionales, también las pequeñas y medianas empresas deben abordar el desarrollo sostenible, incluso en tiempos difíciles. Evitar la bancarrota de aquellas que no pueden cumplir con las normas actuales no siempre es posible. El siguiente caso es un buen ejemplo de esto.

HYTPSA

La importante compañía textil española Hilados y Tejidos Puigneró S.A. (HYTPSA) en el norte de Cataluña se creó en 1956. En 1996, su presidente y principal accionista, Josep Puigneró de Sargatal, fue el primer empresario español en ser llevado a prisión por infracciones medioambientales. HYTPSA contaminaba el río Ter con desperdicios tóxicos y ya había recibido varias multas. Puigneró también recibió una multa por emplear 73 inmigrantes ilegales. Después de 1996, un nuevo vertido significó que la batalla legal continuaba. Durante casi diez años, la gerencia de HYTPSA estuvo inmersa en batallas legales. Mientras tanto, las condiciones del negocio se deterioraban como resultado de importaciones baratas de Asia y, en 2000, la empresa entró en suspensión de pagos temporal.[14] Su fuerza laboral ya había disminuido de casi 3.000 una década antes a 700. En 2003, la Comisión Europea decidió que España había proporcionado ayuda ilegal a la empresa. Esto significó la bancarrota; sólo se mantuvieron algunas actividades. La deuda total ascendía a unos €147 millones.

11 Por ejemplo, la participación en educación superior en Europa creció en más de un 3% entre 1970 y 1996. Instituto de Estadística de la Unesco, www.uis. unesco.org/ev.php?URL_ID=5187&URL_DO=DO_TOPIC&URL_SECTION=201, 17 de octubre de 2005.

12 El caso Brent Spar está bien retratado en un documental ('Een geschenk uit de hemel: De slag om de Brent Spa') producido por Kees de Groot van Embden para VPRO Television, Hilversum. Para obtener mayor información sobre el informe del caso Brent Spar de Shell, consultar www.shell.com/home/Framework?siteId=uk-en&FC2=/uk-en/html/iwgen/leftnavs/zzz_lhn2_6_1.html&FC3=/uken/html/iwgen/about_shell/brentspardossier/dir_brent_spar.html, 17 de octubre de 2005. La información suministrada por Greenpeace puede consultarse en archive.greenpeace.org/ comms/brent/brent.html, 17 de octubre de 2005.

13 M. Castells, *The Power of Identity* (Oxford, RU: Blackwell, 1997).

14 *Troubled Company Reporter Europe* 1 (14 de noviembre de 2000); bankrupt.com/TCREUR_Public/001114.mbx, 17 de octubre de 2005.

Las leyes ambientales nacionales e internacionales han forzado a muchas empresas rezagadas (compañías no-proactivas) a modificar sus productos o procesos a lo largo del tiempo. Esto ha dado como resultado menos polución. El ejemplo de HYTPSA muestra que gastar grandes cantidades de dinero en abogados y tiempo gerencial valioso en defenderse de la aplicación de la ley es una estrategia gerencial poco inteligente.

Incorporar el desarrollo sostenible en las empresas

Planificación del negocio, operaciones y ciclo de control

El espíritu empresarial sostenible exige una reflexión crítica sobre los valores centrales, los principios de políticas y los procedimientos operativos de una empresa.

El desafío del emprendedor sostenible consiste en integrar las 3Ps en las principales actividades de una empresa. Para ello, debería desarrollar e implementar sustitutos sostenibles para cada una de las principales funciones de la empresa.

La implementación, que debería planificarse y evaluarse con detenimiento, debería integrarse a los ciclos de planificación habituales de la empresa. La Figura 7.1 muestra los distintos aspectos de la planificación del negocio, las operaciones y el ciclo de control en una empresa.

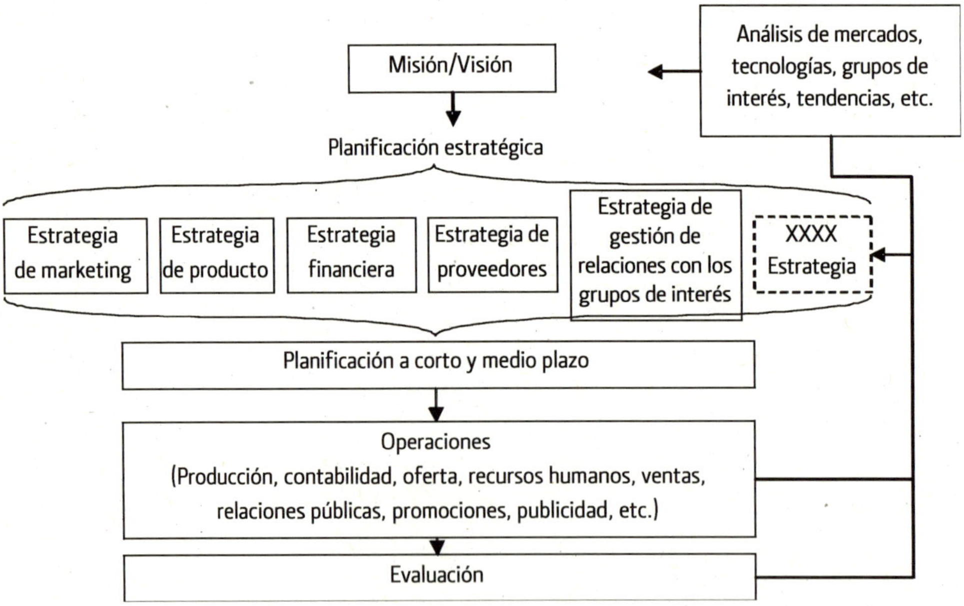

FIGURA 7.1 **Planificación del negocio, operaciones y ciclo de control**

Las empresas tienen declaraciones de visión y misión, aunque es común que permanezcan inalterables durante por lo menos una década. Las estrategias nuevas se formulan en base a estas declaraciones y a análisis de aspectos externos como los stakeholders y las tendencias, y a aspectos internos como los resultados financieros y de ventas. La estrategia general de una empresa se divide en estrategias para áreas específicas, que son interdependientes y pueden incluir:

- Estrategia de personal (¿qué conocimiento queremos dentro de la compañía?)
- Estrategia de productos (¿qué tipo de productos queremos vender?)
- Estrategia de marketing (¿qué clientes queremos captar?)
- Estrategia de producción (calidad, costes, flexibilidad y provisión de recursos)
- Estrategia financiera (corto plazo versus largo plazo, capitalización)
- Estrategia de gestión de los stakeholders (gobierno, organizaciones no gubernamentales, comunidades locales, transparencia, diálogo)

Una vez completada la planificación estratégica, se planificarán las operaciones para el corto y el medio plazo. ¿Cuántos productos se producirán? ¿Cuánta materia prima se comprará? ¿Cuántas personas se contratarán? ¿Qué habilidades se requieren? ¿Qué clase de investigación se proyectará?

A la planificación le siguen las operaciones y luego la presentación de informes. Los informes incluyen no sólo las finanzas; también son importantes los resultados de ventas, resultados de control de calidad, empleo, seguridad, satisfacción de empleados y satisfacción de clientes.

Incorporar la sostenibilidad en una empresa constituye un proceso a largo plazo que demanda la atención continua de la gerencia. Pero, como todas las empresas necesitan ser emprendedoras, el proceso no termina nunca. Incorporar la sostenibilidad crea no sólo desafíos sino también riesgos: la innovación podría fallar o tener consecuencias negativas imprevistas.

Sin embargo, incorporar la sostenibilidad creará un ambiente innovador. La innovación es importante para las empresas que aspiran a mantener su posición competitiva. La innovación también significa modificar cosas en una empresa y, modificar cosas, cuando se hace correctamente, mantiene a los empleados alertas y entusiastas. La innovación también tiende a atraer a otras organizaciones que desean colaborar en proyectos. Esto, a su vez, puede generar un mayor conocimiento y una posición competitiva más sólida.

Trabajar en la sostenibilidad suele producir efectos positivos. Por ejemplo, en la década de 1970, Gist Brocades (la compañía de levadura creada por van Marken) desarrolló una tecnología nueva de purificación anaeróbica[15] para resolver un enorme problema con su efluente. Más tarde, esta tecnología se comercializó y se convirtió en el centro de una empresa nueva: Biothane.

Las herramientas o principios del desarrollo sostenible son importantes para cada aspecto del ciclo de planificación del negocio. A continuación, examinaremos algunos de ellos.

Declaraciones de misiones sostenibles

Muchas grandes empresas como DaimlerChrysler,[16] Swiss Re,[17] Shell,[18] Unilever[19] y Ford,[20] pero también algunas más pequeñas como el fabricante de confituras Perfetti-van Melle,[21] han incorporado el desarrollo sostenible a sus declaraciones de misión corporativa.

En 1991, más de 120 empresas firmaron la declaración para el desarrollo sostenible durante la Conferencia Mundial de la Industria sobre la Gestión del Medio Ambiente. Otras han firmado los principios de la Coalición de Economías Responsables del Medio Ambiente (CERES, por sus siglas

15 www.biothane.com/default.aspx?sel=31, 11 de marzo de 2006.
16 www.daimlerchrysler.com (consultar 'Sustainability [Economy, Environment, Social]'), 17 de octubre de 2005.
17 www.swissre.com (consultar 'About Us', luego 'Corp. responsibility' y luego 'Sustainability'), 17 de octubre de 2005.
18 www.shell.com (consultar 'About Shell' y luego 'Our Strategy'), 17 de octubre de 2005.
19 www.unilever.com/ourcompany/aboutunilever/default.asp, 17 de octubre de 2005.
20 www.ford.com/en/company/about/corporateCitizenship/report/default.htm? referrer=home, 17 de octubre de 2005.
21 www.perfettivanmelle.nl/english_site/melle/index.htm, 17 de octubre de 2005.

en inglés). CERES[22] es una comunidad de empresas líderes (por ejemplo, Nike, American Airlines) que se han comprometido a la mejora continua del medio ambiente a través de la adhesión a un código de comportamiento de diez puntos.

Incorporar el desarrollo sostenible en las declaraciones de misión corporativa asegura el compromiso de los gerentes superiores. Ellos son quienes formulan la misión y se comprometen con ella al comunicarla una y otra vez a sus empleados y sus contactos externos.

Una empresa incipiente puede ser flexible a la hora de crear una declaración de misión sostenible, puesto que aún no ha invertido en un producto, proceso, tecnología o mercado específicos. Todavía puede decidir quiénes serán sus proveedores, minoristas y consumidores. Puede escoger proveedores y minoristas que mantengan un alto nivel de sostenibilidad en su parte de la cadena de abastecimiento. La empresa también podría enfocarse a clientes que asignen valor a la sostenibilidad.

Una compañía sostenible proactiva posee una ventaja considerable sobre las empresas rezagadas «sucias». Puede trabajar desde su propia visión y no necesita reaccionar a las medidas del gobierno o a los términos de las licencias medioambientales porque la empresa es a menudo considerada como una referencia para estas medidas legales. Por ejemplo, los granjeros europeos que han hecho la transición a la producción orgánica no deberán preocuparse por la mayor restricción de las regulaciones que rigen el uso de pesticidas y el tratamiento de animales.

Gestión de relaciones con los stakeholders

La gestión de relaciones con los stakeholders comprende a todos los grupos de interés internos de la empresa (por ejemplo, grupos específicos de empleados y gerentes) y a los stakeholders externos, como clientes, proveedores, comunidades locales y organizaciones no gubernamentales (ONGs).

Una gestión cuidadosa de las relaciones con los grupos de interés puede decidir el éxito del espíritu emprendedor sostenible. Muchas empresas todavía consideran a los stakeholders como fuerzas hostiles que deben aplacarse. Sin embargo, tratar a los grupos de interés como socios y fuentes de conocimiento es una actitud más exitosa a adoptar.

La gestión de los stakeholders es una actividad separada de la gestión de relaciones públicas tradicional. Uno de los motivos de su importancia reside en la vulnerabilidad creciente de las compañías a los cambios en la opinión pública. Una actitud proactiva a la hora de monitorear las tendencias en la sociedad significa que tal vez se pueda evitar una publicidad negativa súbita. Una buena «antena social» es crucial para anticipar aquello que la sociedad considerará bueno o malo y la recepción que le brindará a productos nuevos. La interacción con los stakeholders es útil para el desarrollo de productos, marketing, la creación de alianzas estratégicas y el desarrollo de políticas empresariales generales. Las mejores prácticas incluyen:

- Crear una organización abierta con diálogos internos y externos
  - Intercambiar y discutir puntos de vista, problemas y dilemas
  - Consultar a consumidores y ONGs en el momento de formular una estrategia nueva. Las ONGs poseen una antena para captar las opiniones y sentimientos de los consumidores
  - Comunicar a tiempo para reducir el riesgo de equivocaciones; por ejemplo, la batalla antes mencionada entre Shell y Greenpeace sobre la Brent Spar se basó, en parte, en la desconfianza y la falta de diálogo
- Buscar el apoyo de los stakeholders externos. Por ejemplo, el Fondo Mundial de la Vida Salvaje (WWF, por sus siglas en inglés) apoya y controla la calidad de la «electricidad verde» provista por la empresa NUON. Esto incrementa la confianza y credibilidad de sus actividades.

22 www.ceres.org, 17 de octubre de 2005.

- Informar de forma transparente las actividades de la compañía y las consecuencias de estas actividades. Una adecuada presentación de informes también determina la imagen de una empresa.
- Proveer a los consumidores información orientativa relevante acerca de los productos

Habrá que abordar a los diferentes stakeholders de forma separada. La energía sostenible, por ejemplo, puede encararse como «buena para el medio ambiente» o «buena para el futuro de sus hijos», pero también como una «innovación técnica» o un «negocio nuevo para invertir».

Informes sociales, medioambientales y de sostenibilidad anuales

Las empresas suelen publicar informes financieros anuales y resultados trimestrales (ver más adelante). Muchas empresas publican un informe social anual que incluye información sobre los empleados, pensiones, seguridad ocupacional y registros de salud, etc.

Durante los últimos años, cada vez más empresas han comenzado a publicar informes ambientales e informes de sostenibilidad anuales. Estos informes contienen información sobre la gestión del rendimiento medioambiental y las actividades de sostenibilidad de la empresa (por ejemplo, su comportamiento en países en desarrollo).

Un esfuerzo que cabe mencionar aquí es la Iniciativa Global de Informes (GRI, por sus siglas en inglés).[23] GRI es una institución independiente cuya misión es desarrollar y difundir pautas de aplicación global para los informes de sostenibilidad. Estas directrices son de uso voluntario para que las organizaciones informen sobre las dimensiones económicas, ambientales y sociales de sus actividades, productos y servicios. GRI incorpora la participación activa de representantes de organizaciones empresariales, contables, de inversión, medioambientales, de derechos humanos, investigación y laborales de todo el mundo. Iniciada en 1977 por CERES, GRI se independizó en 2002 y es un centro de colaboración oficial del Programa de las Naciones Unidas para el Medio Ambiente (PNUMA).

La GRI está desarrollando un marco de aplicación global para que las organizaciones informen sobre su gestión sostenible. El marco provee principios de presentación de informes e indicadores de contenido específicos para orientar la preparación de informes de sostenibilidad. Dentro de este marco, las empresas utilizan el mismo formato para informar sobre indicadores como el consumo de agua y el consumo de energía, pero también sobre los programas de derechos humanos emprendidos. La aplicación de este marco permite comparar el desempeño medioambiental de distintas compañías.

La sostenibilidad y el marketing

Conceptos de marketing sostenible

La sostenibilidad en el marketing comenzó con el «marketing de productos ambientales» (es decir, introducir un producto con un componente medioambiental sólido al mercado). A esto le siguió el marketing de causa (a saber, incorporar una serie nueva de valores a un producto o una marca a través de una conexión con un objetivo social o una organización social).

23 www.globalreporting.org, 17 de octubre de 2005.

Los conceptos nuevos de marketing relacionados con el principio Personas-Planeta-Provecho se concentran en las necesidades del consumidor y (el bienestar) de la sociedad. A continuación damos una definición del espíritu emprendedor sostenible desde la perspectiva del marketing:

> El concepto del espíritu emprendedor sostenible sostiene que la tarea de la organización es determinar las necesidades, deseos e intereses de los mercados objetivo y cumplir las satisfacciones deseadas con más eficiencia y eficacia que los competidores y de una manera que preserve y mejore el bienestar del consumidor y de la sociedad.[24]

Además de escoger el producto adecuado o, en otras palabras, de satisfacer la necesidad correcta, el marketing incluye:

- Fijación de precios (¿cuál debería ser el coste de un producto que contribuye a la sostenibilidad?)
- Distribución (¿qué tipo de tienda venderá mi producto?)
- Promociones (¿qué características del producto se comunicarán y cómo?)

Los motivos para incluir la sostenibilidad en el marketing tienen que ver con la imagen/reputación de la empresa y su proceso de creación de valor empresarial. Más específicamente, estos motivos son:

- Las empresas que se caracterizan a sí mismas como compañías «que se preocupan» tienen clientes más leales. Las personas eligen productos que contribuyen a la sostenibilidad por razones emocionales o éticas. Una elección basada en estos fundamentos es más permanente que una elección basada en precio/rendimiento.
- Los estudios indican que la reputación es responsable de una parte considerable del valor total de una compañía. Las siguientes cifras ilustran este punto:[25]
  - Un 60% de mejora en la reputación se refleja en un 7% de incremento en el valor de las acciones
  - Alrededor del 40% del valor de mercado de una empresa está vinculado a su reputación
  - Según las estadísticas, una crisis de reputación genera una disminución del 8% en el valor de las acciones
- Los consumidores quieren sentirse bien con respecto a los productos que compran. Pero también exigen conveniencia y les gusta que se dirijan a ellos personalmente. Este es uno de los motivos que explica las buenas ventas de los alimentos biológicos. Los consumidores tienen la sensación que el productor se preocupa personalmente por su salud (ningún lujo en tiempos de escándalos como los residuos químicos en los alimentos para animales, la enfermedad de las vacas locas y la salmonela en los pollos)
- Los productos que contribuyen a un futuro sostenible tienen un enorme potencial de crecimiento. Desarrollar productos que despiertan la conciencia de los consumidores es un desafío. Si tienen éxito y el producto nuevo es más que una mejora técnica o cosmética de un producto existente, será más difícil de copiar para los competidores.
- Los consumidores suelen desconfiar de la publicidad. La información independiente de los organismos gubernamentales u ONGs es más efectiva que los avisos publicitarios para conquistar la confianza de los clientes.

24 P. Kotler, *Marketing Management: Analysis, Planning, Implementation and Control* (Englewood Cliffs, NJ: Prentice Hall, 7ma. ed., 1991).

25 J. Cramer, *Duurzaam in Zaken* [*Sustainable in Business*] (discurso inaugural, Universidad Erasmo, Rotterdam, 2 de febrero de 2001; Assen, Holanda: Van Gorcum, 2001).

Todo esto podría sugerir que el marketing sostenible es muy atractivo y sólo ofrece ventajas. Sin embargo, lograr el éxito en el marketing sostenible requiere tener en cuenta, además, los siguientes factores:

- El enfoque de desarrollo sostenible debe tener algún vínculo con las raíces de la empresa. Esto impulsará el apoyo interno y evitará que los clientes den la espalda a los productos porque la imagen de la empresa ha experimentado un cambio drástico.
- La generación de Internet siente una desconfianza saludable hacia la publicidad y posee una fuerte intuición con respecto a las influencias comerciales. Esto ha determinado una actitud crítica hacia las empresas y las marcas. Muchos creen que las compañías y las marcas influyen demasiado en la personalidad de la gente.
- Los consumidores no son consistentes. Todos quieren salvar el medio ambiente, pero también quieren pasar sus vacaciones en una playa lejana, dos o tres veces al año a ser posible.
- Las comunicaciones deben apuntar primero a los clientes internos (en especial, a los empleados), para que puedan apreciar qué significa la sostenibilidad para su empresa. Después de todo, los empleados son los embajadores de una empresa y necesitan tener una actitud positiva hacia la sostenibilidad. También es vital que la gerencia superior apoye la sostenibilidad, ya que el paso inicial es incorporarla al nivel estratégico de la planificación empresarial. Esto sirve de ejemplo para el resto de la empresa.

Etiquetas ecológicas

Los consumidores con conciencia del medio ambiente a menudo tienen dificultades para comprar los productos que desean. Como cualquier empresa puede publicitar sus productos como «seguros para el medio ambiente», los organismos gubernamentales, los sectores industriales y las ONGs ambientales han desarrollado etiquetas ecológicas para ayudar a los consumidores a elegir el producto «correcto». La Figura 7.2 muestra algunos ejemplos.

El Programa Energy Star® (Figura 7.2a) promueve la eficiencia de energía y es, tal vez, una de las etiquetas ecológicas más conocidas y exitosas. Establecido en 1992 por la Oficina de Protección del

FIGURA 7.2 **Ejemplos de etiquetas ecológicas**

Medio Ambiente de los Estados Unidos, su propósito inicial se restringía a las computadoras (en particular, para introducir la modalidad suspendida). Su increíble éxito significó que hoy el programa etiqueta más de 35 categorías de productos, incluidas viviendas. Nada más que en los Estados Unidos, se han vendido más de mil millones de productos Energy Star.[26]

Las organizaciones responsables de la etiqueta ecológica oficial alemana «Der Blaue Engel» (Ángel Azul)[27] (Figura 7.2b) y de la holandesa «Milieukeur»[28] (Figura 7.2c) elaboran listas de requisitos medioambientales y de calidad para cada grupo de productos. Estos requisitos se basan en el ciclo de vida completo del producto y son más estrictos que los requerimientos de las etiquetas ecológicas norteamericanas (Figura 7.2d).[29] Estas etiquetas se introdujeron en 2000 y han sido desarrolladas para una considerable cantidad de grupos de productos con la intención de reemplazar a muchas otras etiquetas. Cada grupo de productos debe cumplir con las listas de criterios correspondientes. Estos criterios se basan en un consenso establecido entre los Miembros Estados.

Un producto con el símbolo alemán «Der Grüne Punkt» («Punto Verde»; Figura 7.2e) significa que el productor ha pagado por el tratamiento final del envase y que este se recolecta de forma separada. El logotipo es válido únicamente en Bélgica, Francia, Alemania y Austria. El logotipo no es una etiqueta ecológica, ya que no garantiza que los envases sean reciclados.

Los símbolos como el de la Figura 7.2f para el polietileno de alta densidad (PEAD) se suelen colocar en productos plásticos hechos con un polímero en particular. El número o las letras en el interior indican el tipo de plástico. El símbolo significa que el producto es técnicamente adecuado para ser reciclado. El reciclado real requiere una recolección separada del mismo tipo de plástico.

Algunos sectores utilizan etiquetas específicas. Por ejemplo, los buques de petróleo crudo, buques tanques de productos y buques de carga a granel pueden solicitar el Premio Verde (Figura 7.2g). A cambio de cumplir con las normas medioambientales y de seguridad, los buques Premio Verde reciben un incentivo basado en derechos portuarios en varios países.[30]

Numerosas empresas han elegido utilizar estas etiquetas y producir conforme a sus normas porque se dan cuenta de que agregan un punto de venta extra a sus productos.

Existen muchas etiquetas ecológicas en todo el mundo. La Red Mundial de Etiquetado Ecológico[31] fomenta la cooperación, el intercambio de información y la uniformidad entre los programas de etiquetado ecológico.

En algunos casos, los departamentos de marketing de las empresas diseñan estos símbolos. El propósito es proporcionar a los clientes la sensación de que el producto es mejor para el medio ambiente, aunque no necesariamente sea cierto. Por desgracia, no existen mecanismos para controlar esta práctica.

Producción

Sistemas de gestión medioambiental

Históricamente, las empresas han tenido que acatar distintas regulaciones con respecto a sus emisiones. Estos problemas han estado siempre muy relacionados con las condiciones de vida y laborales en y alrededor de los centros de producción.

26 www.energystar.gov/ia/partners/downloads/energy_star_report_aug_2003.pdf, 17 de octubre de 2005. S.O. Andersen y D. Zaelke, *Industry Genius* (Sheffield, RU: Greenleaf Publishing, 2003).
27 www.blauer-engel.de/englisch/navigation/body_blauer_engel.htm, 17 de octubre de 2005.
28 www.milieukeur.nl, 17 de octubre de 2005.
29 europa.eu.int/comm/environment/eco-label, 17 de octubre de 2005.
30 www.greenaward.org, 17 de octubre de 2005.
31 www.gen.gr.jp/index.html, 17 de octubre de 2005.

Antes del siglo XIX, existía una larga historia de regulaciones locales. Muchas ciudades prohibían el vertido de residuos en las calles, canales o ríos. En Holanda, la primera ley nacional en este sentido fue la Ley de Fábricas de 1875, que contenía disposiciones con respecto a molestias como olores y ruidos. Esta ley creaba soluciones de «triple D» (ver también el Capítulo 10):

- Descarte (en fosos)
- Desplazamiento (residuos fuera de la ciudad, chimeneas, etc.)
- Dilución (en ríos, etc.)

No obstante, las respuestas sencillas ya no resultaban satisfactorias, en particular porque la crítica ya no se limitaba a los residuos sino también al consumo excesivo de recursos. Esto afectaba la organización de una compañía. Poco a poco, la gestión ambiental se transformó en un sofisticado sistema de gestión medioambiental (SGMA).

Los actuales sistemas de gestión medioambiental se ajustan a la perfección a la tendencia a implementar sistemas de control de calidad como los publicados por la Organización Internacional para la Estandarización (ISO, por sus siglas en inglés)[32] y el método de producción de alimentos de Análisis de Riesgos y Puntos Críticos de Control (HACCP, por sus siglas en inglés)[33] en las décadas de 1980 y 1990. En resumen, ISO y HACCP requieren:

- La redacción de políticas, procesos y organizaciones de empresas
- La implementación del trabajo acorde a lo redactado
- Habilidad para evitar y detectar equivocaciones

Un SGMA es un método diseñado para mejorar de forma sistemática el desempeño ambiental de una organización. Aborda los impactos inmediatos y a largo plazo de productos, servicios y procesos sobre el medio ambiente y está incorporado a la estructura de gestión general de la organización. Los resultados se obtienen a través de la asignación de recursos, responsabilidades y la evaluación constante de las prácticas, procedimientos y procesos.

En la década de 1980, más y más organizaciones prestaron una atención sistemática hacia cuestiones ambientales, con el objetivo de reducir la contaminación y minimizar el consumo de energía y de materias primas. Asimismo, se publicó información orientativa para ayudar a las empresas a implementar sus propios SGMA. A principios de la década de 1990, con la publicación de la norma ISO 14001 para certificar SGMA, se desarrollaron más sistemas de gestión medioambientales.

Un EMS consta de varios elementos:

- Formulación de política medioambiental, que incluye objetivos específicos
- Programa ambiental, que incluye las actividades proyectadas
- Integración del cuidado medioambiental en la gestión operativa
- Servicio de información interna, educación y capacitación
- Control interno, mediciones y registros
- Informes internos y externos; por ejemplo, a través de un informe anual medioambiental

Los métodos mencionados aquí no se limitan a las empresas industriales. Los sistemas de gestión ambientales son importantes para todo tipo de organizaciones como minoristas, la industria de los servicios de comida, las empresas de seguros, bancos, gobiernos, hospitales, escuelas, consultorías de ingeniería, etc.

32 www.iso.ch, 17 de octubre de 2005.
33 Alianza Internacional HACCP, haccpalliance.org, 17 de octubre de 2005.

Sin embargo, el cuidado ambiental exitoso exige el cumplimiento de algunas condiciones esenciales:

- Una visión clara por parte de la dirección con respecto al lugar que ocupa el cuidado medioambiental en la política corporativa general
- Conciencia de la importancia del cuidado ambiental en todos los niveles y áreas de la empresa
- Disponibilidad de tiempo, personas y medios para el cuidado ambiental
- Integración del cuidado medioambiental en todos los procesos del negocio con un impacto ambiental directo o indirecto

Las medidas deben alinearse detenidamente con otras áreas de cuidado tales como el control de calidad, seguridad y salud ocupacional, y sistemas de recompensación y atención social.

Diversas tecnologías pueden apoyar la gestión ambiental, entre ellas:

- Interruptores de tiempo que cierren las tuberías de agua, apaguen las luces o pongan los monitores en estado «suspendido»
- Vehículos eficientes en términos de combustible y planificación de transporte
- Detección de hidrocarbonos por medio de analizadores de vapor orgánico (importante en el procesamiento de químicos y petróleo)
- Uso de equipamiento acústico sensible para detectar fugas en gasoductos subterráneos (miden el ruido producido por las fugas)

El elemento clave en varias mediciones es motivar a las personas a que contribuyan a mejorar la gestión residual medioambiental. Por lo tanto, el feedback (por ejemplo, sobre menos residuos o menor consumo de energía) es muy importante. El software que registra el desempeño también ayuda a monitorear y motivar a las personas. También puede advertir a la organización sobre un rendimiento declinante.

Soluciones correctivas

Los sistemas de gestión ambiental están diseñados para evitar las emisiones y salvaguardar los recursos; no son suficientes para resolver todos los problemas medioambientales.

Cierto nivel de residuos es inherente a un proceso de producción. Las soluciones correctivas son necesarias para prevenir que estos desechos se descarguen o produzcan emisiones que perjudiquen al medio ambiente. En la industria, las soluciones correctivas o de final de proceso consisten en dispositivos de limpieza instalados después de las unidades de producción centrales.

Las tecnologías correctivas ofrecen una cantidad de ventajas:

- No requieren cambios en el proceso productivo. Cualquier cambio en el proceso productivo central involucra riesgos para la calidad del producto y la continuidad de la producción. Asimismo, suele requerir una inversión significativa y nueva capacitación del personal. En consecuencia, las compañías tienden a evitar los cambios en los procesos de producción.
- Los costes de capital y operativos se pueden proyectar y controlar. Es posible comprar un equipo estándar y subcontratar su operación.

No obstante, los flujos de residuos pueden plantear exigencias a las tecnologías correctivas; por ejemplo, el volumen y la concentración de materiales peligrosos en aguas residuales que entran en una planta de tratamiento biológico. Por lo tanto, es más atractivo desde el punto de vista financiero minimizar los flujos de residuos antes de tratarlos y/o construir sitios de almacenamiento para asegurar su operación eficiente. El tratamiento de las aguas residuales es un ejemplo típico. El volumen de aguas residuales puede reducirse con métodos sencillos, aunque esto puede significar introducir cambios en los procesos de producción.

Las tecnologías correctivas se pueden dividir en cuatro categorías:

- **Tecnologías de separación:** separan las sustancias nocivas de las que no lo son; por ejemplo, filtración, precipitaciones, condensaciones, etc.
- **Tecnologías de tratamiento:** eliminan las sustancias nocivas; por ejemplo, la quema de gases, oxidación, etc.
- **Tecnologías de protección** (del ruido, radiación, luz)
- **Tecnologías de compensación:** reservas naturales nuevas para compensar el daño derivado de la construcción de plantas industriales nuevas, bosques para capturar las emisiones de dióxido de carbono (CO_2), pasos para la vida silvestre debajo de las autopistas, etc. Esto permite que la fuente se mantenga intacta.

A principios de la década de 1970, varios países introdujeron legislación nueva que generó un rápido crecimiento de estas tecnologías correctivas. Purificar el agua antes de evacuarla, colocar filtros de polvo en las chimeneas y construir paredes anti-ruidos son algunas de las medidas tomadas. A pesar de que no suelen resolver el problema en su totalidad, las soluciones correctivas todavía son comunes cuando no existen otras alternativas disponibles.

Gestión de la cadena de abastecimiento y la ecología industrial

Las organizaciones tienden a optimizar su rendimiento dentro de sus propios límites. Sin embargo, esto no siempre es óptimo para la sociedad. Por ejemplo, una empresa que emite demasiado CO_2, óxido de nitrógeno (NO_x) y hollín durante la quema de combustibles fósiles para calentar sus procesos podría decidir cambiar sus procesos y, utilizar electricidad. Esto resolvería el problema de las emisiones, pero es probable que no signifique una mejora para el medio ambiente. Una central de energía debería proveer la electricidad, pero su eficiencia (central eléctrica, red de transmisión) sería quizá de 25–50% (es decir, inferior a la mayoría de las calderas); este cambio no protegería al medio ambiente. Una central eléctrica grande limpiaría mejor los gases de combustible que una pequeña o mediana empresa (PYME), pero es poco probable que el cambio sea beneficioso para el medio ambiente.

En especial cuando apuntamos a emisiones que son perjudiciales desde una perspectiva global o continental, deberíamos considerar toda la cadena de abastecimiento. Esta cubre todos los pasos, desde la exploración de la materia prima y recursos básicos a la disposición (o reciclado) de final de ciclo de vida de un producto.

Las decisiones en puntos específicos de la cadena de abastecimiento pueden tener consecuencias importantes en otros puntos. Por ejemplo, el reciclado de materiales podría verse gravemente obstaculizado por la presencia de cantidades pequeñas de aditivos (por ejemplo, los recubrimientos plásticos empeoran el reciclado del cartón). Por lo tanto, es importante tomar las decisiones sobre productos y procesos desde la perspectiva de la totalidad de la cadena de abastecimiento.

La ecología industrial

En 1989, Frosch y Gallapoulos[34] sugirieron que las industrias deberían ser más eficientes con sus flujos de materiales y de energía y deberían parecerse a sistemas ecológicos. La ecología servía como un ejemplo del nuevo orden en que se debían estructurar los sistemas industriales.

34 R.A. Frosch y N.E. Gallopoulos, 'Strategies for Manufacturing', *Scientific American* 261.3 (1989): 94-102.

La ecología industrial es un enfoque útil para los problemas de la cadena de abastecimiento recién mencionados. El significado de «ecología industrial» ha variado a lo largo de los años, pero las definiciones más importantes son las de Graedel y Allenby y el Instituto de Ingenieros Eléctricos y Electrónicos (IEEE).[35] En 1995, Graedel y Allenby propusieron:[36]

> La ecología industrial es el instrumento a través del cual la humanidad puede, deliberada y racionalmente, abordar y mantener una capacidad de carga deseable, de cara a la evolución económica, cultural y tecnológica continuas. El concepto requiere que un sistema industrial no sea considerado de forma aislada de los sistemas a su alrededor, sino en combinación con ellos. Se trata de una perspectiva de los sistemas que busca optimizar el ciclo completo de los materiales, de material virgen a material terminado, a componente, a producto, a producto obsoleto y disposición final. Los factores a optimizar incluyen los recursos, la energía y el capital.

Ese mismo año, el IEEE agregó:[37]

> La ecología industrial es el estudio objetivo y multidisciplinario de los sistemas industriales y económicos y sus vínculos con los sistemas naturales fundamentales [...] Es importante remarcar que la ecología industrial es un campo de estudio objetivo que se basa en disciplinas científicas y tecnológicas existentes y no en una forma de política industrial o un sistema de planificación.

En los últimos años, el concepto de ecología industrial ha evolucionado desde un término interesante para mediciones del medio ambiente en la industria a un campo de estudio que apunta a la renovación ambiental, organizacional, económica y tecnológica de la sociedad industrial. La ecología industrial es una disciplina en crecimiento.[38]

La diferencia entre la ecología industrial y diseñar un único producto o proceso para la sostenibilidad (por ejemplo, mediante el análisis del ciclo de vida; ver el Capítulo 8) es que la ecología industrial considera la totalidad de un sector industrial o de una cadena de abastecimiento en vez de concentrarse en un producto. Se tienen en cuenta todos los flujos de materiales (recursos, energía y capital) dentro de esa cadena de abastecimiento. La ecología industrial puede llegar a ser bastante extensiva. La Figura 7.3 proporciona un resumen esquemático de los flujos de materiales que se deben considerar.

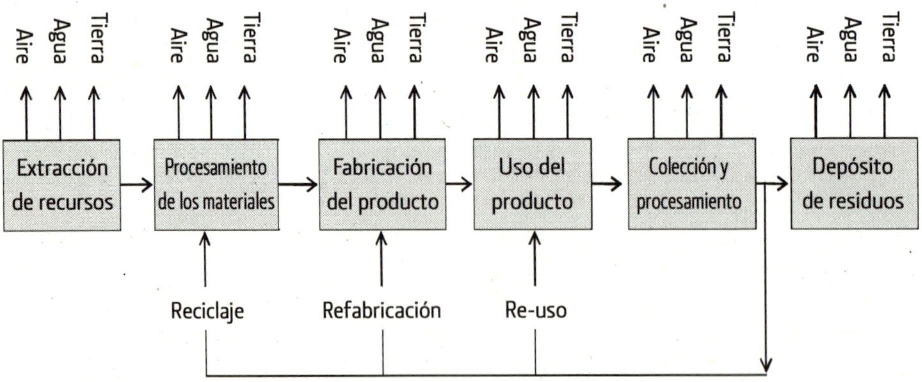

FIGURA 7.3 **Flujos de materiales**

35 Instituto de Ingenieros Eléctricos y Electrónicos (IEEE), Comité de Medio Ambiente, Salud y Seguridad, *White Paper on Sustainable Development and Industrial Ecology* (Nueva York: IEEE, 1995).
36 T.E. Graedel y B.R. Allenby, *Industrial Ecology* (Englewood Cliffs, NJ: Prentice Hall, 1995).
37 Instituto de Ingenieros Eléctricos y Electrónicos (IEEE), Comité de Medio Ambiente, Salud y Seguridad, *White Paper on Sustainable Development and Industrial Ecology* (Nueva York: IEEE, 1995).
38 Sociedad Internacional de Ecología Industrial, www.is4ie.org, 17 de octubre de 2005.

La ecología industrial traza un mapa de los flujos de materiales entrantes y los flujos de residuos salientes. Varias cadenas de abastecimiento en un mismo parque industrial pueden intercambiar materiales o energía para mejorar la optimización. Un famoso ejemplo de la ecología industrial en práctica es Kalundborg en Dinamarca (Figura 7.4). Este complejo de varias plantas industriales minimiza el consumo de energía y los materiales vírgenes a través del intercambio de energía y residuos/materias primas.

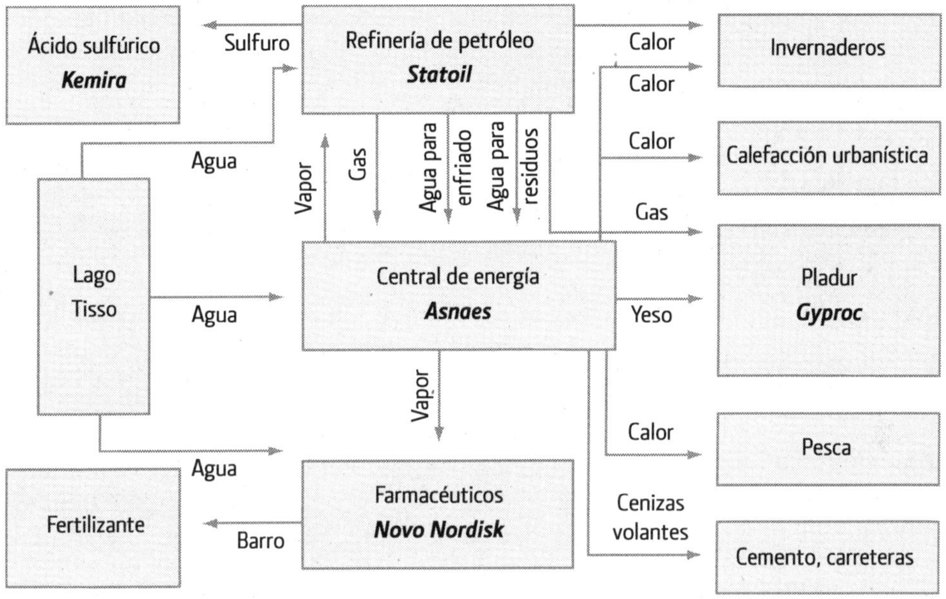

FIGURA 7.4 **Esquema del parque industrial de Kalundborg**

Fuente: «Industrial Symbiosis at Kalundborg, Denmark», www.indigodev.com/Kal.html, 17 Octubre 2005

Las personas como un «pilar» del desarrollo sostenible en las empresas

La dimensión social (las personas) del espíritu emprendedor sostenible tiene que ver con las consecuencias y las condiciones de las personas dentro y fuera de la empresa. Guarda relación con:

- Las condiciones laborales y de educación dentro de la empresa
- Las personas que viven en el vecindario
- Los usuarios de los productos y/o servicios
- Las personas que viven en los países en desarrollo donde están ubicadas las unidades de producción

En resumen, tiene que ver con las personas en toda la cadena de abastecimiento.

En el caso de las personas dentro de la empresa, se expresa como «satisfacción de los empleados». En primer lugar, esto depende de:

- Condiciones de trabajo físicas
- Condiciones laborales sociales y culturales

- Condiciones de empleo
- Beneficios adicionales

Sin embargo, la satisfacción de los empleados también incluye los siguientes aspectos:

- Afiliación a un sindicato y acceso a un representante fiable
- Privacidad de información
- Inscripción de correo electrónico
- Posibilidades de educación y formación
- Feedback regular
- Trato igualitario
- Disponibilidad de un plan social en caso de reorganizaciones y conflictos
- Atención de la salud corporativa
- Guardería infantil

La cultura corporativa y la participación en la elaboración de políticas de la unidad de trabajo o de la empresa también son factores importantes.

Las condiciones laborales y los términos de empleo ejercen una influencia directa en la satisfacción de los trabajadores. Incluyen el lugar del trabajo (por ejemplo, una habitación grande, pequeña, oscura o iluminada, con o sin aire acondicionado), los salarios y el porcentaje de ganancias. La satisfacción de los empleados debería verificarse con regularidad; por ejemplo, a través de cuestionarios. También se puede medir en términos de la cantidad de iniciativas por parte del personal, como propuestas de innovación dentro de la empresa, excursiones o fiestas en la oficina. Una tasa de ausencia alta constituye una señal de advertencia.

A la hora de considerar las personas fuera de la compañía, es necesario asegurar los siguientes puntos:

- Respeto por los derechos humanos
- Una política clara con respecto a hacer negocios en países donde los derechos humanos sufren violaciones graves y, en última instancia, normas aplicables a las operaciones en esos países
- Selección de proveedores según criterios de sostenibilidad
- Prohibición del trabajo infantil
- Impulso a las economías locales y las actividades sociales (en sitios donde opera la empresa)
- Impulso a la educación local (que podría derivar en una fuerza laboral mejor capacitada)

Apoyar la democracia local podría disminuir los conflictos en las comunidades locales y patrocinar organizaciones beneficiosas podría mejorar la vida social. El apoyo a acciones directas como la reforestación podría ayudar a conservar los medios de subsistencia. No obstante, la clave del éxito es abstenerse de toda forma de paternalismo. Las comunidades locales establecen sus propias prioridades. Por ejemplo, Shell ha realizado la siguiente declaración con respecto a sus operaciones en el delta del Níger:[39]

> Hoy, nuestro programa de desarrollo comunitario en el delta del Níger se basa en los principios del desarrollo sostenible y las mejores prácticas globales. En 2001, inverti-

39 www.shell.com, 17 de octubre de 2005.

mos más de 50 millones de dólares en salud, educación, agricultura, creación de empleo, programas para la mujer, capacitación a adolescentes y patrocinio. Todas nuestras acciones responden al asesoramiento experto de nuestros stakeholders y socios estratégicos y a la comunicación cada vez más abierta y honesta con las comunidades.

El impacto social de utilizar los productos comercializados por una empresa es otro aspecto de este pilar del desarrollo sostenible. ¿Cuál es el impacto social de un producto? ¿Son aceptables la investigación y la producción? Para evaluar el impacto social de la tecnología, ver el Capítulo 6.

Métodos contables para la sostenibilidad

Crear informes financieros adecuados sobre las actividades de sostenibilidad dentro de una empresa no es sencillo. Es posible dar cuenta de aspectos medioambientales y resultados financieros pero, en la mayoría de los casos, las consecuencias negativas de las actividades no sostenibles no se reportan. Además, es difícil medir los beneficios inmediatos de las actividades de sostenibilidad (por ejemplo, la productividad extra) y se sabe muy poco sobre indicadores sociales.[40] En ausencia de normas internacionales, la comparación entre empresas como información de referencia no suele ser posible.

Aunque muchas empresas han demostrado que se puede trabajar de modo sostenible y ser rentable al mismo tiempo, muchas otras todavía piensan que les costará dinero y debilitará su competitividad. Esta creencia se origina en la ignorancia de muchos emprendedores acerca de los ahorros potenciales que los productos, procesos y tecnologías sostenibles pueden generar.

Los economistas medioambientales proporcionan las siguientes razones para no introducir mediciones ambientales rentables:[41]

- Los costes relacionados con el medio ambiente se consideran costes de estructura y, por lo tanto, se contabilizan para todos los productos de la compañía y no solamente para los productos contaminantes
- Los costes relacionados con el medioambiente no se tienen en cuenta, al igual que los beneficios de los productos sostenibles
- Las inversiones en productos y procesos sostenibles están infravaloradas porque las técnicas de evaluación financiera tienen horizontes de tiempo demasiado breves

Los costes medioambientales podrían ser **costes internos**, como el coste del tratamiento del agua in situ. Pero también podrían ser **costes externos**, como el coste para los dueños de viviendas de limpiar las fachadas de sus casas a fin de eliminar los efectos del tránsito o los costes de la atención sanitaria si la salud de los residentes locales se viera afectada.

Para el desarrollo sostenible, sería mejor que las decisiones de inversión se basaran tanto en los costes internos como en los externos. Sin embargo, las empresas contaminantes no suelen pagar costes externos. A menudo consideran la posibilidad de que un coste externo se convierta en un coste interno; por ejemplo, responsabilidad por daños ante los efectos de la contaminación del suelo sobre la salud.

40 J. Ranganathan, 'Signs of Sustainability: Measuring Corporate Environmental and Social Performance', en M. Bennett y P. James (eds.), *Sustainable Measures: Evaluation and Reporting of Environmental and Social Performance* (Sheffield, RU: Greenleaf Publishing, 1999): 475-95.

41 S. Schaltegger y K. Muller, 'Calculating the True Profitability of Pollution Prevention', en M. Bennett y P. James (eds.), *The Green Bottom Line. Environmental Accounting for Management: Current Practices and Future Trends* (Sheffield, RU: Greenleaf Publishing, 1998): cap. 3.

Existen tres maneras en que las empresas pueden mejorar la visibilidad de los costes internos. Éstas son:

- Los costes ambientales no deberían considerarse costes de estructura
- Se debería utilizar la evaluación de los costes totales para obtener un panorama completo
- Las inversiones deberían basarse en un horizonte de tiempo adecuado

A continuación, se analizan los tres métodos.

No considerar los costes medioambientales como costes de estructura

Los costes de estructura se definen como todos los costes que no se asignan a un producto o proceso específico. Para calcular el coste de producción de un producto, las empresas suelen distribuir los costes estructurales entre todos los productos y procesos. Separar los costes ambientales de los costes de estructura y asignar estos costes únicamente a aquellos productos y procesos que de hecho los causan permitirá determinar los costes de producción correctos de los productos.

Aún cuando todos los productos generen un cierto grado de contaminación, el principio de considerar estos costes como estructurales desalienta a los gerentes responsables de tomar las medidas para reducir el impacto sobre el medio ambiente. El problema es que sus presupuestos deben asumir el coste de reducir la contaminación pero la totalidad de la empresa se beneficia con costes de contaminación menores.

Utilizar la evaluación de costes totales para obtener un panorama completo

El enfoque de evaluación de los costes totales[42] se desarrolló como reacción a los métodos contables tradicionales. Permite una estimación más precisa del precio de coste de los productos y puede utilizarse para hacer los costes medioambientales más visibles y explícitos. Coopers & Lybrand Consultants[43] proponen cinco áreas de débito:

- **Convencionales:** costes para recursos, servicios, capital y mano de obra que también se contabilizan con los métodos tradicionales
- **Ocultos:** costes que son en gran parte invisibles con los métodos tradicionales, puesto que se los considera costes de estructura (incluye costes que ocurrirán en el futuro, aunque tal vez no se sepa bien cuándo)
- **De Contingencia:** costes que la organización no sabe si tendrá que pagar en el futuro
- **De Relaciones públicas (RRPP) e imagen:** costes en los que se debe incurrir para lograr una «buena» imagen, pero también las consecuencias financieras de una «buena» o «mala» imagen
- **Sociales:** costes externos de contaminación como la disminución de valor de la propiedad local

42 A.L. White, M. Becker y J. Goldstein, *Total Cost Assessment: Accelerating Industrial Pollution Prevention through Innovative Project Financial Analysis* (Washington, DC: US Environmental Protection Agency, 1992).
43 Coopers & Lybrand Consultants, *On Environmental Management* 3.1 (1998); www.pwcglobal.com/extweb/service.nsf/8b9d788097dff3c9852565e00073c0ba/1211fe286669bba18525692e0004fad5/$FILE/EnvironmentalAccountingFeb98.pdf, 17 de octubre de 2005.

En la medida en que estos costes se incrementan, se vuelven más difíciles de determinar. Se debería realizar un inventario de costes y beneficios del producto actual y compararlo con los costes y beneficios de una alternativa sostenible para cada una de estas categorías. Algunos costes y beneficios futuros pueden ser difíciles de determinar y una buena estimación será suficiente. La Tabla 7.1 muestra ejemplos de las diferentes categorías.

Después de realizar un inventario de todos estos costes, se debería asignarlos al producto que les corresponda. En caso de que correspondan a más de un producto, se debería aplicar una distribución justa.

Categoría Coste/Beneficio	**Ejemplos**
Convencional	(+) Bajo coste de recursos (materiales) y gestión de residuos (+) Bajo coste debido al reducido consumo de energía en los procesos de producción y transporte (+) Bajo coste debido a subvenciones para invertir en soluciones ecológicas (+) Elevado precio de venta, el consumidor está dispuesto a pagar más por productos sostenibles (+) Mayor ganancia en el mercado
Oculta	(–) El producto sostenible podría generar más inversión en investigación y desarrollo (+) Ahorros en costes de gestión de residuos y costes de monitoreo de polución (+) Ahorros en costes de trabajo debidos a condiciones laborables más seguras, disminución de baja por salud y empleados más motivados. (+) Elegir energías renovables podría reducir el coste de desmantelamiento convencional de plantas nucleares en el futuro
Contingencia	(–) Multas por falta de permisos resultando en la clausura obligatoria de compañías (–) Costes de reclamaciones por molestias causada a otros (–) Costes de adaptación de productos o procesos para cumplir con la nueva legislación ambiental (–) Costes de cargos (futuros) y póliza de seguros más caras. (–) Costes de limpieza de accidentes de polución (+) Beneficios porque el producto es de mayor calidad y, en consecuencia, las ventas son mayores y las reclamaciones y costes post-venta son menores
Relaciones públicas e imagen	(+) Imagen "verde" beneficia las ventas (–) Costes para difundir la imagen "verde" en informes ambientales anuales
Social	(+) Mejor relación con los vecinos (–) El mensaje de "éxito" sólo se puede comunicar si se reconoce la situación anterior como peor

TABLA 7.1 Ejemplo de las cinco categorías de coste/beneficio

Evaluar las inversiones sobre la base de un horizonte de tiempo adecuado

Toda decisión de inversión debería basarse en una evaluación de todos los costes y beneficios proyectados. Lo mismo se aplica a las inversiones en sostenibilidad. Pero los métodos de evaluación de inversión convencionales infravaloran las alternativas sostenibles.

Período de recuperación: se usa mucho para evaluar las inversiones porque es fácil de utilizar. Este método de evaluación de inversión considera los costes totales de los gastos de capital en la etapa inicial y los beneficios anuales estimados. La división de los costes de capital por los beneficios anuales estimados proporciona el período de retorno. El horizonte de tiempo de este método es breve y no se suele tener en cuenta los beneficios a más largo plazo de las inversiones sostenibles. Un ejemplo de esto son las exorbitantes demandas de responsabilidad tan comunes en los Estados Unidos por la contaminación del suelo y el agua subterránea.[44]

Valor actual neto (NPV, por sus siglas en inglés): ofrece la posibilidad de tener en cuenta los costes y beneficios futuros. Este método de evaluación de inversión es una manera de comparar el valor del dinero actual con el valor del dinero en el futuro. Un euro de hoy vale más que un euro en el futuro porque la inflación erosionará su poder adquisitivo, mientras que el dinero disponible hoy puede invertirse y crecer. Por ejemplo, si asumimos una tasa de descuento del 5%, el NPV de €2.000 dentro de diez años es €1.227,83. De modo que si alguien nos ofreciera €1.000 hoy o €2.000 dentro de diez años, escogeríamos lo segundo, porque el NPV es más alto. Si el NPV de una inversión es positivo, el proyecto se considera rentable.

A veces, los proyectos tienen tanta importancia estratégica para una empresa que se implementan a pesar de un NPV negativo. Estos proyectos pueden significar oportunidades nuevas para una empresa o impedir que se vea forzada a retirarse del negocio.

Los métodos de evaluación de inversión estiman el período de recuperación para la expectativa de vida de los equipos a partir del supuesto que su valor ha caído a cero. Sin embargo, un uso más prolongado o un valor considerable más allá de la expectativa de vida útil normal puede significar ganancias interesantes.

Preguntas, análisis y ejercicios

1. Evalúe la estrategia de negocios de Interface (ver a continuación) y compárela con la de uno de sus competidores en el mercado de las alfombras. ¿Existen diferencias significativas? ¿Cómo podría proceder Interface en la senda hacia la sostenibilidad?
2. Igual pregunta para CONSTRUCCIONES RUBAU S.A. (ver página 94), constituida como una «sociedad anónima» (junta directiva) en 1968, en Girona, España.
3. Estime el NPV de €1 millón invertidos en una turbina eólica de 1 MW dentro de 15 años. Compárelo con la compra de bonos con una tasa de interés del 6%.
   - **a.** La inversión es de €1 millón, la producción de electricidad promedio anual es de 2,1 GWh, los costes de mantenimiento anuales ascienden a €20.000 y la electricidad se vende a €0,04/kWh.
   - **b.** ¿Cuál será el NPV en caso de que haya escasez de energía y el precio de esta electricidad verde se incremente a €0,08/kWh?

44 Agencia de Protección Ambiental de los EE.UU., 'Superfund: Cleaning Up the Nation's Hazardous Waste Sites', www.epa.gov/superfund,17 de octubre de 2005.

4. Compare los informes de sostenibilidad de dos grandes empresas competidoras en el mismo sector. ¿En qué difieren ambas empresas? A su entender, ¿cuál contribuye más al desarrollo sostenible?

Interface

NUESTRA COMPAÑÍA

Interface, con sus alfombras y géneros, es un líder reconocido en el mercado de interiores. La compañía está comprometida con el objetivo de la sostenibilidad y en hacer negocios minimizando el impacto sobre el medio ambiente y aumentando el valor para sus accionistas.

Nuestro presidente, Ray Anderson, creó Interface en 1973. Fuimos pioneros desde un principio, los precursores de la industria del alfombramiento modular en los Estados Unidos. Una generación después, somos pioneros en una mejor forma de obtener mayores ganancias.

Hoy, promovemos las prácticas empresariales sostenibles dentro de nuestra comunidad global y en los productos que fabricamos. Para Interface, la sostenibilidad no es algo superficial. Es una creencia incorporada en nuestro modelo de negocio. Es un valor corporativo subyacente que asegura que las decisiones empresariales tienen en cuenta su impacto potencial en los sistemas económicos, naturales y sociales de los que formamos parte. Es una manera de que nuestros asociados provean un valor superior a nuestros clientes y accionistas.

Interface es una compañía local con plantas de manufactura en cuatros continentes y oficinas en más de 100 países.

Fuente: www.interfacesustainability.com/comp.html

Por ejemplo, compare: Shell y BP o ExxonMobil; Du Pont y BASF; DaimlerChrysler y Toyota; Boeing y Airbus; Procter & Gamble y Unilever; Nike y Levi's; Sony y Philips.

CONSTRUCCIONES RUBAU S.A. obtuvo la certificación de su Sistema de Gestión Medioambiental en el año 2000 y cubre todo tipo de obras. Este sistema, también integrado en el sistema de Gestión de Desempeño Corporativo, es uno de los ejes fundamentales de la política ambientalista de **CONSTRUCCIONES RUBAU S.A.**

Más allá de los requerimientos normativos o legislativos, **CONSTRUCCIONES RUBAU S.A.** lleva a cabo una campaña llamada «**HORMIGÓN VERDE**» que apunta a la optimización del comportamiento medioambiental en las obras a través de una ejecución más eficaz de todos los agentes que intervienen en ellas. Entre las medidas que la compañía ha implementado, cabe citar:

- **Carteles de obra.** Elaboración de carteles informativos con caricaturas que indican las buenas prácticas medioambientales.
- **Guía verde.** Guía de bolsillo que se entrega a todos los trabajadores de nuestra compañía y a los supervisores de nuestros subcontratistas y que contiene las indicaciones necesarias para dirigir una obra correctamente desde un punto de vista medioambiental.
- **Contenedor específico para residuos peligrosos.** Contenedor compartimentado diseñado para los diferentes residuos peligrosos que generan las obras.
- **Premio al subcontratista más respetuoso del medio ambiente.** Premio anual que se entrega al subcontratista de **CONSTRUCCIONES RUBAU S.A.** que haya desplegado las mejores prácticas desde un punto de vista ambiental.
- **Integración con la sociedad.** La participación de **CONSTRUCCIONES RUBAU S.A.** en la sociedad a través de conferencias, sesiones de trabajo para visitas pedagógicas, participación en asociaciones para la defensa y la protección del medio ambiente, etc.
- **Promoción de la conciencia medioambiental en los subcontratistas.** Fomentar la conciencia ambiental en las compañías subcontratadas es básico para aspirar a que las obras alcancen los objetivos medioambientales.
- **Impulso a las innovaciones tecnológicas para el medio ambiente.** Es importante que la empresa asuma un compromiso firme a la hora de buscar nuevas fórmulas que permitan construir de una forma más sostenible. Un ejemplo claro es el reciclaje de las mezclas asfálticas en caliente.

Fuente: www.rubau.com/eng/ap9_i.htm

8 Proyecto y desarrollo sostenible

Los ingenieros desempeñan varios roles en su vida profesional tales como:

- Gestores de proyecto
- Gestores de planta
- Investigadores tecnológicos
- Inspectores de sistemas tecnológicos

Sin embargo, una de sus tareas más importantes consiste en el diseño metodológico de productos, procesos y sistemas. Los ingenieros pueden optimizar el diseño a través de su conocimiento de los principios científicos.

En el proceso de diseño, se toman decisiones que tienen un efecto considerable en la sostenibilidad de un producto, proceso o sistema. Además, los ingenieros pueden participar en el proceso de diseño como representantes de la organización que encarga el proyecto o la organización que lo utilizará.

En este capítulo, tratamos primero el diseño como parte del proceso de innovación. Luego, nos dedicaremos al proyecto en detalle.

¿Qué es proyectar?

El diseño dentro del proceso de innovación

Tradicionalmente, se considera al proceso de diseño como un eslabón en una cadena de pasos. Una organización encarga el diseño de un nuevo proceso o producto que la ayude a alcanzar sus metas. El ingeniero que acepta la tarea de realizar el diseño recibe una lista de requisitos, que el producto debe cumplir. A su vez, estos requisitos se utilizan, luego, para evaluar el diseño producido por el ingeniero. Una vez que se acepta el diseño, finaliza la tarea del ingeniero de diseño.

Tres actividades caracterizan a este enfoque tradicional de la ingeniería de proyecto, a saber:

- Encargo

- Diseño
- Aplicación

La lista de requisitos o especificaciones separa el proceso de diseño del encargo y del proceso de aplicación. Por lo tanto, reviste una importancia fundamental –el diseñador no debe cuestionar la naturaleza del encargo ni su aplicación.

Una vez que el proyectista ha aceptado la lista de requisitos, el siguiente paso consiste en buscar una solución que responda a todos ellos de forma adecuada (aún si las demandas parecen inconsistentes). Esta ausencia de crítica depende de la cultura del ingeniero. En general, los ingenieros occidentales no suelen criticar a quienes los contratan, pero, en culturas más jerárquicas, como las del Sudeste Asiático, por ejemplo, la falta de coraje para cuestionar la validez de los requerimientos puede significar meses de trabajo inútil para los ingenieros.

La interacción entre proyectistas y clientes es muy importante, ya que, a menudo, conduce a la modificación de los requisitos. En ocasiones, el proyectista conoce distintas formas de reducir costes o funciones que se pueden incorporar y que el cliente ignora. Además, el proyectista puede asesorar a su cliente sobre la utilización del producto, con aportaciones valiosas sobre:

- El mejor funcionamiento del producto
- La mejor forma de encarar el mantenimiento del mismo
- Cómo mejorar el diseño en base a su experiencia práctica

La interacción entre el ingeniero de diseño, el contratante y el usuario beneficia a todas las partes involucradas en el proyecto. La estricta separación del proceso de encargo, diseño y aplicación constituye una barrera para la interacción productiva y el comportamiento responsable. Además, puede generar problemas éticos:

> Consideremos el caso de la firma holandesa de ingeniería que había aceptado diseñar viviendas para trabajadores en una dictadura de Oriente Medio. Durante el proceso de diseño, se hicieron evidentes algunos requerimientos bastante peculiares que llevaron a los ingenieros a una inevitable conclusión: ¡el edificio a construir sería una cárcel! La reputación del país no sugería que los ingenieros fueran a contribuir a la lucha contra el crimen. ¿Debían cumplir con su tarea de diseño, dentro de las limitaciones de la lista de requisitos planteada? Los ingenieros no querían completar el diseño.

En proyecto, el desarrollo sostenible suele considerarse como una mera exigencia adicional, que se puede agregar a la lista de requisitos junto con otras características de prestaciones técnicas y de carácter económico.

> Supongamos que la sostenibilidad fuera un criterio de diseño adicional en el caso de una planta que funciona con carbón: ¿adónde nos llevaría ese proyecto? ¡Vaya problema para el proyectista!

Esto se debe a que la sostenibilidad no es un criterio adicional. Abarca todas las características que debe cumplir un proyecto. Incluso plantea la pregunta: ¿se debería realizar ese proyecto?

En general, se considera a la parte contratante y al usuario final del producto como responsables de su sostenibilidad. El aporte del proyectista parece relativamente pequeño y limitado por la lista de requisitos establecidos para el proceso o producto a diseñar. A menudo, su tarea no implica más que seleccionar materiales o métodos de producción seguros desde el punto de vista ambiental –decisiones que sólo se refieren al aspecto ambiental del concepto de desarrollo sostenible. Si los proyectistas desean realizar una aportación verdadera en favor del desarrollo sostenible, tendrán que plantear sus argumentos al cliente y al usuario final.

El proceso de diseño

La mayoría de los ingenieros se ocupan de los productos físicos en el sentido más amplio –es decir, los sistemas físicos diseñados con un determinado propósito son productos. Una bicicleta es un producto, al igual que una fábrica, una planta de tratamiento de agua, un puente y un área nueva en una ciudad. Todos ellos son sistemas físicos, aunque tengan distintas escalas. El proceso de diseño consiste en el desarrollo y planeamiento de un producto determinado.

Las distintas disciplinas conllevan diferentes procesos de diseño, aunque comparten características comunes. El proceso de diseño se caracteriza por el ciclo de diseño,[1] que describe ciertos pasos presentes en los procesos de diseño (Figura 8.1). En el diseño orientado al desarrollo sostenible, los proyectistas deben tener ese objetivo en mente durante todo el proceso de diseño.

Las decisiones más importantes relacionadas con el desarrollo sostenible tienen lugar en la fase inicial del proceso de diseño –el análisis. Cuanto antes se incorpore el desarrollo sostenible al proceso, mayor será su influencia. Es mucho más fácil modificar la tarea para mejorar la sostenibilidad que tratar de incrementarla en un proyecto detallado ya terminado.

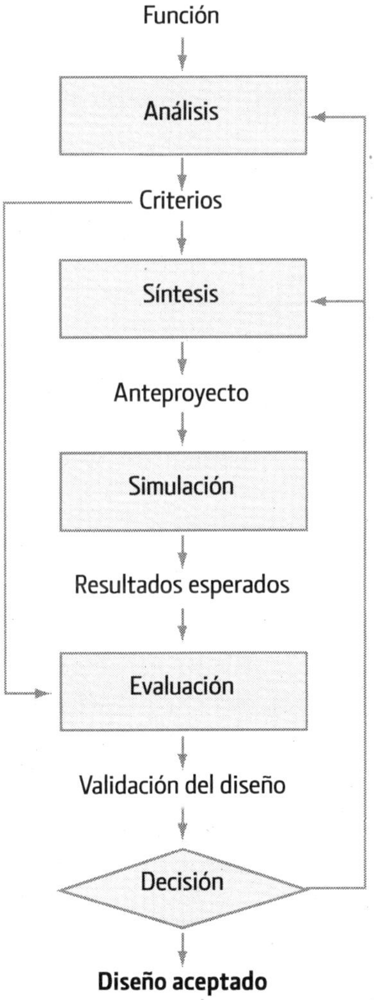

FIGURA 8.1 El ciclo del diseño

1 N.F.M Roozenburg y J. Eekels, *Productontwerpen, structuur en methoden* (Utrecht, Holanda: Lemma, 1998).

Análisis

El núcleo del proceso de diseño radica en la función del producto a diseñar. El término «función» no sólo se refiere a la función técnica, sino también a las funciones sociales, culturales, psicológicas y económicas que desempeñará el producto. Si bien la lista de requisitos contendrá las funciones principales, es necesario analizarlas para determinar requerimientos adicionales.

Todo proceso de diseño responde a un problema que se debe resolver. La tarea del proyectista consiste en identificar el problema real, clarificarlo y plantear un enunciado de problema. En otras palabras, el proyectista debe analizar cuál es el problema real. A menudo, resulta ser un problema diferente al planteado por la parte contratante. Sólo cuando el problema se define con claridad y en términos «factibles», el proyectista puede buscar la forma más sostenible de resolverlo.

El siguiente ejemplo ilustra este concepto. El cliente quiere mejorar el envase de una máquina en particular. Se requiere esta mejora porque, en ocasiones, las máquinas se dañan durante los traslados. El cliente podría describir el problema como un incidente de «envase defectuoso». Si, en cambio, el problema no se define de esta manera, sino como un «daño a la máquina en tránsito», tal vez el proyectista podría buscar otra solución más sostenible. Por ejemplo, podría modificar el diseño de la máquina para que se pueda transportar de forma segura sin requerir ningún tipo de embalaje.

En general, un grupo de personas intervienen en el problema (los «dueños del problema»). Primero, está el cliente, que no está conforme con la situación actual –ya sea porque la ganancia que genera el producto es insuficiente, o el proceso de producción es ineficiente, su participación de mercado es muy pequeña, o porque una nueva norma o tecnología exige un cambio a futuro. También pueden ser dueños del problema los usuarios finales, los vendedores y la gente que vive o trabaja cerca del producto (ver el análisis de gestión de grupos de interés en el Capítulo 7).

El proyectista debe determinar qué aspectos del producto no son (lo suficientemente) sostenibles y cuáles se pueden mejorar. Una vez que se determina el problema de diseño, se puede formular el objetivo de diseño, que describe la situación futura viable que el diseño debe lograr. La determinación de la situación viable constituye, en sí misma, un proceso de resolución de problemas e implica una serie de decisiones. ¿Qué aspecto tiene la situación viable? Esta pregunta no tiene una única respuesta correcta. La sostenibilidad permite una variedad de opciones.

Es posible que el proyectista llegue a la conclusión de que se deben realizar cambios importantes para lograr una solución sostenible. Sin embargo, a menudo, la parte contratante no autoriza al diseñador a ejecutar cambios tan radicales. La lista de requisitos suele ser tan limitada que sólo permite mejoras menores en el producto. En consecuencia, el ingeniero debe revisar la lista de requisitos con cuidado antes de aceptar un trabajo de diseño.

El objetivo de diseño se transforma en una serie de requisitos funcionales y técnicos, que desempeñan distintos roles durante el proceso de diseño:

- Obligan a las partes a llegar a un consenso respecto del producto a desarrollar en la etapa inicial del proceso. De esta manera, se evita la modificación del diseño en una etapa posterior si una de las partes considera que el producto no cumple las expectativas planteadas.
- Se trata de una forma de dirigir el proceso de diseño. Las propuestas preliminares se verifican en base a los requisitos funcionales y técnicos.
- Se delimita el área en la que se pueden encontrar soluciones posibles.
- En algunos casos, forma parte del contrato entre el cliente y el proyectista, quien debe presentar un diseño que cumpla los requerimientos funcionales y técnicos planteados.

Síntesis, simulación, evaluación, iteraciones

El diseño en sí tiene lugar en la fase de síntesis, cuando el diseñador genera una solución factible para el problema descrito en la fase de análisis. En general, se formulan múltiples soluciones (parciales) durante la fase de síntesis y, luego, se elige una de ellas. Las distintas soluciones se describen en presentaciones escritas, gráficos, simulacros, etc.

En la fase de simulación, el proyectista trata de obtener una idea del comportamiento y las características del producto diseñado a través de cálculos, pruebas de ensayo de un modelo físico, simulaciones en ordenador, etc. De esta manera, trata de obtener información sobre el comportamiento esperado del producto.

El diseño preliminar se prueba en la fase de evaluación, en la que las características reflejadas por los resultados de la simulación se comparan con las características que se desprenden de los requisitos funcionales y técnicos. Si las diferencias son aceptables, el proceso de diseño continúa a la siguiente fase; de lo contrario, se requerirán adaptaciones. Estos pasos no siempre se dan en el mismo orden. El diseño es un proceso iterativo y, a menudo, es necesario volver atrás, a un paso anterior. El diseño final suele ser el resultado de un proceso de prueba y error.

En el diseño de sistemas grandes, el proceso de evaluación suele implicar un arduo esfuerzo. Además de probar el diseño de todos los componentes, en esta fase se deben probar las características dinámicas del sistema, como, por ejemplo, la puesta en marcha de una planta química y la interrupción de operaciones en caso de emergencias. A menudo, este proceso involucra el desarrollo de modelos matemáticos. El análisis de riesgo de un diseño de sistemas debe repetirse para evitar que se pase por alto una secuencia peligrosa de eventos.

Análisis social

Análisis de grupos de interés y análisis de tendencias en el proceso de diseño

El desarrollo sostenible no es una consecuencia de las acciones de una sola persona u organización. Es el resultado de la realización de acciones conjuntas en pos de metas comunes. El diseño con miras al desarrollo sostenible debe, por lo tanto, apuntar a implicar a todas las personas interesadas en el producto o proceso (es decir, los grupos de interés –*stakeholders*– participantes; ver Capítulo 7). Sin embargo, el producto o proceso puede revestir importancia para uno de los ámbitos competitivos de nuestra sociedad. Por ejemplo, la competencia de mercado impide la transparencia frente a los competidores y, por lo tanto, frente al público en general. La competencia nacional y política y las amenazas terroristas impiden la transparencia respecto de ciertas tecnologías.

En lugar de buscar el consenso con los grupos de interés, se deben analizar sus motivaciones y argumentos. El análisis de los grupos de interés (*stakeholders*) muestra de forma sistemática las partes que intervienen en la aparición y resolución de un problema. El análisis de tendencias intenta revelar los cambios en la sociedad que resultan relevantes para ciertos productos y mercados –por ejemplo, el envejecimiento de la población o el aumento de la cantidad de gente que vive sola. Como el proceso de diseño se refiere a productos futuros, es importante proyectar las tendencias observadas en el futuro.

Al considerar a todos los grupos de interés involucrados, se logra el desarrollo de un diseño que responda a sus necesidades y demandas, así como a las tendencias observadas en la sociedad.

Clasificación de grupos de interés

El primer paso en el análisis de grupos de interés consiste en plantear una lista de todos los *stakeholders* y sus respectivas características. Se pueden clasificar en función de una matriz basada en su influencia y concienciación (Figura 8.2), cuatro categorías de grupos de interés.

La separación de *stakeholders* en grupos con distintos niveles de interés y concienciación permite vislumbrar por qué se da cierta situación o cuál es la postura de la gente frente a dicha situación. Además, se pueden identificar los grupos de interés más influyentes.

Hay cuatro grupos de interés (Figura 8.2). Los «**grupos o agentes claves**» (D) son muy conscientes de su implicación en el problema y tienen una marcada influencia en el desarrollo de una solución. Para resolver el problema, este grupo de personas es muy importante en el análisis de posibles soluciones. En el otro extremo de la matriz, se encuentran los grupos de interés de «**mínimo esfuerzo**» (A). Estos *stakeholders* tienen escasa conciencia de su implicación en el problema y poca influencia en el desarrollo de soluciones. Por ejemplo, el análisis de grupos de interés puede revelar que se ha prestado demasiada atención a estos grupos. El tercer conjunto de *stakeholders* está formado por grupos de «**generación de conciencia**» (C). Estos grupos de interés cuentan con el potencial y los medios necesarios para influenciar la situación, pero aún no están dispuestos a hacerlo. El grupo de «**expresión e influencia**» (B) tiene poca capacidad para influenciar la situación (aún), pero es consciente de su interés en el desarrollo de soluciones futuras. Se debe mantener informado a este grupo de los últimos avances de la situación y, siempre que sea posible, aprovechar su influencia. Este grupo de interés puede incrementar su nivel de influencia a lo largo del tiempo.

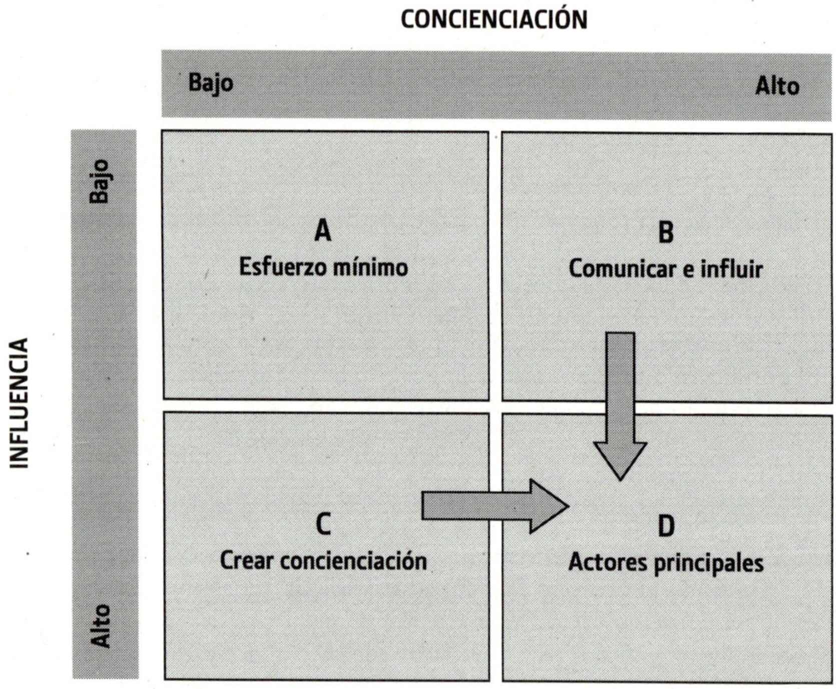

FIGURA 8.2 Matriz de influencia-concienciación

Análisis de tendencias

El análisis de tendencias intenta revelar los cambios en la sociedad que son relevantes para los productos y mercados. Puede completar el panorama aportado por el análisis de grupos de interés, especialmente en lo concerniente a problemas relacionados con el desarrollo sostenible. El análisis de tendencias se puede realizar de dos maneras:

- Determinación de tendencias por grupo de interés
- Determinación de tendencias globales e identificar los efectos para cada grupo de interés

La ventaja del primer método radica en que se pueden encontrar tendencias que no aparecen en un análisis global. Además, este método detecta qué grupos de interés influencian una determinada tendencia y hasta qué punto lo hacen. La ventaja del segundo método consiste en que se pueden encontrar nuevos grupos de interés que no se vislumbran en la situación actual –por ejemplo, los futuros habitantes de un barrio en proceso de planificación y la próxima generación de consumidores. Más aún, las tendencias globales pueden influenciar la importancia relativa de los distintos grupos de interés involucrados, lo que resulta difícil de observar con el primer método.

Se pueden analizar y combinar las tendencias. En situaciones complejas, donde existen opciones excluyentes, es posible que el análisis de escenarios resulte de utilidad (ver Capítulo 10).

Análisis del ciclo de vida (ACV)

Método

El ACV es una herramienta que permite analizar el impacto ambiental total de un diseño o producto. Se puede utilizar en distintas etapas del proceso de diseño. También, se usa para optimizar las prestaciones ambientales de un diseño. El ACV cuantifica el impacto ambiental de un determinado producto o sistema, y puede servir de punto de partida para un nuevo diseño. El sistema del producto abarca todas las fases de la vida del producto:

- Adquisición y ajuste de materias primas (por ejemplo, minería, perforación, agricultura, bosques, pesca)
- Procesado y fabricación del producto y equipo de producción
- Distribución y transporte
- Utilización, re-utilización y mantenimiento
- Fin de ciclo de vida: almacenamiento, incineración, residuos generados y reciclaje[2]

En todas las fases, se calcula la contribución del producto a distintas formas de contaminación (por ejemplo, efecto invernadero, daño a la capa de ozono y acidificación). En los ACV, se contabilizan las aportaciones de un producto a un problema ambiental específico en una misma unidad estándar. Por ejemplo, las emisiones de gas se calculan en términos de su equivalencia en kilos de dióxido de carbono (CO_2), mientras que la acidificación se calcula por su peso equivalente en kilos de dióxido sulfúrico (SO_2).

Sin embargo, las distintas formas de impacto ambiental no se pueden sumar. Para calcular una única cifra como resultado del ACV, se deben incorporar factores ponderados que determinan la prioridad relativa de cada problema ambiental. Los factores ponderados se derivan de la distancia relativa de la situación actual con respecto a las metas establecidas en las políticas documentadas.[3]

2 R.M. Bras-Klapwijk, R. Heijungs y P. van Mourik, *Levenscyclusanalyse voor onderzoekers, ontwerpers en beleidsmakers* (Delft, Holanda: VSSD, 2003).

3 En principio, el método confiere mayor importancia a los impactos ambientales para los cuales los objetivos de las políticas son más ambiciosos. El método preciso se describe en: R. Heijungs, J.B. Guinee, G. Huppes, R.M. Lankreijer, H.A. Udo de Haes, A. Wegener Sleeswijk, A.M.M. Ansems, P.G. Eggels, R. van Duin y H.P. de Goede, *Environmental Life Cycle Assessment of Products*. I. *Guide*. II. *Backgrounds*. (Leiden, Holanda: CML, 1992).

De esta manera, se pueden comparar diseños y materiales alternativos. No obstante, cabe recordar que la cifra resultante depende siempre de la elección de los factores ponderados. Si cambian las prioridades, se modificará también la valoración del ACV.

El objeto del análisis –el producto o proceso en cuestión– se presenta como la unidad funcional. Es muy importante definir esta unidad porque determina el objeto del análisis y las comparaciones que pueden realizarse con los resultados.

Un ejemplo de la elección de una unidad funcional es un automóvil de ciertas características. En este caso, se calcula el impacto ambiental total del vehículo durante su vida útil. Así, se pueden comparar distintos automóviles. Otro ejemplo de una unidad funcional es «transporte para dos adultos y dos niños, con un equipaje total de 60 kilos, desde Ámsterdam hasta Barcelona». De esta manera, se pueden comparar distintas alternativas de transporte: automóvil, avión, autobús y tren.[4]

El ACV también se utiliza para rediseñar un producto y analizar el diseño básico para estudiar los principales impactos ambientales a fin de proponer mejoras.

Al principio de un proceso de diseño, no hay muchos datos disponibles y se puede realizar un análisis global sólo para comparar las distintas alternativas existentes en función de su impacto ambiental. Luego, el ACV puede ayudar a evaluar el diseño y ofrecer claves para su mejora.

El ACV obliga al proyectista a analizar el ciclo de vida completo del producto. De esta manera, se asegura que no se han pasado por alto problemas ambientales de importancia. El ejemplo del tubo de escape catalítico para automóviles (ver a continuación) demuestra la importancia de las dos funciones principales (determinación del impacto ambiental y comparación de distintos productos) del ACV.

Herramientas

Para preparar un ACV, se pueden utilizar varias herramientas de software, que van desde las que se usan para detectar el daño ambiental que producen los materiales (por ejemplo, IdeMat)[5] hasta las que ayudan al proyectista a elaborar un análisis ambiental breve (por ejemplo, EcoScan®)[6] o detallado (por ejemplo, SimaPro).[7]

Un método manual desarrollado para los diseñadores de productos es el método Eco-indicator-99,[8] que proporciona una tabla con las cantidades de los materiales y procesos usados para las distintas fases de producción, utilización y tratamiento final del producto. Estos valores se multiplican con los eco-indicadores estándar, lo que le permite al diseñador determinar qué procesos, componentes o fases de la vida útil de un producto tienen mayor incidencia en su impacto ambiental. Además, se pueden comparar alternativas de productos.

4 Los resultados dependen fuertemente del factor de carga de cada medio de transporte (cantidad de pasajeros real/capacidad de pasajeros máxima); el autobús es claramente el vencedor. J.H.J. Roos, A.N. Bleijenberg y W.J. Dijkstra, *Energiegebruik en emissies van de luchtvaart en andere wijzen van personenverkeer op Europese afstanden* (Delft, Holanda: CE Delft, 1997).

5 www.io.tudelft.nl/research/dfs/idemat/index.htm, 11 de noviembre de 2005.

6 www.ind.tno.nl/en/product/ecoscan, 11 de noviembre de 2005.

7 www.pre.nl/simapro/default.htm, 11 de noviembre de 2005.

8 www.pre.nl/eco-indicator99/default.htm, 11 de noviembre de 2005. Para obtener mayor información sobre el método, consultar: Ministerio de Vivienda, Planeamiento Espacial y Medio Ambiente de Holanda (VROM), *Eco-indicator 99 Manual for Designers* (La Haya: VROM, 2000); www.pre.nl/download/EI99_Manual.pdf, 11 de noviembre de 2005).

Sistema de escape catalítico para automóviles

El sistema de escape catalítico para automóviles tiene un comportamiento ecológico admirable si se lo considera sólo en su fase de uso. La emisión de gases contaminantes, tales como el monóxido de carbono (CO), los compuestos orgánicos volátiles (VOCs) y los óxidos de nitrógeno (NO_x) ha disminuido drásticamente desde que los sistemas de escape catalíticos pasaron a ser obligatorios para los automóviles en la UE en 1993. Debido a que esta tecnología requirió la incorporación del combustible sin plomo, se eliminó también la contaminación por plomo proveniente de esta fuente. En consecuencia, se puede decir que el escape catalítico constituye un producto ecológico.

Sin embargo, si se considera la vida útil completa del escape catalítico, se obtienen conclusiones diferentes. Se necesitan ciertos metales preciosos, como platino, paladio o rodio, para producir un escape catalítico. La producción de cada sistema de escape catalítico de tres vías requiere 4,5 gramos de platino y 15 gramos de paladio. La producción de cada gramo de estos metales implica la extracción de 300 kilos de minerales.

El líder del mercado de metales preciosos se encuentra en la ciudad industrial siberiana de Norilsk. La construcción del complejo fabril y minero se inició hace 70 años. Desde entonces, no se han tomado medidas ambientales. Se dice que el complejo es el principal agente de contaminación en Rusia –y, probablemente, en el mundo entero. Sus emanaciones anuales de SO_2 se estiman en 2,8 millones de toneladas– casi el mismo volumen de las emisiones totales de Alemania y 20 veces más elevadas que las de Suecia.

Una nube permanente de SO_2, NO_x, CO, fenol y cloro cubre la zona. La ciudad carece de árboles y, por lo menos, 4.000 km^2 de bosques están afectados por esta contaminación. La expectativa de vida promedio de los habitantes del sexo masculino de Norilsk es baja (49 años). Por lo tanto, se podrían mejorar varios aspectos si consideramos el ACV total del escape catalítico.

La eficiencia del motor de un automóvil está estrechamente relacionada con su relación de compresión. En la década de 1980, cuando comenzaban a popularizarse los sistemas de inyección electrónica, los valores de alrededor de 1:9.5 pasaron a ser normales con gasolina de 98 octanos con plomo. Sin embargo, para su adecuado funcionamiento, el escape catalítico requiere gasolina sin plomo de 95 octanos. Con el advenimiento de la nueva gasolina, la relación de compresión debió reducirse a 1:8, lo que generó que aumentara el consumo de combustible. Por lo tanto, se eligió entre consumir menos combustible por kilómetro con la emisión de un porcentaje mayor de productos tóxicos (con motores sin catalizador) y consumir más combustible con la emisión de productos más «limpios» (con motores con catalizador). Se optó por esta última alternativa, aunque la elección no resulta obvia, ya que el consumo de combustibles fósiles y las emanaciones de dióxido de carbono son mayores.

La Figura 8.3 presenta los factores de partida de una cafetera. Se utilizan los siguientes supuestos:

- Vida útil de cinco años
- Utilización dos veces por día, a la mitad de la capacidad total
- El café se mantiene caliente durante 30 minutos

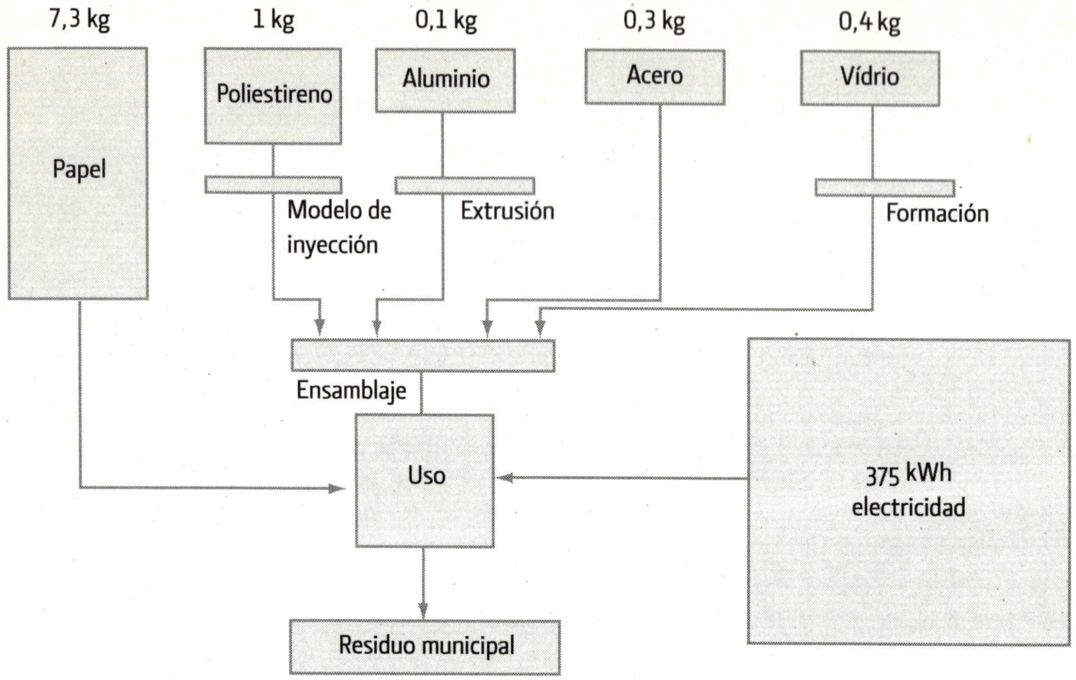

FIGURA 8.3 **Factores a ingresar para una máquina de café**

Fuente: www.pre.nl, 11 Noviembre 2005; www.pre.nl/eco%2Dindicator99/eco%2Dindicator%5Fapplication.htm

La Tabla 8.1 muestra la tabla de eco-indicadores para esta cafetera.

El ACV constituye un método efectivo para comparar alternativas en el proceso de diseño, en especial cuando intervienen varios aspectos ambientales. También se puede utilizar para determinar las prioridades de mejoras ambientales.

Sin embargo, el ACV tiene sus defectos y problemas. En ocasiones, lleva demasiado tiempo en comparación con los beneficios que se logran. En general, basta un vistazo rápido y superficial para eliminar las principales alternativas.

A menudo, resulta difícil determinar los límites adecuados del sistema. Por ejemplo, en el caso del reciclaje, ¿los costes del procesamiento de los residuos reciclables están relacionados con la fase final del producto descartado o con la adquisición de recursos para un producto nuevo?

El método es menos efectivo cuando las sustancias tóxicas o peligrosas se usan pero no se emiten. Se basa en un listado de flujos entrantes y salientes en un determinado momento. En el caso de la «toxicidad contenida en el producto», la sustancia tóxica puede emanar de un residuo durante décadas luego de su deshecho. Se produce un problema similar en el caso de los residuos que se utilizan como relleno. ¿Cómo se deben considerar las emanaciones del relleno?

Los ACVs no se aplican a todas las disciplinas. Resultan de gran utilidad para los diseñadores de productos desarrollados con métodos y materiales comunes. Estos métodos pueden tratarse como componentes estáticos en el análisis. Sin embargo, el ACV no resulta de gran utilidad para los ingenieros que diseñan procesos de producción o químicos totalmente nuevos.

Material del proceso	Cantidad	Indicador	Resultado
Producción: materiales, tratamiento, transporte y energía extra			
Poliestireno (PS)	1 kg	360	360
Modelo de inyección de PS	1 kg	21	21
Aluminio	0,1 kg	780	78
Extrusión de aluminio	0,1 kg	72	7
Acero	0,3 kg	86	26
Vidrio	0,4 kg	58	23
Calor de gas en combustión (formación)	4 MJ	5,3	21
Total (mPt)			536
Uso: transporte, energía y posibles materiales auxiliares			
Electricidad (bajo voltaje)	375 кW	37	13.875
Papel	7,3 kg	96	701
Total (mPt)			14.576
Desechos: materiales, tratamiento, transporte y energía extra			
Residuos municipales, PS	1 kg	2	2
Residuos municipales, ferroso	0,4 kg	-5,9	-2,4
Residuos del hogar, vidrio	0,4 kg	-6,9	-2,8
Residuos municipales, papel	7,3 kg	0,71	5,2
Total (mPt)			2
Total dwe todas las fases [mPt]			15.114

mPt = milliPoint (el Point es la unidad utilizada por el método de eco-indicador 99)

TABLA 8.1 **Tablas completas de indicadores ecológicos de una cafetera**

Fuente: www.pre.nl, 11 Noviembre 2005

Herramientas y estrategias de diseño

Hay una gran cantidad de estrategias que puede utilizar un diseñador para desarrollar diseños en forma eco-eficiente. En la rueda de Estrategias de Diseño de Ciclo de Vida (LiDS, por sus siglas en inglés), se agrupan y visualizan estas estrategias (Figura 8.4). Cada estrategia contiene varias reglas básicas.

Cuando el proceso de diseño se inicia con un producto existente que hay que mejorar, se puede utilizar la rueda de LiDS para generar un perfil ambiental del producto. Así, se puede analizar cada producto según los criterios de esa estrategia, con mediciones en una escala del 1 al 5. El análisis se representa gráficamente a través de los rayos de la rueda (Figura 8.4). De esta manera, se observa qué estrategias producirán mejoras más notables.

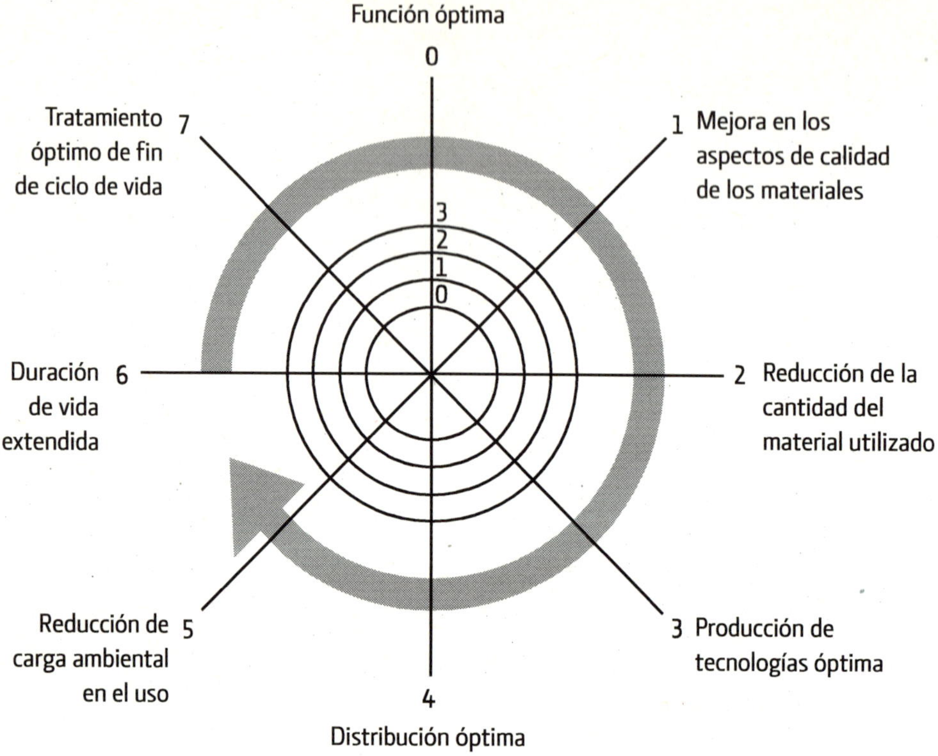

FIGURA 8.4 **La Rueda LiDS**

Fuente: C. van Hemel, *Ecodesign Empirically Explored: Design for Environment in Dutch SMEs* (Delft, Holanda: TU Delft, 1998)

La rueda de LiDS está planteada de tal manera que, si gira en el sentido de las agujas del reloj, las estrategias numeradas del 1 al 7 siguen el ciclo de vida del producto, desde la adquisición de recursos hasta su descarte. La estrategia número 0 («optimización de la forma en la que se realiza la función») puede considerarse como una mejora de largo plazo, ya que implica soluciones estructurales y radicales. A continuación, se explican estas siete estrategias.

Estrategia 1: elegir materiales de bajo impacto ambiental

Se deben elegir materiales que sean:

- **Limpios.** Elija materiales no tóxicos e inofensivos. Por ejemplo, evite materiales que contengan metales pesados, asbestos, clorofluorocarburos (CFC) y disruptores endócrinos tales como los ftalatos.
- **Renovables.** Evite los materiales escasos –es decir, los materiales derivados de fuentes no renovables o de renovación lenta, tales como los combustibles fósiles, el cobre, el hierro, el zinc y el platino. Los plásticos también se fabrican con combustibles fósiles y se clasifican como materiales escasos.
- **De bajo contenido energético.** La minería y la producción de algunos materiales como el aluminio requieren una gran cantidad de energía. Sin embargo, el uso del aluminio puede tener un efecto positivo, ya que, por ser liviano, reduce el consumo de energía del producto (por ejemplo, un automóvil). El aluminio debe reciclarse.

- **Reciclados.** El diseñador debe recomendar la utilización de estos materiales siempre que sea posible. En general, los metales contienen metales reciclados por defecto. El reciclaje de productos plásticos en la actualidad es limitado, pero la demanda creciente del mercado fomentará su incremento.
- **Reciclables.** Se deben utilizar materiales que se puedan reciclar, lo que resultará aún más efectivo si se establecen o planean sistemas de recolección. Se deben seleccionar materiales que produzcan materiales reciclados de alta calidad. Cuantos menos tipos de materiales se utilicen, más fácil resultará su recolección y reciclaje.

Estrategia 2: desmaterializar

Los principios de la desmaterialización son los siguientes:

- **Reducción de peso.** Con frecuencia, al utilizar menos cantidad de material, se reduce el impacto ambiental del producto. En especial en la fase de transporte, los beneficios resultan muy notables. Una menor cantidad de materiales implica menor consumo de recursos, menor nivel de residuos y menor impacto ambiental durante el transporte.
- **Reducción de volumen.** Cuando el producto y su envase se reducen en tamaño y volumen, se pueden transportar más productos en un vehículo determinado, lo que hace que el transporte resulte más eficiente. Otra solución consiste en hacer que el producto sea plegable o «apilable».

La Figura 8.5 presenta un ejemplo de desmaterialización.

El sofá *SoftAir*™ está rellenado de aire. El usuario lo hincha en casa utilizando un secador de cabello o un aspirador. Comparado con un sofá convencional, esta tecnología ofrece una reducción del 85–90% en transporte y una reducción de peso de más del 80%. El sofá está compuesto por 12–14 compartimientos diferentes, los cuales pueden ser remplazados individualmente si alguno se pincha.

FIGURA 8.5 **Cómo desmaterializar un sofá**

Fuente: www.ikea.com, www.softair.com, 11 Noviembre 2005

Estrategia 3: seleccionar técnicas de producción eficientes desde el punto de vista ambiental

- **Procesos de producción ambientalmente sólidos.** Por ejemplo, en Delft, DSM-Gist reemplazó 15 pasos en su proceso de producción farmacéutica por cinco pasos biotecnológicos, lo que redujo considerablemente el consumo de agua y las emanaciones nocivas.

- **Menos pasos de producción.** Por ejemplo, es posible utilizar una misma matriz para varias piezas a fin de reducir los pasos de montaje y simplificar el diseño. Conviene elegir materiales que no requieran acabado o aplicar los toques de acabado sólo a las piezas que lo requieran (p. ej. porque son visibles).
- **Menor consumo de energía/consumo de energía más ecológica.** Se deben aprovechar las fuentes de energía (sostenible) en forma eficiente. Utilice fuentes de energía sostenible, tales como molinos y pantallas de energía solar, en el proceso de producción. También, conviene usar el sobrante de calor de empresas cercanas.
- **Reducir los residuos de producción.** Se debe tratar de minimizar los residuos del proceso de producción. Se logrará reducir el deshecho de material si se diseña el producto de forma tal que su forma se asemeje a la forma de su material de base.
- **Menor cantidad de materiales de consumo en el proceso de producción.** Por ejemplo, agua para enfriamiento, sustancias desengrasantes y papel.

Estrategia 4: seleccionar un sistema de distribución eficiente desde el punto de vista ambiental

- **Menos envases/envases menos dañinos.** Conviene utilizar menos material de envase o envases con menor impacto ambiental (por ejemplo, reemplace los envases de poliestireno con cartón). Los materiales bioplásticos producidos con almidón, por ejemplo, sirven para reemplazar las espumas plásticas en algunas aplicaciones. Además, se puede reducir el envase si se diseña el producto de tal manera que no necesite embalaje o que requiera un envase mínimo.
- **Transporte con consumo eficiente de energía.** Algunos medios de transporte contaminan menos que otros. El flete por tren o barco es mejor que el transporte aéreo o terrestre.
- **Logística con consumo eficiente de energía.** Desde el punto de vista ambiental, lo mejor sería que no hiciera falta el transporte. En la actualidad, las plantas de producción de una misma cadena de abastecimiento suelen encontrarse muy distanciadas. La reducción de estas distancias redundará en importantes ahorros de energía.

Estrategia 5: reducir el impacto ambiental en la fase de utilización

Asimismo, un producto genera un cierto impacto ambiental durante su fase de utilización. Este impacto debe considerarse durante el proceso de diseño. Se aplican los siguientes principios:

- **Reducir el consumo de energía durante la utilización.** Por ejemplo, el consumo de energía de un vehículo en funcionamiento suele ser mucho mayor que el consumo de energía necesario para su producción.
- **Fuentes de energía más ecológica.** Aprovechar las fuentes de energía renovable, tales como energía solar (Figura 8.6), energía eólica, energía de las mareas y energía geotérmica. Con algunos productos, incluso se puede utilizar energía humana: hay varios relojes que utilizan el movimiento de la muñeca del usuario para impulsar el mecanismo. Ya se han lanzado al mercado una serie de productos a cuerda, como linternas, radios, sistemas de navegación y cargadores de teléfonos celulares.
- **Menor cantidad de materiales consumibles necesarios.** Se debe tratar de racionalizar el uso de sustancias de limpieza, materiales de mantenimiento, lubricantes, agua, lámparas, cartuchos y filtros de café.

Figura 8.6 **Bote solar en Nieuwkoop, Holanda**

Estrategia 6: optimizar el ciclo de vida útil

Un producto con un ciclo de vida útil prolongado tendrá un impacto ambiental menor porque requiere la utilización de una cantidad menor de materiales. La prolongación de la vida útil se puede lograr si:

- Se diseña un producto más confiable y más fácil de reparar.
- El producto es de fácil mantenimiento.

Con un sistema modular, cuando se produce un fallo, se puede reemplazar sólo una parte pequeña del producto, en lugar de todo el producto. Para aumentar la confiabilidad del producto, a veces es necesario utilizar más materiales (por ejemplo, en el caso de una construcción, que debe ser más robusta).

Una vida útil más prolongada sólo resulta beneficiosa si la duración del uso del producto también se prolonga. En general, los productos muy sensibles a la moda (tales como indumentaria y teléfonos celulares) se deshechan mucho antes de que haya concluido su vida útil. La moda fomenta el consumo. Por ejemplo, el éxito de SWATCH[9] radica, fundamentalmente, en su habilidad para fabricar relojes de distintos estilos a fin de motivar a los clientes a comprar varios relojes por año.

El fortalecimiento de la relación entre usuario y producto también puede fomentar un uso más prolongado. La flexibilidad también cumple este propósito: si se cambia una parte del producto (por ejemplo, la funda del teléfono), se puede mantener su aspecto moderno y prolongar su utilización. Si no fuera posible prolongar la duración del uso del producto, una opción consiste en acortar la vida útil técnica del producto a fin de ahorrar en los materiales de producción. Para resumir, las reglas básicas son las siguientes:

- Fiabilidad y durabilidad
- Productos de fácil mantenimiento y reparación
- Estructura modular
- Diseño clásico
- Sólida relación producto-usuario

9 www.swatch.com, 11 de noviembre de 2005.

Estrategia 7: optimizar el sistema de fin de vida útil

- **Fomentar la reutilización del producto completo**
- **Remanufactura/restauración.** Se debe fomentar la reutilización de las partes. Sin embargo, para lograrlo, es necesario que el producto se pueda desmontar con facilidad. Por lo tanto, conviene, por ejemplo, evitar uniones de partes con pegamento.
- **Reciclaje de materiales** —cuanto menor sea la variedad de materiales utilizados, mayor será la posibilidad de reciclarlos de forma eficiente.
- **Incineración segura.** Evitar el uso de sustancias que producen emanaciones nocivas en el proceso de incineración.

Greenwheels

Greenwheels es una compañía que le permite compartir automóviles a los habitantes de 21 ciudades holandesas. Los abonados pueden reservar un automóvil con anticipación y recogerlo en distintos puntos de una determinada ciudad. De esta manera, en promedio, 15 abonados utilizan un mismo vehículo.

Con un bajo nivel de costes básicos y al pagar por los kilómetros recorridos, los clientes tienden a no utilizar el coche para viajes cortos. El dueño de un automóvil, que paga un elevado coste fijo de mantenimiento (seguro, impuestos), suele utilizarlo para viajes cortos a fin de aprovechar su recurso. Con Greenwheels, la gente toma mayor conciencia de la elección del medio de transporte que va a utilizar y, en consecuencia, usa el automóvil un 30% menos. La utilización de bicicletas, autobuses y trenes aumenta entre un 5 y un 20%. Los abonados ahorran el equivalente a 560 kilos de dióxido de carbono.

Según Greenwheels, se podría reducir la cantidad de espacio para estacionamiento en Ámsterdam a un 20% del espacio actual si todas las familias que habitan en la ciudad se suscribieran a este programa.

Estrategia 0: optimizar la forma en que se realiza la función

¿El producto constituye la forma más sostenible de proveer el servicio al usuario? En ocasiones, se pueden desarrollar nuevas soluciones. Esta estrategia no apunta a mejorar un producto existente, sino a diseñar formas nuevas de satisfacer una necesidad. Se pueden aplicar varios principios:

- **Desmaterialización.** Difiere de la estrategia 2 («reducir el uso de material»). La clave radica en reemplazar un producto material por una forma inmaterial de realizar la misma función. Se suele reemplazar el producto material con un servicio o una combinación de producto y servicio.
- **Uso compartido del producto.** Se diseña un producto que utilizarán varios usuarios. Los usuarios utilizarán el producto de manera más eficiente al compartirlo.
- **Integración de funciones.** La integración de distintas funciones en un único producto ahorra materiales y espacio -por ejemplo, un televisor con videograbadora incorporada o una combinación de fax, impresora y *scanner*. Este enfoque sólo resulta de utilidad si se pueden reparar los componentes por separado para evitar la disminución de la durabilidad del producto.

- **Optimización funcional de los productos (componentes).** Si se realiza un análisis crítico de la forma en que el producto desarrolla su función, es posible que algunas piezas resulten innecesarias. Esto se aplica a los productos en los que se busca dar la impresión de calidad o estatus a través de la utilización de piezas adicionales o de tamaño exagerado.
- **Generar conciencia con respecto a la calidad y el origen de un producto.** La mayoría de la gente no sabe mucho de los productos que usa. ¿De qué están hechos? ¿Dónde se fabrican? ¿En qué circunstancias? A fin de promover el consumo sostenible, es importante que la gente conozca mejor el origen de los productos, sus efectos en el ecosistema y las condiciones sociales de las plantas que los producen. Idealmente, los productos deberían proveer este tipo de información.

Preguntas, análisis y ejercicios

1. Descargar un programa de demostración de ACV y analizar sus limitaciones. Ejemplos:
   www.pre.nl/simapro/download_simapro.htm, 11 de noviembre de 2005
   www.environmental-expert.com/software/pr_eng/form.htm, 11 de noviembre de 2005
2. La evaluación ambiental de un producto depende, en gran medida, de la forma en que se lo utiliza (por ejemplo, la cantidad de pasajeros que viajan en un automóvil). El uso de una taza de café de cerámica en lugar de un vaso descartable de poliestireno ha sido objeto de un notable debate. ¿Qué características de uso son importantes en esta elección?
3. ¿Cómo podría fortalecer el vínculo entre el producto y su propietario? ¿Por qué dicha relación es importante para el desarrollo sostenible?

9 Procesos de innovación

A menudo, el proceso de diseño no determina la forma en que se entrega un producto o proceso nuevo. En realidad, muchas tecnologías nuevas no se desarrollan a través de la contratación específica, sino que resultan de los esfuerzos denodados de científicos e ingenieros, en ocasiones, incluso, ante la burla de sus propios empresarios. A veces, inesperadamente, una tecnología nueva tiene éxito gracias a las opciones novedosas e imprevistas que ofrece para que los clientes modifiquen su comportamiento.

La innovación tecnológica va más allá del diseño. Con frecuencia, es el resultado de iniciativas heterogéneas de ingeniería, que comprenden una amplia variedad de actividades. La innovación suele impulsarse a través del entusiasmo de los científicos y los ingenieros, bajo la conducción de ciertos paradigmas que pautan la creación de conocimiento y los objetivos de mejoras. Por supuesto, las consideraciones financieras tienen un papel importante, pero a menudo se subestima el placer artístico de crear una máquina nueva que funciona.

El capítulo anterior destacó la importancia del análisis de grupos de interés antes de comenzar un diseño y, en el Capítulo 5, se analizó brevemente la relación histórica entre la tecnología y la sociedad. En base a estas temáticas, este capítulo presenta los conceptos fundamentales relacionados con la dinámica del cambio tecnológico y explica por qué las tecnologías tienden a resistir las exigencias de la sociedad que intentan cambiarlas. En el Capítulo 10, reflexionaremos sobre las distintas posibilidades para crear tecnologías realmente sostenibles y cómo pueden utilizarse los puntos de interfase para conducir a la tecnología hacia la sostenibilidad.

La desaparición del modelo lineal

Históricamente, la ciencia ha sido siempre una actividad «cultural» financiada por los gobiernos, los benefactores particulares y las organizaciones sin fines de lucro. La innovación era responsabilidad de la industria. A medida que se estrechó la relación entre la ciencia y la tecnología y los gobiernos reconocieron el valor de la ciencia y la innovación para las economías nacionales, surgieron cuestiones políticas relacionadas con el rol y el nivel de financiación estatal para la investigación (por ejemplo, en organizaciones de investigación y universidades). Se desarrollaron modelos referidos a la ciencia y la tecnología, con su respectiva relevancia para la economía.

El modelo lineal supone una secuencia lineal, que se inicia con la investigación básica y conduce a la utilización de nuevos productos por parte de los consumidores (Figura 9.1).

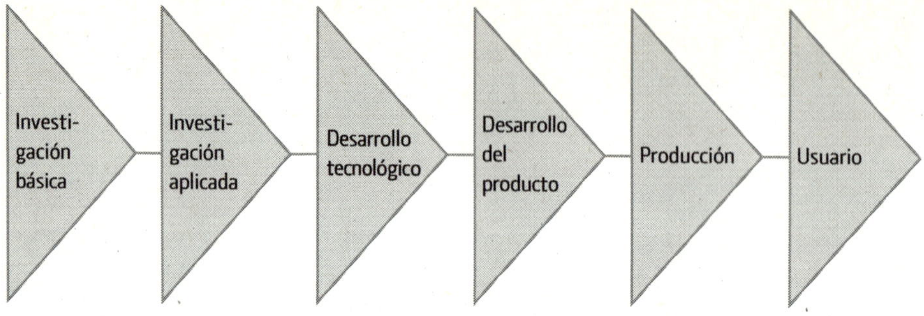

FIGURA 9.1 **Modelo lineal de seis fases de un proceso de innovación**

- Este modelo plantea que la innovación tecnológica comienza con la realización de investigaciones científicas básicas, que llevan al desarrollo de resultados considerados de interés comercial (por ejemplo, un material plástico nuevo con alta conductividad eléctrica).
- Los resultados científicos se profundizan a través de la investigación aplicada. ¿Qué productos se podrían fabricar con este material nuevo? ¿Cuál sería el esquema básico de su proceso de fabricación? ¿Cuánto costaría producirlo?
- Durante la fase de desarrollo tecnológico, se desarrollan, prueban y evalúan las primeras plantas piloto de producción. Sobre la base de los resultados obtenidos, se diseñan los procesos reales de producción para el material y, luego, para las sustancias químicas auxiliares, si las hubiera.
- En el desarrollo del producto, se ajusta el material a otras demandas del mercado. ¿En qué formas, colores y cantidades se requiere el material? ¿Qué niveles de calidad se necesitan? ¿Es necesario que los clientes cuenten con otros productos adicionales para utilizar el producto?
- La producción (manufactura, distribución y comercialización) solo recoge los frutos de la etapa anterior –se ejecutan los procesos planteados y se entrega el producto.
- Si todas las fases se cumplen satisfactoriamente, el usuario acepta el producto nuevo y todos se benefician.

La crítica a este tipo de modelos se inició en la década de 1970 sobre la base de los siguientes argumentos:

- El proceso de innovación es mucho más complicado que el que se describe en los modelos lineales. Continuamente se eligen y descartan distintas opciones de desarrollo. Los factores sociales desempeñan un papel significativo en estas elecciones. Los circuitos de retroalimentación también son importantes y, con frecuencia, es necesario reconsiderar opciones anteriores.
- Las nuevas tecnologías no necesariamente surgen de la investigación básica. Es posible que surjan ideas en diversas etapas y la investigación básica se ve influenciada por las ideas de los usuarios.
- Estos modelos no tienen en cuenta la dimensión temporal. Aún en el caso de que se pudiera reunir a todos los actores en un modelo que permitiera interacciones más complejas, se debería incorporar el factor tiempo. Los investigadores y los responsables del desarrollo de procesos/productos descubren cómo utilizar las diversas posibilidades de las teorías científicas nuevas de forma gradual. Los usuarios se adaptan a los cambios generados por las

nuevas tecnologías también de forma gradual. La utilización del producto suele depender de la creación de la infraestructura correspondiente, que, a su vez, depende del interés del usuario. Los científicos detectan las nuevas necesidades de conocimiento de forma gradual. Estos intervalos generan un patrón dinámico en la incorporación de nuevas tecnologías.

- El modelo lineal constituye un ejemplo del enfoque de «**caja negra**». No se presta atención a los criterios cualitativos para la elección de tecnologías dentro de un proyecto –los cuales permanecen en la *caja negra*.

Quedó claro que el desarrollo de nuevas tecnologías no constituye un proceso lineal determinado únicamente por los científicos y tecnólogos. En consecuencia, los estudiosos de la innovación tecnológica intentaron desarrollar un marco de trabajo más completo, que abarcara las innovaciones y los distintos grupos de interés y que contemplara la influencia de la sociedad en la creación tecnológica.

Un impulso importante provino de la historia de la tecnología, que se basa en un enfoque interno y otro externo:

- El **enfoque interno** se ocupa de la identificación precisa de los orígenes de las características de determinadas máquinas –por ejemplo, motores a vapor: ¿quién desarrolló un tipo específico de válvulas para el motor a vapor? ¿Cuáles fueron los orígenes científicos de esa idea? ¿Cómo se difundió el uso de esta válvula en el mundo de los motores a vapor?
- El **enfoque externo** se dedica al entorno social de una tecnología. Este enfoque describiría a una válvula nueva para el motor a vapor como la solución para un problema generado por el motor a vapor para cierta gente –por ejemplo, los operadores, dueños o productores de dicho motor.

El enfoque interno, en general, lleva a estudios sobre cambios en el conocimiento tecno-científico. Los genios que introducen conceptos nuevos son los héroes de la historia. El enfoque externo produce menos héroes individuales, pero muestra los vínculos entre la tecnología y los procesos en la sociedad.

En la sección siguiente, analizamos el modelo CST (Construcción Social de Tecnología) –presentado en el Capítulo 5– en mayor detalle, con el desarrollo de la bicicleta como ejemplo. Luego, consideramos otro modelo de desarrollo tecnológico –el llamado «modelo sistémico»– y analizamos los enfoques económicos de la innovación.

Construcción social de la tecnología

Un enfoque más reciente se articula con el modelo CST (Construcción Social de Tecnología). En este modelo, las tecnologías se consideran como construcciones sociales desarrolladas por diversos grupos de personas. Uno de los objetivos del modelo CST consiste en indicar la elección de varias opciones. El constructivismo social implica que las técnicas deben considerarse como objetos de creación humana, que reflejan las elecciones de la humanidad. Las técnicas *no* son la reflexión imperfecta de un objeto ideal que llega a nosotros a través de la ciencia o la revelación divina.[1]

El análisis del desarrollo histórico de la bicicleta nos ayudará a explicar el modelo CST. Si consideramos el desarrollo de la bicicleta de la manera tradicional o lineal, la actual bicicleta de seguridad (Bicyclette de Lawson) constituye el producto final de una evolución que se inició con la «máquina de caminar» o «balancín», en la que el velocípedo representa un punto de transición (Figura 9.2).

1 W.E. Bijker, T.P. Hughes y T. Pinch (eds.), *The Social Construction of Technological Systems: New Directions in the Sociology and History of Technology* (Cambridge, MA: MIT Press, 1987).

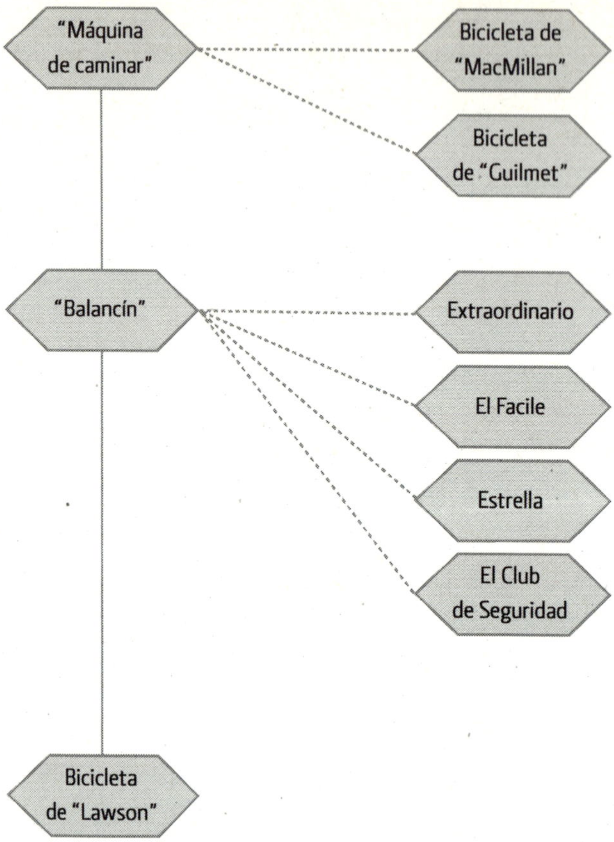

Figura 9.2 **Modelo de desarrollo lineal de la bicicleta**

El problema con esta representación es que no aclara que se han elegido ciertas opciones. Lo que llama la atención es que el velocípedo tuviera vigencia por tanto tiempo, incluso después de la aparición de la bicicleta de seguridad, a pesar de su inferioridad técnica.

El velocípedo contaba con una rueda delantera grande y una rueda posterior pequeña. Los pedales colocados en el eje delantero impulsaban la bicicleta. Para llegar al manillar y conducir la bicicleta, el ciclista debía sentarse casi encima de la rueda delantera. A pesar de su rapidez y eficiencia, esta bicicleta era muy inestable. Apareció en 1870 y se mantuvo vigente hasta fines del siglo XIX.

La Bicyclette de Lawson se caracterizaba por la transmisión trasera. Esta bicicleta data de 1879 y, ya hacia fines del siglo XIX, su diseño había derivado en la bicicleta de paseo que conocemos hoy. Entre sus principales características, las ruedas del mismo tamaño y los neumáticos inflables contribuían significativamente a su mayor seguridad.

Para comprender mejor el desarrollo de la bicicleta, debemos contemplar dos conceptos importantes del modelo CST, a saber:

- **Artefacto:** objeto artificial conscientemente producido por el hombre.
- **Grupo social relevante:** gente que participa en el desarrollo de un determinado avance técnico y que comparte el mismo concepto del artefacto en cuestión.

En torno de un artefacto, se distingue una cierta cantidad de grupos sociales relevantes (Figura 9.3). La gente que participa en el desarrollo de un artefacto tiene una imagen del mismo –le atribuyen cierto significado. De especial importancia resulta lo que la gente considera problemático en el artefacto. Los distintos grupos pueden tener diferentes problemas con el artefacto (Figura 9.4). Se pueden concebir múltiples soluciones para estos problemas (o grupos de problemas) (Figura 9.5). Los distintos grupos sociales ejercen su influencia en el proceso de desarrollo a través de sus formas de definir el problema y sus soluciones.

Si utilizamos el conjunto «artefacto técnico - grupo social relevante - problema - solución», podemos explicar el proceso de desarrollo de un artefacto. En este punto, la flexibilidad del significado es importante, ya que los distintos grupos sociales atribuyen significados diferentes a un mismo artefacto técnico. Este concepto es fundamental, por ejemplo, para entender el desarrollo de la bicicleta.

Los grupos sociales relevantes que rodeaban al artefacto «bicicleta» incluían a los productores y usuarios de bicicletas. Sin embargo, también deberíamos incluir a los «anti-ciclistas», dado que la bicicleta también tuvo su cuota de resistencia:

> ... pero, cuando se añaden hechos a las palabras, y se arrojan piedras, se introducen palos en las ruedas, o se lanzan gorras a las máquinas, la imagen tiene un aspecto diferente.[2]

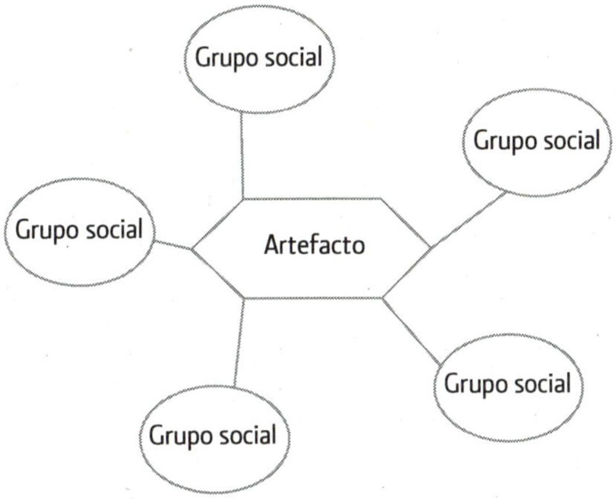

FIGURA 9.3 **Artefactos percibidos por los grupos sociales**

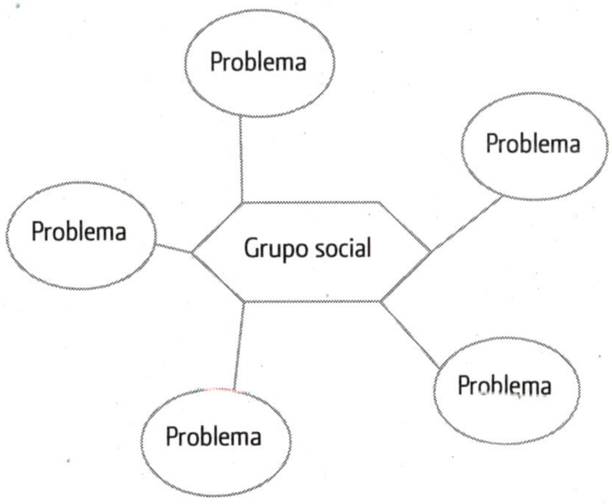

FIGURA 9.4 **Grupos sociales definen problemas**

2 W.E. Bijker, *The Social Construction of Technology* (Eijsden, Holanda: Proefschrift Universiteit Twente, 1990): 47.

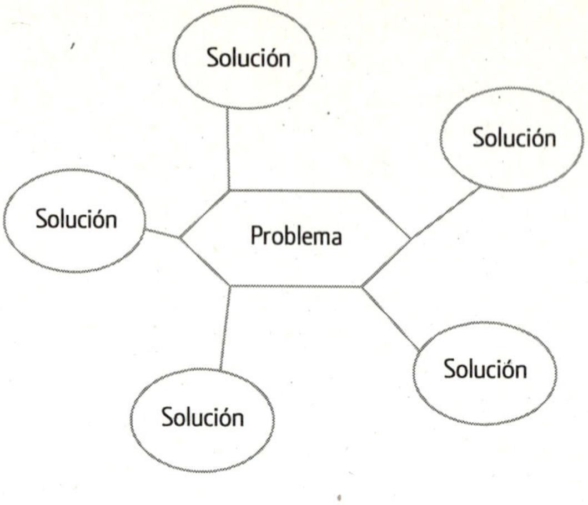

FIGURA 9.5 **Grupos sociales escogen soluciones**

Los anti-ciclistas estaban preocupados por la «decencia» de las mujeres ciclistas y criticaban a la bicicleta por sus peligros. En Londres, por ejemplo, los ciclistas andaban por las aceras de madera, pues las calles no estaban pavimentadas. Esto molestaba a los peatones. El conflicto se agravaba por las diferencias sociales. La mayoría de quienes utilizaban el velocípedo eran jóvenes de buen nivel económico, que tenían el coraje y la habilidad de manejar estas máquinas. Los usuarios de los velocípedos irradiaban arrogancia ante quienes andaban a pie o a caballo. Para ellos, el velocípedo era «una máquina para machos». A otros usuarios potenciales, como mujeres, ciclistas de larga distancia u hombres mayores, el velocípedo les parecía una máquina insegura.[3]

Los distintos significados del artefacto llevaron su desarrollo en diferentes direcciones:

- Para los usuarios deportivos del velocípedo, la mejor manera de aumentar la velocidad consistía en agrandar la rueda delantera. Así, en 1892, apareció la bicicleta Rudge Ordinary, que tenía una rueda delantera de alrededor de 1,4 metros de diámetro. Los usuarios consideraban al hecho de que esta bicicleta fuera aún más peligrosa como una ventaja más que un defecto.
- A fin de que el peligroso velocípedo resultara adecuado para otros usuarios, se realizaron experimentos con distintos modelos. Se invirtieron las ruedas (por ejemplo, la Pony Star), o se redujo la rueda delantera y se corrió hacia atrás el sillín, como en el caso de la bicicleta de Lawson, modelo en el que se reconoce a la bicicleta moderna.

La Bicyclette de Lawson no tuvo un éxito inmediato. Durante décadas, fue una de las tantas alternativas disponibles. Su eventual éxito no se debió a sus características específicas. Después del desarrollo de las ruedas inflables o neumáticas, realizado por John Boyd Dunlop en 1888, todos los modelos de bicicletas mejoraron considerablemente su andar. En el caso de la Bicyclette de Lawson, se podía aumentar la velocidad si se adaptaba la transmisión, cosa que no podía hacerse en el diseño del velocípedo. En consecuencia, la Bicyclette de Lawson se convirtió en una bicicleta más rápida que el velocípedo, lo que destruyó la imagen «machista» del velocípedo y determinó su destino.

La Figura 9.6 muestra que la aplicación del modelo CST genera un concepto diferente del desarrollo de la bicicleta que el que se obtiene con el modelo tradicional. En el modelo CST, la asignación de significado, la aparición de problemas y su resolución constituyen aspectos del proceso de

3 Como el ciclista estaba sentado casi directamente sobre la mitad de la rueda delantera, con las piernas sumamente alejadas del suelo, cada detención o topetazo entrañaba el peligro de caerse de la bicicleta.

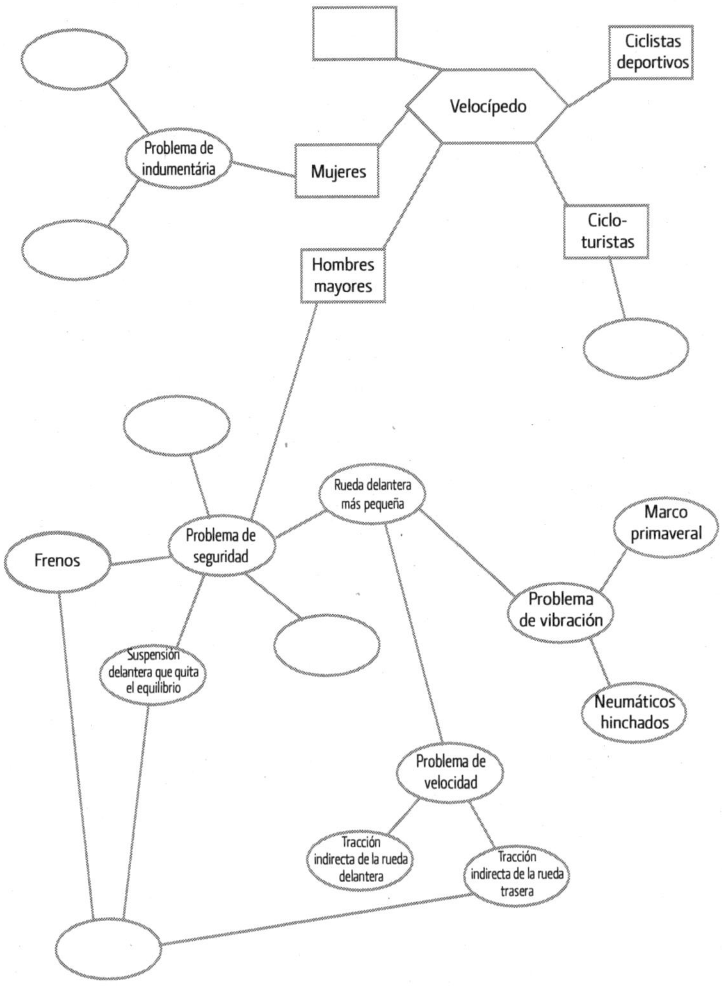

FIGURA 9.6 **Modelo CST aplicado a la bicicleta**

desarrollo tecnológico. Es muy posible que el producto final no haya sido el resultado previsto por los distintos grupos involucrados.

Tal fue el caso de la bicicleta de seguridad, cuyo año de desarrollo no se puede establecer con precisión, ya que fue el resultado de un proceso de varias décadas de duración. Al principio del proceso que llevó al desarrollo de esta bicicleta, ninguna de las personas participantes tenía una visión clara de lo que sería su forma final. Había varios modelos en esa época, incluyendo la Bicyclette de Lawson, el Canguro y el Facile.

Este ejemplo ilustra cómo el desarrollo de un artefacto consiste de tres etapas (repetitivas):

1. Interacción entre el desarrollo tecnológico y los grupos sociales
2. Discrepancia entre problemas y soluciones
3. Elección de una solución

Por supuesto, no es necesario que la solución sea permanente; las soluciones obtenidas son formas temporales de estabilización. Y lo que se utiliza como solución no tiene que ser un ejemplo de ingeniería brillante. En el caso del velocípedo, por ejemplo, los usuarios se quejaban de que el manillar resultaría un estorbo si el ciclista se caía hacia delante al frenar de manera brusca. La solución propuesta para este problema consistió en colocarle un manillar desmontable, lo que permitía a los ciclistas aterrizar de pie. Si bien no se podía descartar de plano este tipo de propuestas, en este caso, la solución no duró mucho.

El modelo CST no es el único modelo que atribuye la tecnología fundamentalmente al mundo social. Los modelos CST carecen de un buen análisis de las interacciones entre los grupos sociales relevantes, que no tienen la misma oportunidad de influenciar el proceso de cambio tecnológico. El nivel de influencia depende de:

- Los recursos de los distintos actores (dinero, conocimiento y experiencia, nivel social, posición en la organización).
- El patrón de las relaciones sociales en las que participan –es decir, la formación de la red social.

El desarrollo tecnológico como desarrollo sistémico

Los distintos artefactos desempeñan un rol fundamental en los enfoques social-constructivista y evolutivo-económico del desarrollo tecnológico. Thomas Hughes, historiador tecnológico norteamericano, planteó, en 1883, un concepto opuesto –que no importa tanto el desarrollo de los distintos artefactos como la formación y el desarrollo posterior de los sistemas tecnológicos. Si bien utilizó un ejemplo obvio para ilustrar su concepto (ver a continuación: sistemas eléctricos), Hughes tenía una visión más amplia. Creía que la base del enfoque sistémico del desarrollo tecnológico radica en el supuesto de que el desarrollo de toda tecnología a gran escala (no sólo de los sistemas eléctricos) se puede estudiar como una secuencia de sistemas en desarrollo. La historia de un sistema específico, como el sistema eléctrico, por tanto, sirve sólo para ilustrar una visión más general.

Sistemas tecnológicos[4]

Desde la perspectiva sistémica, el supuesto básico en el análisis del cambio tecnológico consiste en que un problema en una parte del sistema puede llevar a un cambio tecnológico en otra parte del sistema. Según el enfoque sistémico, los problemas atribuidos a la bicicleta podían conducir, también, a cambios en la producción de los materiales de la bicicleta, tales como tubos de acero para el cuadro o cambios en la construcción de caminos. Estos elementos pueden considerarse como parte del sistema de la bicicleta.

Un sistema está formado por componentes o partes que se relacionan entre sí. Los componentes están conectados por una red o estructura, que puede resultar más interesante que los componentes en sí. Los componentes relacionados de un sistema suelen tener un control central, y los límites del sistema se desprenden del alcance de ese control central.

El control está presente para optimizar el desempeño del sistema completo y para dirigir el sistema hacia un objetivo común. El objetivo de un sistema de producción de electricidad, por ejemplo, consiste en convertir las fuentes disponibles de energía básica (el recurso) en electricidad (el producto requerido) a fin de satisfacer la demanda de una fuente de energía accesible. Debido a que los componentes están vinculados entre sí, el estado de un componente afecta el estado de otro.

4 T.P. Hughes, *Networks of Power: Electrification in Western Society 1880–1930* (Baltimore, MD: Baltimore University Press, 1983).

Los elementos que no pertenecen al sistema pero tienen influencia sobre él se denominan, en forma colectiva, «el entorno» del sistema. Es posible que las partes del entorno pasen a formar parte del sistema, si las ponemos bajo el control del sistema. Un sistema abierto está sujeto a la influencia del entorno, mientras que un sistema cerrado no lo está. Por lo tanto, el comportamiento de un sistema cerrado es, en principio, predecible, al tiempo que el comportamiento del sistema abierto no lo es.

Puntos débiles y problemas críticos

El crecimiento de los sistemas se analiza a través de los conceptos conocidos como:

- Punto débil
- Problema crítico

Debido a que los componentes de un sistema suelen desarrollarse a distintos ritmos, ciertas partes del sistema tienen un desarrollo más lento que otras y limitan el crecimiento del sistema como un todo. El término «**punto débil**»* proviene del ámbito militar. En dicho contexto, el término se refiere a una sección de la vanguardia que avanza con cierto retraso. La metáfora resulta muy aplicable, ya que el avance de una formación militar en una batalla presenta un comportamiento irregular e impredecible, al igual que un sistema tecnológico en desarrollo. Con frecuencia, el personal militar concentra todos sus esfuerzos en solucionar un «punto débil». Lo mismo se aplica al desarrollo de un sistema tecnológico. Los inventores, ingenieros, emprendedores y demás dedican su energía creativa y constructiva a la corrección de los «puntos débiles» de tal modo que el sistema funcione de forma óptima para realizar sus tareas.

El sistema eléctrico

Los sistemas que proveen electricidad comprenden la generación, transformación, control, redes de transmisión, redes de distribución y componentes de usuarios de electricidad. Entre 1880 y 1930, la electricidad se producía con motores a vapor, turbinas a vapor y turbinas hidráulicas. Distintos tipos de generadores se acoplaban a estos «motores primarios». Los transformadores eran muy importantes para los sistemas más grandes. Los componentes de usuarios incluían lámparas, motores, equipos de calefacción y electromecánicos.

El sistema servía para propósitos muy diversos. Durante este período, la distancia de transmisión aumentó de un par de cientos de metros a regiones de miles de kilómetros cuadrados. Las redes de distribución transportaban la electricidad de la red de transmisión a las industrias y hogares. Los componentes de control regulaban el sistema de producción de electricidad para mantener las características tales como el voltaje y la frecuencia en los niveles adecuados y para asegurar su funcionamiento óptimo en términos de eficiencia, generación de ganancias, fiabilidad, etc.

Los componentes más difíciles de definir son los de ambos extremos: del lado de la demanda y la oferta. Por ejemplo, ¿los motores primarios mecánicos forman parte del sistema eléctrico? En ocasiones, la energía hidráulica escapa al control del sistema. Si consideramos que la red a veces las influencian (cargas pico), ¿las distintas intensidades de uso forman parte del sistema? Thomas Hughes decidió incorporar a los «motores primarios» a la definición del sistema porque los inventores, ingenieros e investigadores los consideraban como tales y porque estaban controlados por el sistema.

* El término original en inglés «reverse salient» también puede traducirse por «contrasaliente» (N. T.).

Si se identifican los puntos débiles, a menudo se traducen en una serie de **problemas críticos** –es decir, problemas bien estructurados que, en principio, se pueden resolver. La redefinición de los puntos débiles como problemas críticos constituye la esencia misma del proceso de innovación tecnológica creativa en el sistema. Un inventor, ingeniero o científico transforma un desafío amorfo –las partes retrasadas del sistema– en un conjunto de problemas que espera solucionar.

La capacidad de redefinir problemas no estructurados en una serie de problemas críticos y solucionables constituye uno de los aspectos más cruciales y subestimados de la ingeniería. La confianza en la posibilidad de solucionar los puntos débiles aumenta drásticamente cuando se los ha traducido en problemas críticos bien planteados. La articulación correcta de los problemas, en general, resulta de gran utilidad para llegar a una solución. Sin embargo, en ocasiones, se producen problemas críticos que parecen imposibles de resolver.

Fases en el desarrollo de sistemas

Se distinguen distintas fases en el modelo de desarrollo de sistemas de Hughes, y, en cada una de ellas, predominan diferentes características. Más aún, el modelo indica las habilidades que los gerentes deben poseer en cada una de las fases y sus respectivos intereses fundamentales.

El primer sistema eléctrico: puntos débiles y problemas críticos

Alrededor de 1880, Edison creó el primer sistema eléctrico del mundo. El sistema de electricidad de Manhattan se basaba en la distribución de corriente directa y la distribución de electricidad se desarrollaba sólo en distancias cortas (cientos de metros) con grandes cables de cobre, a un voltaje reducido.

El punto débil más importante que registraba este sistema radicaba en el hecho de que sólo resultaba económico en ciertas áreas específicas debido a las grandes pérdidas de transmisión. En principio, este punto débil podía traducirse en varios problemas críticos, a saber:

- Reducción de las pérdidas de transmisión
- Mejoras en la eficiencia de las centrales eléctricas más pequeñas (lo que permitiría la utilización de varias redes independientes)
- Distribución por baterías en las zonas de escasa población

El problema crítico que Edison eligió fue el de la reducción de las pérdidas de transmisión a través del mejoramiento de la red. A pesar de contar con la definición adecuada del problema, los inventores e ingenieros que utilizaban corriente contínua (CC) a fines del siglo XIX no pudieron encontrar una solución a este problema.

Al final, el competidor de Edison, Westinghouse, encontró una solución fuera del sistema de CC, la corriente alterna (CA), que le permitía al sistema transformar el voltaje a través del uso de transformadores. Durante un tiempo, coexistieron estos dos sistemas opuestos de electricidad y la competencia entre ellos era fuerte. Edison llegó a inventar la silla eléctrica para mostrarle al público norteamericano que los elevados voltajes del sistema Westinghouse eran peligrosos.[5] No obstante, sus esfuerzos fueron en vano y triunfó la corriente alterna.

Este ejemplo demuestra cómo se forman sistemas nuevos cuando los sistemas anteriores no logran solucionar sus puntos débiles por sus propios medios.

5 M. Essig, *Edison and the Electric Chair: A Story of Light and Death* (Nueva York: Walker & Company, 2003).

- En la **primera fase**, se destaca la invención y el desarrollo de un sistema. Los profesionales que predominan en esta fase son los inventores/emprendedores. Se diferencian de los inventores normales por sus intentos para organizar el proceso completo, desde la invención hasta la fase en la que el producto está «listo para usar». Edison, por supuesto, es el ejemplo supremo de este tipo de personas. Los ingenieros, gerentes y bancos también tienen un rol importante durante esta fase, pero son menos importantes que los inventores/emprendedores.
- En la **segunda fase**, el proceso más importante consiste en la transferencia de la tecnología a otras regiones u otros continentes –por ejemplo, la transferencia del sistema eléctrico de Edison en Nueva York a ciudades tales como Berlín y Londres. Varios grupos intervienen en el desarrollo de esta fase, tales como empresarios tradicionales y bancos.
- La **tercera fase** se caracteriza, esencialmente, por el rápido crecimiento del sistema. El crecimiento es geográfico (es decir, se difunden los sistemas de electricidad), cuantitativo (es decir, aumenta el consumo y producción de electricidad) y cualitativo (es decir, la electricidad penetra a otras tecnologías). Los puntos débiles se producen durante este crecimiento y se redefinen como problemas críticos.
- En la **cuarta fase** del desarrollo de un sistema, se alcanza una inercia sustancial. Un sistema con inercia sustancial tiene masa, velocidad y dirección de movimiento. La «masa» se refiere a las máquinas, equipos, estructuras y demás artefactos físicos en los que se ha invertido capital. La «masa» también surge de la participación de gente que cuenta con las habilidades profesionales específicamente adecuadas para el sistema. Las empresas, los servicios gubernamentales, los sindicatos, las instituciones educativas y demás organizaciones que se relacionan con el núcleo del sistema también contribuyen a la inercia del sistema. En conjunto, estas organizaciones conforman la cultura del sistema. Un sistema también registra una velocidad medible de crecimiento, que suele aumentar durante esta fase. Asimismo, el sistema tiene una dirección de movimiento –es decir, metas.
- La **última fase** del desarrollo de un sistema se caracteriza por el cambio cualitativo en la naturaleza de los puntos débiles registrados y por la aparición de financieros y consultores para resolver problemas. Los gerentes desempeñan un papel de liderazgo hasta llegar a la fase de inercia sustancial. En esta fase, que abarca el desarrollo de sistemas regionales, los puntos débiles más importantes surgen de la necesidad de financiar sistemas a gran escala y superar barreras legales y políticas.

Enfoques económicos para la creación de nuevas tecnologías

Esta sección presenta un panorama general del pensamiento económico sobre la tecnología, que se inicia con el marco económico neoclásico. Este marco resulta de utilidad, principalmente, para analizar la sustitución de las tecnologías «comerciales y masivas». Los factores que limitan la sustitución, tales como las medidas de bloqueo (*lock-in*), se analizan a continuación, junto con el enfoque cuasi-evolutivo del cambio tecnológico.

El marco económico neoclásico

La teoría económica neoclásica se presentó en el Capítulo 4. Aún resulta de gran influencia en la actualidad y tiene un rol importante en las políticas gubernamentales. Esta sección estudia sólo los elementos necesarios para explicar la innovación tecnológica.

La teoría neoclásica supone que los empresarios que desean producir una cierta cantidad de un producto pueden elegir entre distintas combinaciones de factores de producción. En economía, el término «factores de producción» se refiere a todos los elementos necesarios para la producción:

- Mano de obra
- Recursos monetarios
- Recursos físicos

La producción puede desarrollarse con una gran cantidad de capital (utilizando una gran cantidad de máquinas) o con una gran cantidad de mano de obra. La teoría neoclásica supone que la elección depende, fundamentalmente, del coste de capital (intereses) y de mano de obra (salarios). Esta elección se describe en la función de producción (Figura 9.7). La función presenta las combinaciones de mano de obra (eje x) y capital (eje y) con las que se puede producir una cantidad determinada (Q) de un producto.

Los empresarios pueden elegir cualquier punto de esta curva. El punto de la curva en el que deciden posicionarse depende del precio de la mano de obra y el capital. Cuando se dan ciertos precios para la mano de obra y el capital, cada una de las líneas rectas de la Figura 9.7 muestra las cantidades de capital y mano de obra que se pueden comprar por un determinado precio fijo. En las curvas que se encuentran hacia la derecha (o hacia arriba), el precio es mayor. Un empresario que quiere producir una cantidad Q de productos con el menor coste posible elegirá el punto de la curva en la tangente de la función coste. Se trata del punto de la curva donde los costes totales de mano de obra y capital son más bajos.

Cuando cambia el precio de la mano de obra y el capital, se modifica la inclinación de las líneas y, por lo tanto, se corre el punto tangencial. Esto lleva al empresario a cambiar de punto en la curva –hacia una distribución distinta de mano de obra y capital. Si, por ejemplo, la mano de obra se vuelve más costosa, las líneas tendrán una inclinación más marcada y el empresario se trasladará a un punto «más alto» de la curva, hacia un método de producción que requiera más capital. Esta situación no se produce instantáneamente, sino en un momento que le resulta conveniente al empresario –por ejemplo, cuando necesita cambiar las máquinas.

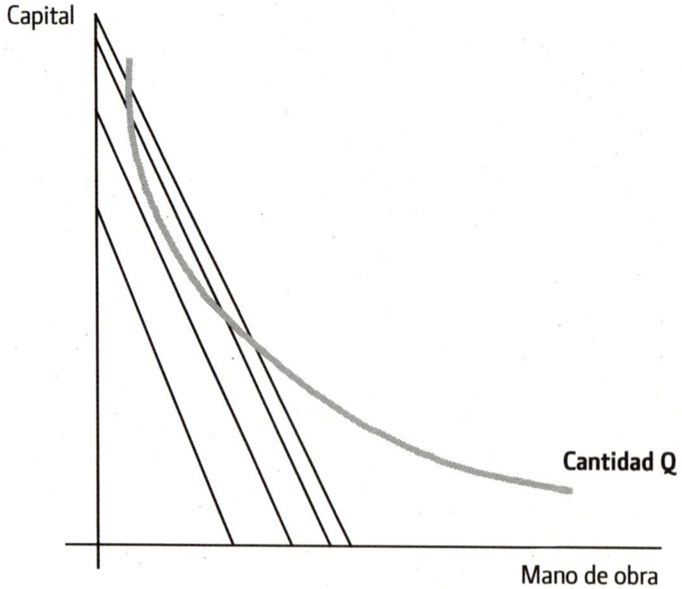

FIGURA 9.7 **Función de la producción**

Para nuestros propósitos, la teoría neoclásica ofrece algunas posibilidades, pero también conlleva ciertas restricciones importantes. Las posibilidades se desprenden del hecho de que se puede determinar la influencia de los costes de capital y mano de obra en los cambios tecnológicos. Las elecciones entre capital y mano de obra implican un cambio tecnológico –es decir, una elección entre tecnologías de producción. Con esta tecnología, podemos comprender la influencia de los costes de mano de obra y tasas de interés en las elecciones de tecnologías de producción. Incluso, podríamos desarrollar una función de producción más compleja si incluyéramos un tercer eje con los costes de recursos.

En ocasiones, los gobiernos deciden influenciar los costes para influenciar el resultado de las elecciones tecnológicas. Por ejemplo, el gobierno puede gravar el consumo de energía para impulsar a las industrias a utilizar métodos de producción más eficientes. También se pueden utilizar los impuestos a las emanaciones tóxicas a fin de promover los cambios tecnológicos. En estos ejemplos, los costes de un factor de producción se elevan de forma artificial para forzar la adopción de una solución tecnológica determinada.

La teoría neoclásica distingue entre las modificaciones en la curva de producción y los cambios en la posición de (parte de) la curva de producción en sí. En el primer caso, no se produce una innovación: sólo se intercambian tecnologías existentes. En el segundo caso, se produce una innovación y la curva de producción se desplaza hacia el origen del sistema de coordenadas. Sin embargo, esta teoría no explica de dónde provienen estas innovaciones. Se supone que vienen de fuera del sistema económico o, en otras palabras, son «maná venido del cielo». Se trata de una debilidad: los factores económicos influencian la dirección de las innovaciones. Por ejemplo, el incremento de los precios de la electricidad llevará a los empresarios a buscar equipos que consuman poca electricidad y, también, servirá de estímulo para la investigación acerca de tecnologías más eficientes desde el punto de vista energético (Figura 9.8).

Otro problema es el supuesto de que existe una amplia variedad de métodos alternativos de producción. En la práctica, casi nunca es así. En general, hay pocas alternativas para la pequeña parte de la función de producción donde fluctúan los precios de capital y mano de obra. Si los precios comienzan a registrar fuertes variaciones, se tendrá que desarrollar todo tipo de tecnologías nue-

¿Todavía utilizan esa cosa grasienta infantil?

FIGURA 9.8

Fuente: www.CartoonStock.com, 11 Noviembre 2005; © Cartoon Stock Ltd vas. Por lo tanto, es posible que se requieran innovaciones tecnológicas para que haya movimiento en la función de producción.

Debate «*push-pull*»

Durante años, los economistas han tratado de establecer cuál es la fuerza motora que impulsa el desarrollo de las innovaciones tecnológicas. Los defensores de la teoría de «empuje tecnológico» (*push*) consideran a los avances de la ciencia y tecnología como el motor que impulsa las innovaciones tecnológicas. Comparten sus puntos de vista con el determinismo tecnológico (ver Capítulo 5). En cambio, los teóricos del «tirón de la demanda» (*pull*) creen que la demanda del mercado es la causa principal de las innovaciones tecnológicas. En gran medida, la demanda del mercado determina la formación e introducción de nuevas posibilidades tecnológicas.

Los representantes de ambos bandos prueban sus teorías con un sinfín de investigaciones empíricas. Sin embargo, estas escuelas de pensamiento se han acorralado entre sí y, en la actualidad, varios economistas consideran que es la combinación del empuje de la tecnología y de la demanda del mercado lo que impulsa las innovaciones tecnológicas.

La teoría evolutiva del cambio tecnológico

La función de producción no es un método satisfactorio para analizar la economía de la innovación y, en la década de 1970, los economistas avanzaron en otra dirección. El desarrollo de tecnologías nuevas siempre depende del estado monetario del conocimiento y las habilidades tecnológicas -y no sólo en términos económicos. Las nuevas tecnologías surgen como pequeñas variaciones y la selección de estas variaciones tiene lugar en la sociedad. Se trata de un **proceso evolutivo**.

Estos procesos de variación y selección no se dan de forma azarosa o sin razón alguna. Por el contrario, presentan una estructura definida. Existe una cierta rigidez e inercia en el ritmo de cambio de la tecnología, que evita que las variaciones surjan sin ningún tipo de límites. Por esta razón, se utiliza el concepto **«el régimen tecnológico»**.[6]

Un régimen tecnológico establece el marco de razonamiento para los desarrolladores de tecnología. Consiste en una cantidad limitada de:

- Principios científicos
- Enfoques prácticos
- Reglas para buscar soluciones a los problemas (heurística)

El núcleo del régimen tecnológico es el modelo ejemplar. El modelo ejemplar es el ejemplo básico -la estructura tecnológica básica que los innovadores tratan de mejorar. Por ejemplo, el DC3 fue el modelo ejemplar de desarrollo aeronáutico civil desde 1940 hasta 1960.

La heurística determina la dirección en la que se debe buscar la mejora -es decir, las reglas establecidas para la búsqueda, como, por ejemplo, el intento de reducir el peso en el desarrollo de aeronaves. Los regímenes tecnológicos suelen permanecer estables durante períodos prolongados. Por ejemplo, el avión a reacción, pilar del transporte aéreo intercontinental, data de fines de la década de 1950. La propulsión a chorro, el fuselaje cerrado de aluminio y la forma del avión casi no han variado durante más de medio siglo. Se buscan variaciones de materiales, dispositivos electrónicos, eficiencia de las turbinas y pequeñas adaptaciones del diseño aerodinámico.

6 A veces también denominado 'paradigma tecnológico'.

Si la tecnología responde a un determinado régimen durante varios años, las formas subsiguientes de tecnología generan una trayectoria tecnológica –es decir, un rumbo que describe la «dirección del progreso» dentro de dicho régimen tecnológico.

El régimen tecnológico y el rumbo del desarrollo de tecnologías son, en cierta medida, inertes y sufren pocos cambios. Esto no implica que se abandone el régimen actual, aún cuando resulta evidente que los problemas que reciben atención se podrían resolver mejor con un régimen diferente. Los regímenes no se abandonan con frecuencia, fundamentalmente porque los regímenes nuevos no suelen crear tecnologías muy eficientes en sus etapas iniciales. A menudo, las tecnologías radicalmente nuevas sólo llegan al mercado cuando todo el mundo está convencido de su éxito futuro.

Los regímenes tecnológicos resultan cruciales para el desarrollo de tecnologías. Por un lado, restringen el desarrollo de tecnologías al imponer limitaciones a las posibles variaciones de las tecnologías nuevas. Por el otro, los regímenes permiten el desarrollo acelerado al concentrar los esfuerzos y recursos disponibles en una dirección específica de la investigación y el desarrollo.

Sin embargo, no todas las tecnologías nuevas son exitosas. El término **«entorno de selección»** se refiere a la colección de grupos de interés, el de estructuras e instituciones que determinan el proceso de selección, que no es el mismo que el de la selección de mercado. Las tecnologías existentes en el mercado, la legislación vigente, los seguros y la infraestructura disponible intervienen en la selección de tecnologías.

Teoría cuasi-evolutiva

La relación entre el desarrollo de tecnologías, la variación y el entorno de selección es compleja. El entorno de selección influencia el proceso de desarrollo no sólo una vez que se han desarrollado las tecnologías, sino también durante su desarrollo –por ejemplo, cuando el departamento de investigación de una compañía alimenticia advierte sobre el incremento en la demanda de productos ecológicos.

El entorno de selección no es el único que ejerce influencia sobre la variación. También se da la relación inversa. El proceso de variación modifica el entorno de selección –por ejemplo, en casos en los que las tecnologías nuevas generan opciones totalmente nuevas. Esto ocurrió, por ejemplo, con la aparición de los teléfonos móviles, que le permitieron a la gente adoptar nuevos estilos de vida –cambio al que contribuye la publicidad.

Debido a este acople entre la variación y la selección, en la actualidad se suele utilizar el término «teoría cuasi-evolutiva». Con frecuencia, el proceso de variación anticipa e influencia el entorno de selección.

Efectos no lineales en la difusión de la tecnología

Una vez que las tecnologías se han desarrollado, se presentan a la sociedad. Si tienen éxito, se difunden e integran gradualmente. Sin embargo, este proceso de difusión suele ser bastante impredecible. El teléfono móvil nos conquistó en unos pocos años, mientras otras tecnologías (por ejemplo, los automóviles eléctricos) parecen estar perdidas en el limbo. No se trata sólo de una cuestión del destino. Si analizamos la situación con mayor detenimiento, encontramos algunos mecanismos interesantes.

«Fidelización» o «Lock-in»

El sistema operativo Windows y el automóvil con motor de combustión interna son productos para los cuales resulta difícil imaginar alternativas de reemplazo. Parece que nunca hubiera habido otras opciones, como si estos productos tuvieran una calidad superior a la de cualquier otra posibilidad. Sin embargo, con frecuencia, son sólo los «afortunados» ganadores de una batalla competitiva.

Tomemos el caso del sistema operativo MS-DOS, por ejemplo. Si la esposa de Gary Kildall (el inventor del cp/m)[7] no los hubiera rechazado cuando le tocaron el timbre un día de julio de 1980, los gerentes de IBM probablemente no hubieran recurrido a Microsoft y, tal vez, este libro se habría escrito con una versión del sistema cp/m.[8]

Los economistas lo llaman el principio de «el ganador se lleva todo». Con las normas tecnológicas, un solo sistema domina el mercado. En ocasiones, hay lugar para una segunda opción, pero los productores de un tercer o cuarto sistema tienen muy pocas probabilidades de obtener ganancias. Una compañía que tiene la propiedad exclusiva de una norma cuenta con un cuasi-monopolio. Así,

- Microsoft acapara el 90% del mercado de sistemas operativos para ordenadores personales.
- Intel tiene el 90% del mercado de microprocesadores.
- IBM cuenta con el 83% del mercado de servidores principales (*mainframes*) y prácticamente con el mercado completo fuera de Japón de sistemas operativos para mainframes.

Una ley económica clásica predice que el retorno disminuye a medida que aumentan las ventas. Según esta ley, un producto con un volumen de ventas en constante aumento llega a un techo y las ganancias ya no se siguen incrementando. Esto se debe a los costes crecientes por unidad vendida y al lanzamiento de productos alternativos por parte de los competidores. Este mecanismo mantiene los precios en un nivel bajo y evita un predominio excesivo en el mercado.

Sin embargo, esta ley no se aplica en el caso de las tecnologías modernas, donde los retornos continúan creciendo. Las ventas comienzan despacio, pero, cuando, al final, todo el mundo adopta la tecnología predominante, las participaciones de mercado se disparan hasta llegar al 90%. Después de esta fase, los potenciales competidores se enfrentan a un desafío considerable.[9] La situación se consolida aún más cuando otras compañías comienzan a utilizar la norma para ofrecer servicios adicionales. Por ejemplo, los desarrolladores de juegos para computadoras sólo desarrollan juegos para las principales plataformas, tales como PlayStation®, Xbox y GameCube. De esta manera, refuerzan la norma y ayudan a popularizar estas plataformas.

Los usuarios desean contar con un producto que responda a una norma de validez uniforme para poder obtener software compatible e intercambiar información con otros usuarios. Esta marcada tendencia implica que una pequeña ventaja en el desarrollo inicial de dicha norma inducirá a más y más gente a comprar el producto. Luego, las ventas aumentarán solas; bajarán los costes de producción, mientras aumentan los costes de los competidores. Así, estamos «atrapados» en la norma, ya que resulta muy difícil de cambiar. El cambio de la gasolina con plomo a la sin plomo, que llevó alrededor de 25 años, es uno de los pocos ejemplos de alejamiento de una tecnología establecida. La duración de este proceso de sustitución indica el grado de dificultad del mismo.

7 Un sistema operativo para procesadores de 8 bits. Consultar, por ejemplo, www.gaby.de/ecpm. htm, 11 de noviembre de 2005.

8 Ejemplos de: G. Bakker, *Intermediair* 33.21 (22 de mayo de 1997): 47-51.

9 W.B. Arthur, 'Increasing Returns and the New World of Business', *Harvard Business Review* 74.4 (julio/agosto de1996): 100-109.

A menudo, las normas tecnológicas llegan en paralelo al mercado: la parte del software y la parte del hardware. La parte del software se consolida en el mercado y le brinda soporte a la parte de hardware para aumentar las ventas. Cuando los consumidores han comprado el software, están atados a esa norma. Por ejemplo, nadie cambiará todas las máquinas con Windows en una oficina por máquinas Apple si el cambio implica reemplazar también todo el software.

La competencia fuerte amplifica el efecto de bola de nieve. Los fabricantes bajan los precios y, así, cada vez más gente compra sus productos nuevos, lo que genera un mercado aún mayor para el ganador. Por ejemplo, Netscape y Microsoft llegaron a regalar productos para ganar la batalla del mercado de navegadores de Internet, lo cual disparó su rápida expansión en la década de 1990.

Aplicaciones rompedoras

Sólo puede haber un ganador. ¿Quién será? Una empresa que quiere que su tecnología se convierta en la norma del mercado no debe intentar optimizar las ganancias a corto plazo. Por ejemplo, en la década de 1960, Philips regaló licencias a quienes deseaban producir sus casetes de música. En la década de 1980, Microsoft firmó un acuerdo con IBM que no le reportó muchas ganancias, pero que le aseguró que el MS-DOS se convirtiera en la norma de sistema para los ordenadores personales.

Una nueva tecnología genérica necesita una «aplicación rompedora» (*killer application*) para lograr la aceptación del mercado. La aplicación rompedora genera tal nivel de adhesión que persuade a millones de personas a comprar el producto. Por ejemplo, el programa para hojas de cálculo VisiCalc fue responsable, en gran medida, del lanzamiento exitoso de las computadoras personales por parte de Apple e IBM.

Edison inventó el fonógrafo con rollos de cera en 1877. Edison, que era más inventor que empresario, pensó que la novedad de su producto radicaba en sus múltiples usos: como grabadora de voz para difundir noticias, discursos, idiomas extraños y, tal vez, música. El empresario alemán Emile Berliner imaginó que la aplicación fundamental sería la reproducción de música. Comercializó el gramófono que había inventado y, al mismo tiempo, fundó un sello discográfico. A los pocos años, el gramófono era líder absoluto de mercado y Edison también comenzó a producirlo.

Los discos compactos ofrecen un ejemplo más reciente. Philips intentó infructuosamente comercializar un dispositivo de reproducción de CDs interactivos con tres marcas diferentes. Su competidor Pioneer lanzó al mercado la aplicación rompedora: un reproductor de discos compactos apto para cantar al compás de la música que ha resultado increíblemente popular en Japón. Las ventas y la participación de mercado de Pioneer en dicho país aumentaron de forma vertiginosa.

La falta de aplicaciones rompedoras o determinantes puede ser preocupante. Por ejemplo, la telefonía digital ISDN únicamente comenzó a popularizarse cuando el interés por navegar en Internet llevó a la gente a solicitar más de una línea telefónica. Aún así, las compañías que venden sistemas domésticos (es decir, sistemas que integran varios electrodomésticos de uso en el hogar) todavía están buscando una aplicación que impulse a la gente a comprar sus sistemas de integración.

QWERTY: la norma más aburrida de todas

La norma QWERTY es el ejemplo clásico de una norma imposible de reemplazar. La máquina de escribir que inventó el norteamericano Samuel Sholes tenía dos problemas:

- Las pequeñas palancas chocaban entre sí cuando se intentaba mecanografiar con rapidez
- La máquina debía tener un truco especial que se pudiera mostrar al público

Con la configuración QWERTY, Sholes logró separar las teclas más utilizadas de manera tal que las palancas no se superpusieran. Además, esta configuración le permitía mecanografiar la palabra *typewriter* (máquina de escribir en inglés) a gran velocidad únicamente con las teclas de la hilera superior –un llamativo truco de venta.

Luego, Sholes sólo debía conseguir a alguien que produjera las máquinas. Encontró un aliado en el productor de armas Remmington. Para promover las ventas de la máquina de escribir, Remmington organizaba torneos de mecanografía, en los que podían competir máquinas de la competencia. Los ganadores recibían contratos.

Los mecanógrafos no tardaron en inventar la dactilografía con los diez dedos. Pronto, los institutos educativos adoptaron el sistema y, al poco tiempo, todo el mundo quería el sistema QWERTY:

- Las empresas, porque sus secretarias podían trabajar rápidamente con ese sistema.
- Los institutos educativos, porque la mayoría de las empresas utilizaban máquinas con el sistema QWERTY

Si bien ya no había una necesidad técnica para la utilización de la configuración QWERTY, a principios del siglo XX, la mayoría de los demás fabricantes ya habían adoptado el sistema.

La alternativa más conocida para el sistema QWERTY es el teclado desarrollado por August Dvorak en la década de 1930. Con el «Teclado Simplificado de Dvorak», la gente aprendía a mecanografiar dos veces más rápido que con el sistema QWERTY. Además, este teclado disminuía 20 veces la incidencia de trastornos en las manos. Se fabricaron algunas máquinas con el sistema Dvorak, que hoy se incluye como configuración opcional en algunas computadoras Apple. Sin embargo, el teclado Dvorak no tuvo éxito. El sistema QWERTY ya se había instalado en las mentes de millones de personas y era imposible de erradicar.

¿Por qué no se ha reemplazado al sistema QWERTY? Seguramente, una configuración ergonómica habría evitado una cantidad enorme de esfuerzo y trastornos, tales como las lesiones de afección repetitiva (RSI, por sus siglas en inglés). Además, no puede ser tan costoso adaptar un teclado nuevo en el ordenador.

El sistema QWERTY ha sobrevivido por varias razones. En primer lugar, la dactilografía con el sistema QWERTY es una habilidad que, como andar en bicicleta o nadar, una vez que se adquiere, jamás se olvida. En consecuencia, la gente que ha aprendido dactilografía no querrá cambiar de configuración de teclado. En segundo lugar, aparentemente, las mejoras en rapidez de aprendizaje, velocidad de mecanografía y trastornos en las manos no constituyen razones de peso suficiente para que los jóvenes y los institutos de enseñanza adopten una configuración nueva de teclado. Se supone que la dactilografía es difícil de aprender. Los expertos en innovación aseguran que, de ser adoptada, una norma nueva resultaría diez veces mejor que su predecesora.

El mecanismo detrás de la fidelización: retroalimentación positiva[10]

Con el paso del tiempo, se desarrollan trayectorias tecnológicas. Las tecnologías que se instalan en las empresas o economías no siempre son las más eficientes para los usuarios.[11] Es posible que una ventaja de mercado en el momento oportuno genere una ventaja para una de las tecnologías, que logra consolidarse. A medida que el producto se vuelve más atractivo, son mayores sus ventas.

La formación de trayectorias tecnológicas, pudiendo ser ineficiente, es una consecuencia del fenómeno «que incrementa el retorno a través de una mayor penetración de mercado». En otras palabras, cuanto mayor es el nivel de adopción de una tecnología, mayor será su potencial de mejora y más atractiva resultará para su desarrollo. Esta situación se denomina «retroalimentación positiva». Seis factores se conjugan para generar la **retroalimentación positiva**, a saber:

- **Expectativas.** Las expectativas de la gente en relación con el éxito de una determinada tecnología influencian y aceleran su desarrollo. Nadie quiere comprar un producto que podría retirarse del mercado.
- **Familiaridad.** Cuando la gente conoce y entiende una tecnología, se incrementan sus probabilidades de adoptarla. Este factor también se ha definido como «mayor retorno por información».
- **Características de red.** A una tecnología le conviene estar asociada a una red de usuarios, ya que se incrementa su disponibilidad y sus variantes. En tal sentido, el sistema de videograbación VHS ofrece un buen ejemplo. Para funcionar, esta tecnología requiere una red de tiendas de alquiler de videos con películas en VHS. Cuanto mayor sea la cantidad de usuarios, mayores serán sus posibilidades de aprovechar al máximo sus videograbadoras.
- **Conectividad tecnológica.** Los procesos de retroalimentación se promueven a través del desarrollo de la «conectividad tecnológica» o las tecnologías complementarias: una tecnología que encaja en el sistema de tecnologías existentes tiene mayores probabilidades que una tecnología que carece de este tipo de conexiones.
- **Economías de escala.** El aumento de las ventas de productos disminuye los costes unitarios de producción. Es decir, una tecnología se vuelve más económica cuando se aplica a gran escala.
- **Aprendizaje.** Se puede generar retroalimentación positiva durante el desarrollo de una tecnología a través del aprendizaje. Es posible mejorar una tecnología con mayor rapidez gracias al aprendizaje que se desprende de su utilización. Cuanto más se sabe sobre una tecnología, se obtiene una ventaja de aplicación. Cuando una compañía desarrolla un mayor conocimiento sobre el uso de una determinada tecnología, mayores serán las probabilidades de adopción de esa tecnología.

10 Extracto revisado de: C. van Leenders y P. de Jong, 'Milieustrategieën en positieve feedback: kunststofverpakkingsafval als illustratie' (Amsterdam: University of Amsterdam [UvA], 1996).

11 En una economía neoclásica se da por sentado que la 'mejor' tecnología conquistará el mercado. En el modelo de Arthur, el proceso es dependiente de la trayectoria, lo que hace que sea imposible predecir qué tecnología conquistará el mercado. Una consecuencia de ello es que una tecnología ineficiente puede en efecto ganar la carrera.

Videograbadoras

Antes de 1974, sólo los profesionales podían grabar programas de televisión. El equipo necesario para hacerlo era voluminoso y costoso. Las grandes compañías electrónicas trabajaban en el desarrollo de videograbadoras para el mercado masivo. En 1974, Sony lanzó al mercado la primera videograbadora de consumo masivo, con su formato Betamax. Sony le ofreció una licencia a su competidor JVC, pero éste se negó a pagar la licencia y, en 1976, lanzó su propio sistema, el VHS. En 1975, Sony tenía el monopolio del mercado y vendió 30.000 videograbadoras Betamax en los Estados Unidos, a un precio unitario de alrededor de 2.000 $. Philips presentó su propio sistema: el Video2000 (V2000). Los sistemas no eran compatibles –es decir, cada sistema tenía su propio tipo de cintas. Los observadores del mercado suponían que las tres normas conquistarían una porción del mercado, como había ocurrido anteriormente con los discos (33, 45 y 78 rpm).

Si bien el sistema Betamax de Sony fue el primero, las videograbadoras JVC, con su sistema VHS, contaban con cintas que podían grabar casi dos horas de programación, mientras que los sistemas de Sony y Philips sólo tenían capacidad para una hora de grabación. En 1977, las compañías cinematográficas Disney y Universal consideraron que las videograbadoras podían constituir una amenaza para sus negocios e intentaron obtener derechos de autor por la venta de videos vírgenes. El intento fracasó, por lo que ambas compañías decidieron vender videocasetes ya grabados con sus propias películas.

En 1978, se implementaron mejoras en el sistema VHS que permitieron la grabación y reproducción de contenidos de casi tres horas de duración. Al cabo de un año, los sistemas Betamax y V2000 salieron a ofrecer la misma capacidad, pero ya era tarde. Se había producido un fenómeno nuevo: la aparición de las tiendas de alquiler de videocasetes. Aparecieron por todos lados en los Estados Unidos, llenas de películas grabadas en videocasetes. Muchas de estas películas eran pornográficas y parecían tener más éxito en el hogar que en los cines.

Se disparó la participación de mercado de las videograbadoras JVC, mientras se derrumbaba la de Sony. Philips intentó aumentar su ínfima participación de mercado con una reducción de precios. JVC la imitó, pero logró reducir aún más sus costes gracias a sus economías de escala. Poco a poco, resultó evidente que Sony y Philips ya no podrían alcanzar a JVC. Los consumidores preferían la videograbadora que contaba con mayor cantidad de videocasetes disponibles (a través de sus amigos o de las tiendas de alquiler). Por otro lado, las tiendas de alquiler de videocasetes tenían un tamaño limitado de inventario, por lo que preferían ofrecer el formato de mayor demanda –los videocasetes del sistema VHS. Después de años de lucha desesperada, Philips se rindió en 1985, mientras que Sony resistió hasta enero de 1988.

Sin embargo, cabe preguntarse: ¿los sistemas Betamax y V200 eran productos inferiores? Muchos aficionados aún prefieren estos sistemas e intercambian los videocasetes y repuestos correspondientes a través de Internet. Por lo tanto, a pesar de que ya nadie invierte dinero en la innovación técnica de estos sistemas, hay gente que los considera superiores.

Triunfó el sistema VHS, pero no por superioridad técnica o por precio. Los consumidores eligieron la videograbadora que tenían sus amigos, a fin de poder intercambiar videocasetes, y la que les ofrecía una mayor variedad de títulos para alquilar. Se produjo un caso claro de «retroalimentación positiva»: cuanta más gente compraba el sistema VHS, mayor era su atractivo para los clientes.

Política tecnológica

El Capítulo 4 estudia las opciones de políticas para lograr el desarrollo sostenible, mientras que el Capítulo 5 describe el papel que desempeña la tecnología en los problemas de sostenibilidad y analiza si se puede influenciar el curso de la tecnología. La respuesta es afirmativa, aunque, durante ciertos períodos, la posibilidad de influenciar determinadas tecnologías resulta poco frecuente. Sin embargo, ¿se pueden utilizar estos conceptos para dirigir la tecnología hacia el desarrollo sostenible?

Constructivismo social

El modelo de constructivismo social destaca la influencia de distintos actores en el desarrollo de tecnologías. Si la elección de nuevas tecnologías se produce a través de procesos sociales, podríamos «democratizar» el proceso de definición tecnológica o, al menos, ampliarlo para incluir a los grupos de interés «ambientales».

A veces, se requieren políticas especiales para permitir el acceso de ciertos actores al proceso de toma de decisiones. El fortalecimiento de la presencia de organizaciones no gubernamentales (ONGs) dedicadas a temas ambientales en la definición de tecnologías puede influenciar los resultados –por ejemplo, las organizaciones que representan a los pacientes pueden desempeñar un rol importante en la definición de tecnologías médicas.

La promoción de determinados vínculos, tales como las relaciones entre universidades y pequeñas o medianas empresas (PyMEs), pueden influenciar los esfuerzos de investigación y fomentar la innovación en estas empresas. Los *science shops*, tiendas de ciencia, son puntos de acceso en las universidades, que ayudan a las ONGs a acceder al conocimiento científico y a participar en debates sobre nuevas tecnologías.

***Science shops* (tiendas de ciencia)**

Los *science shops* surgieron en la década de 1970. La investigación universitaria solía responder a los intereses de la industria y de las entidades gubernamentales. A menudo, los conflictos entre la industria, los organismos estatales y los grupos ciudadanos se resolvían mediante el conocimiento científico, que se alineaba con las organizaciones ya establecidas. Los científicos y alumnos universitarios intentan ofrecer acceso al conocimiento científico a los grupos ciudadanos.
Los *science shops* se originaron en muchas universidades para facilitar el acceso al conocimiento científico. En general, estas tiendas no trabajan para las personas a nivel individual ni para las organizaciones con fines de lucro.

Enfoque sistémico

En el enfoque sistémico, el cambio tecnológico se produce cuando se detecta un punto débil en el sistema y se lo convierte en un problema crítico. Si no aparece un problema crítico concreto, es posible que los puntos débiles permanezcan «latentes» durante mucho tiempo –por ejemplo, la congestión de tráfico ha sido un punto débil del sistema de transporte durante mucho tiempo.

La disponibilidad de un problema crítico bien definido permite la asignación de mayores recursos a su resolución. Las políticas deberían tratar de:

- Promover la investigación básica para el desarrollo de opciones que resuelvan problemas críticos
- Fomentar y facilitar el desarrollo de consenso en los problemas críticos

Las políticas deberían apuntar a:

- Las condiciones externas necesarias para el crecimiento/disminución de los sistemas
- Los puntos débiles y las opciones utilizadas para redefinirlos como problemas críticos

Economía cuasi-evolutiva

Según la teoría cuasi-evolutiva, el cambio tecnológico recibe la influencia de la variación y del proceso de selección.

- **Variación.** Las políticas pueden apuntar a generar una mayor variedad de alternativas tecnológicas a través de la promoción o la facilitación de la investigación científica fundamental o, más específicamente, de los científicos fuera de la corriente principal de pensamiento.
- **Selección.** Las tecnologías nuevas tienen que competir con las tecnologías ya establecidas, que ya se han optimizado a través de un largo proceso. Por lo tanto, a menudo, las tecnologías nuevas no logran competir en el mercado, ya que suelen adolecer de defectos prácticos. Necesitarían contar con un período de protección, en el que pudieran mejorarse a través del aprendizaje resultante de su utilización. Una determinada porción del entorno de selección –o nicho– puede servir como ambiente protegido para probar una tecnología. Por ejemplo, los autobuses que utilizan combustibles ecológicos podrían utilizarse primero en las zonas metropolitanas para que las compañías se ocupen de la recarga de combustible. Además, se producirían beneficios directos (aire limpio) para un importante grupo de interés: los residentes de esas zonas, quienes, probablemente, deban pagar un coste más alto. Por lo tanto, la creación y gestión de los nichos para las tecnologías nuevas constituyen instrumentos interesantes.

La selección de tecnologías también se puede influenciar de manera más directa. Las tecnologías ecológicas suelen tener que enfrentarse al problema del alto coste generado por su escasa producción –como, por ejemplo, en el caso de las células fotovoltaicas (FV). Poca gente las compra y, en consecuencia, no es posible construir unidades de producción en gran escala para abaratar la producción. La aplicación de un subsidio temporal o la compra de los productos iniciales por parte del gobierno servirían para superar este obstáculo.

La variación y la selección no son del todo independientes. La gente que trabaja en la creación de tecnologías nuevas ya realiza parte de la selección y es importante que reciban las señales adecuadas. Por lo tanto, resulta fundamental la promoción de las instituciones (llamadas nexos) que transmiten las señales del entorno de selección al entorno de variación. Por ejemplo, las compañías de seguros (que atienden reclamaciones de daños ambientales) podrían proveer información sobre posibles daños futuros a los procesos de variación de las compañías.

Los procesos de variación llevan tiempo. Los gobiernos podrían fijar objetivos para la selección de futuras tecnologías a fin de que las empresas tuvieran la oportunidad de trabajar en pos de dichos objetivos. Esto se llama «forzar la tecnología» y parece una medida definida, pero suele generar hostilidad entre la legislatura y el sector industrial afectado. Por ejemplo, el gobierno federal de los Estados Unidos intentó obligar a los fabricantes de motores a producir automóviles que contaminaran menos con la Ley de Aire Puro de 1970. No obstante, se produjo una ardua batalla legal y no se logró reducir el nivel de emanaciones contaminantes por parte de los automóviles.[12]

12 K. Mulder, 'The Effectiveness of Technology Forcing, CFCs and Cleaner Transport', en Actas Oficiales de la Conferencia Internacional sobre Política Tecnológica e Innovación desarrollado en Lodz, del 6 al 8 de julio de 2005.

Fidelización y retroalimentación positiva

En el desarrollo de determinadas tecnologías, los factores de menor importancia pueden resultar de gran influencia en ciertos momentos, mientras que, en otros, puede resultar casi imposible generar cambio alguno. Por lo tanto, es importante concentrar las políticas en los puntos en que se consolidan las tecnologías nuevas. Sin embargo, los cambios suelen ser muy costosos.

Transferencia de tecnología

La creación de tecnologías depende de varias condiciones locales. Por ejemplo, a veces, resulta imposible utilizar equipos eléctricos de un país en otro, porque las redes eléctricas tienen distintos voltajes o frecuencias. Sin embargo, en la transferencia de tecnologías de una cultura a otra, las diferencias culturales, de organización y de infraestructura pueden resultar aún más importantes.

Este efecto se desprende de las teorías descritas anteriormente, que destacan el impacto del entorno social en la creación de tecnologías a través de:

- Grupos sociales relevantes
- El entorno del sistema
- El entorno de selección

En tal sentido, la transferencia de tecnologías entre distintas sociedades presupone que las sociedades son más o menos equivalentes. La adopción de una tecnología no es una elección neutral, sino que implica la decisión de cambiar la forma de vida propia y de otros. Mucha gente no reconoce este detalle. Por ejemplo, la adopción de tecnologías es un tema clave para las comunidades *amish* de los Estados Unidos:

> Los amish, anabaptistas o menonitas, se originaron en la región francesa de Alsacia. Sostienen la interpretación literal de la Biblia, que les prohíbe toda forma de violencia. Abandonaron Francia después que Napoleón intentara obligarlos a alistarse en el ejército. En la actualidad, las comunidades amish se encuentran en Pennsylvania, Estados Unidos. La vida social en estas comunidades se rige por reglas estrictas que apuntan a mantenerlos alejados de la vida mundana. No se permite el uso de varias tecnologías, tales como automóviles y televisores. En las asambleas semestrales, las comunidades amish deciden qué tecnologías adoptarán. El criterio determinante para esta elección consiste en evaluar si la tecnología en cuestión afectará el estilo de vida amish. Por supuesto, el mundo exterior tiene algunos requerimientos, por lo que los amish pueden utilizar mezcladoras eléctricas para la leche y soldadoras, siempre y cuando la electricidad utilizada provenga de un generador local. Para evitar el uso de equipos «mundanos», los demás dispositivos eléctricos deben funcionar con 12 voltios.[13]

Es posible que surjan varios problemas si un país en vías de desarrollo importa una tecnología desarrollada en una sociedad industrializada de Occidente:

- Puede ocurrir que la tecnología no sea compatible con los valores y la cultura de distintos grupos sociales. Por ejemplo, las sociedades de cazadores y recolectores (ver Capítulo 3) suelen tener reglas estrictas que prohíben la explotación directa de la naturaleza. A

13 J. Sha, 'The Amish: Technology Practice and Technological Change' (1999); www.shawcreekgeneralstore.com/amish_article1.htm, 11 de noviembre de 2005.

menudo, ciertos elementos de la naturaleza son considerados divinos,[14] por lo que no se aceptan determinados métodos de agricultura o minería.

- Las tecnologías pueden resultar incompatibles con el orden establecido en la sociedad. Por ejemplo, las tecnologías que facilitan la difusión del conocimiento suelen ser incompatibles con las jerarquías marcadas. Es posible que las tecnologías médicas amenacen la posición de poder que ocupan los doctores tradicionales.
- Es posible que la tecnología sólo tenga sentido cuando forma parte de un sistema mayor, que no existe en otras sociedades. La maquinaria requiere combustible, mantenimiento, reparaciones, operarios especializados, etc. La introducción de maquinaria sólo tiene sentido si el sistema completo funciona bien.
- Las tecnologías han evolucionado de forma gradual y en función de los parámetros de selección de los países industrializados. Por ejemplo, los clientes occidentales, que están acostumbrados a utilizar carreteras de alta calidad y que exigen ciertos niveles de lujo, han dominado el desarrollo automotor. El Citroën 2CV podría ser un modelo ejemplar de una trayectoria alternativa utilizable en países con un menor nivel de ingresos y una infraestructura inferior.

A veces, la transferencia de tecnologías genera una comunidad «occidentalizada» dentro de un país en vías de desarrollo. De esta manera, las tecnologías importadas pueden crear tensión dentro de una sociedad, lo cual conduce al fenómeno de sociedad dual que se observa en tantos países en vías de desarrollo, con pequeñas islas de industrialismo urbano rodeadas por barrios y zonas rurales pobres.

Los tractores abandonados y oxidados en la campiña africana confirman que la transferencia de tecnología no funciona sin:

- Los recursos físicos y humanos necesarios
- Tener en cuenta el contexto social, económico y ambiental donde se inserta la tecnología

El concepto de «**tecnología apropiada**» se desarrolló en la década de 1970 a raíz del fracaso de las transferencias de tecnologías. La tecnología apropiada debe adaptarse a las circunstancias de los países en vías de desarrollo. En otras palabras, debe:

- Ser fácil de aplicar
- No requerir demasiado capital
- No requerir demasiada energía (es decir, debe requerir poca energía no renovable para su funcionamiento, construcción y mantenimiento)
- Utilizar recursos y mano de obra local
- Nutrir el medio ambiente y la salud humana[15]

No es fácil incorporar este tipo de tecnologías a los países en vías de desarrollo. Consideremos el ejemplo de una bomba manual de agua (Figura 9.9). La bomba es barata y fácil de utilizar. Su

14 El famoso 'discurso del jefe Seattle' (que en realidad puede no haber nunca tenido lugar) ilustra perfectamente la confrontación entre los sistemas de valor con respecto a la naturaleza de los ciudadanos norteamericanos frente al de los indígenas norteamericanos. J.L. Clark, 'Thus Spoke Chief Seattle: The Story of An Undocumented Speech', *Prologue* 18.1 (primavera de 1985); www.archives.gov/publications/prologue/1985/spring/chief-seattle.html, 11 de noviembre de 2005.

15 Centro Nacional para la Tecnología Apropiada; www.ncat.org/about_history.html, 11 de noviembre de 2005.

diseño permite la reparación y el mantenimiento con materiales locales. Si se la incorpora de manera tal que los granjeros locales puedan utilizarla para regar sus tierras, la tecnología resultará apropiada, pero, si la bomba pasa a ser propiedad de un único terrateniente local, profundizará aún más la diferencia entre ricos y pobres a nivel local.

¿Quién decide estas cuestiones? Si un país en vías de desarrollo plantea la necesidad de una bomba con motor diesel, ¿deben las organizaciones occidentales decidir si dicho país necesita ese tipo de bomba de agua? ¿Deben las organizaciones occidentales decidir si se tiene que terminar la jerarquía local para pasar a un sistema democrático?

El proceso de desarrollo debe estar dirigido por la gente a quien debe beneficiar el desarrollo. Está en juego su sociedad, su cultura y su futuro. Las organizaciones extranjeras no deberían conducir estos procesos de decisión. Por lo tanto, la forma ideal de cooperación internacional para el desarrollo debe consistir en la construcción de capacidad tecnológica de tal modo que los países en vías de desarrollo puedan, por sí mismos, evaluar, adoptar, gestionar y aplicar tecnologías seguras desde el punto de vista ambiental.[16]

Sin embargo, es posible que las organizaciones de asistencia se enfrenten a desafíos complejos al intentar respetar las culturas locales, la ética personal y los derechos humanos universales. ¿Se debe tolerar la falta de respeto por los derechos de la mujer? ¿Y qué ocurre con el tema de los prejuicios raciales? ¿Y los niveles de corrupción y nepotismo aceptados en ciertos lugares?

El concepto de «ayuda» en sí resulta bastante condescendiente. Debemos buscar el diálogo. Es posible que las culturas consideradas primitivas le enseñen valiosas lecciones al mundo entero en relación con la posibilidad de vivir con felicidad sin arruinar los sistemas de vida de nuestro planeta. Tal vez el mundo industrializado haya desarrollado tecnologías superiores, pero no tiene autoridad para proclamar su superioridad en el conocimiento sobre desarrollo sostenible.

FIGURA 9.9 **Bomba de agua manual**

© Crelis Rammelt, TU Delft

Preguntas, análisis y ejercicios

1. ¿Qué es un punto débil y qué es un problema crítico? Definir los puntos débiles y los problemas críticos del sistema del Canal de Panamá (ver a continuación).
   ¿Podría responder la misma pregunta con respecto al sistema mundial de fletes?

16 Cf. Capítulo 34 de la Agenda 21, 'Transfer of Environmentally Sound Technology, Co-operation and Capacity-building'; www.gdrc.org/techtran/a21_34.html, 11 de noviembre de 2005.

2. El Necar fue el primer vehículo impulsado con una célula de combustible. Se trata de un automóvil Mercedes Benz, Clase A, con la misma capacidad para pasajeros y equipaje que el modelo estándar. La célula de combustible provee la electricidad que necesita el motor eléctrico para que el auto funcione. El hidrógeno para la célula de combustible se produce con el metanol que el automóvil lleva abordo. El espacio necesario para el tanque de hidrógeno y demás equipamiento se obtiene al montar un sobrepiso. El Necar también puede cargar combustible en las gasolineras. El automóvil con célula de combustible se ha probado con el uso normal diario desde 2003. Describa el proceso de «retroalimentación positiva» que debería producirse una vez que el automóvil esté disponible y cómo se podría impulsar la aceptación del vehículo con célula de combustible.

El sistema del Canal de Panamá

El Canal de Panamá es muy pequeño para las embarcaciones modernas *Post-Panamax*. En 2002, la Autoridad del Canal de Panamá solicitó a dos organizaciones que diseñaran dos esclusas nuevas y más grandes junto a las esclusas existentes. Se solicitó al Cuerpo de Ingenieros del Ejército de los Estados Unidos que diseñara las esclusas para la entrada al Canal sobre el Océano Atlántico, cerca de Cristóbal, mientras que un consorcio liderado por la compañía belga Tractebel Development Engineering debía diseñar las esclusas para la entrada por el Océano Pacífico, en Balboa.

Si el canal aumenta su profundidad de 13 a 17 metros, las esclusas nuevas permitirán la navegación de barcos de mucho mayor calado. De construirse, las esclusas nuevas serían las más grandes del mundo y costarían entre 6.000 y 8.000 millones de dólares.

El principal problema radica en la provisión de agua para reponer el agua del canal que se pierde cada vez que se abren las esclusas. El Lago Gatun, reserva principal del canal, ya se encuentra en proceso de ampliación y se han encargado estudios para el desarrollo de un depósito nuevo. Se ha rechazado la opción de inundar parte de la selva panameña. También se encuentra en estudio la posibilidad de reducir la pérdida de agua del Canal durante la apertura de las esclusas. La compañía norteamericana WPSI ha diseñado un plan para bombear el agua de las esclusas de regreso al Lago Gatun.

3. Analice las ventajas y desventajas de la exportación de maquinaria agrícola a un determinado país en vías de desarrollo. Estudie su situación agrícola, su cultura y su organización económica. ¿Qué haría si se produjera un pedido de equipamiento por parte del país que ha analizado?

10 Tecnología para el desarrollo sostenible

En el Capítulo 1, explicamos por qué el mundo necesita encontrar una forma sostenible de desarrollo y por qué debemos aumentar la eficiencia ambiental de nuestra producción y nuestro consumo en un factor de 32,4. Esta cifra indica que tenemos que pensar en saltos, no en mejoras marginales. En el Capítulo 2, analizamos los problemas de los sistemas naturales que sostienen la vida humana, y, en el Capítulo 3, tratamos el tema del desarrollo. Los roles de los gobiernos y de las empresas en los problemas de desarrollo sostenible se estudiaron en los Capítulos 4 y 7, mientras que, en el Capítulo 6, se analizó cómo medir la sostenibilidad. El Capítulo 8 se dedicó al proceso de diseño tecnológico y el Capítulo 9, a las innovaciones tecnológicas. En el Capítulo 5, a su vez, se trató el papel de la tecnología en la historia de la sociedad industrializada.

En este capítulo, presentamos algunos conceptos, herramientas y principios que pueden generar aumentos considerables de la eficiencia ambiental de la tecnología. En primera instancia, trataremos las tecnologías ambientales y, luego, analizaremos las características de las innovaciones sostenibles.

En el Capítulo 9, hablamos de innovación –fundamentalmente a nivel de artefactos. Para lograr el desarrollo sostenible, se requiere también de innovaciones a nivel de sistemas. Las innovaciones de sistemas no sólo modifican ciertos productos o procesos, sino la configuración del sistema al que pertenecen dichos productos o procesos.

Sin embargo, las innovaciones sistémicas no son suficientes. Harán falta saltos tecnológicos, que también demandarán la adaptación del comportamiento de los consumidores y la reestructuración de la sociedad. Estos tipos de innovaciones se denominan **transiciones**. No ocurren con frecuencia y, en general, se reconocen sólo a posteriori. Por ejemplo, la invención del transistor y del circuito integrado, junto con el desarrollo de formas más complejas de organización social, llevaron a los avances en las tecnologías de información y comunicación que han revolucionado nuestra sociedad en las últimas décadas.

Tecnologías ambientales

Hay problemas ambientales de todo tipo y tamaño. En la búsqueda de soluciones para estos problemas, es obvio que la gente se ha volcado, en primera instancia, a las soluciones más fáciles –los frutos que estaban al alcance de la mano.

Desde la revolución agrícola de la era neolítica, la humanidad se ha enfrentado a problemas ambientales.

- Históricamente, los primeros problemas ambientales surgieron por la densidad de población en las primeras ciudades. La forma más fácil de resolver estos problemas consistió en utilizar las tecnologías triple D (ver Capítulo 7).
- Cuando la contaminación se convirtió en un problema, la gente comenzó a pensar en prevenir la contaminación (ver Capítulo 7).
- Los residuos se pueden tratar con tecnologías correctivas de final de proceso. Este tipo de tecnologías evitan/reducen las emisiones, pero no modifican el sistema de producción (ver Capítulo 7).
- La tecnología de restauración es un tipo específico de tecnología correctiva. Tenemos la obligación, como mínimo, de sanear lo peor de la contaminación del pasado y aislar los sitios contaminados del entorno no contaminado.
- En muchos casos, sin embargo, la opción elegida consiste en reducir la carga ambiental a través de un cambio en el proceso de producción. De esta manera, se logran mayores reducciones de la contaminación y del nivel de consumo de recursos. Si se rediseñan por completo los procesos de producción, se obtienen beneficios ambientales y reducciones de costes.
- En última instancia, debemos desarrollar tecnologías para lograr la producción y el consumo sostenibles porque ninguna de las tecnologías enumeradas anteriormente resultarán suficientes para resolver los problemas ambientales a que nos enfrentamos.

Las tecnologías sostenibles van más allá de las tecnologías ambientales. Mientras que las tecnologías ambientales se ocupan de la producción de bienes y servicios con un mínimo de contaminación, las tecnologías sostenibles apuntan a una meta mayor, que consiste en satisfacer las necesidades de toda la humanidad sin:

- Superar la capacidad de recuperación ecológica
- Consolidar ni promover la inequidad

Características de las tecnologías sostenibles

Una tecnología sostenible implica algo más que producir bienes sin contaminar ni destruir el medio ambiente. Significa satisfacer las necesidades de la gente de tal manera que no se supere la capacidad de recuperación del planeta y de los ecosistemas locales. El objetivo consiste en limitar el uso de los recursos naturales del mundo dentro de los parámetros establecidos por la capacidad de recuperación de la Tierra. ¿Qué hay que hacer para lograrlo?

Satisfacción de necesidades

El primer paso en la obtención de tecnologías para el desarrollo sostenible consiste en analizar la necesidad que se satisface con el producto. No obstante, es importante reconocer que es posible que los consumidores tengan necesidades «ocultas», no necesariamente explícitas. Las compañías o los gobiernos también pueden tener necesidades ocultas, tales como el prestigio nacional o la reputación de sus funcionarios.

Ciertos productos suelen plantear una cuestión de legitimidad (por ejemplo, ¿se deben permitir las carreras de Fórmula 1, los cigarrillos, etc.?). Sin embargo, estos productos reflejan una necesidad que, como tal, es legítima.[1] El desafío radica en desarrollar alternativas más sostenibles para satisfacer estas necesidades.

¿Se puede satisfacer una necesidad de otra manera? De ser así, ¿es la forma alternativa preferible en términos ambientales, sociales y éticos? Para pensar en la satisfacción de ciertas necesidades, a menudo se deben traspasar las fronteras disciplinarias. Es posible que la mejor solución para un problema se encuentre fuera del campo de la disciplina en la que nos hemos formado. La formación disciplinaria puede, en ocasiones, impedir los saltos interdisciplinarios necesarios y limitar el espectro de alternativas en consideración.

Por ejemplo, para derretir un metal se requiere una cantidad mínima de energía, más allá de la eficiencia con que se diseñe el proceso. Si se buscan mayores mejoras, los esquemas eficientes de reciclaje contribuyen a disminuir la demanda de consumo de metales y energía. En el caso de algunas aplicaciones de un metal como el zinc, por ejemplo, el reciclaje resulta imposible, ya que gran parte del material se desintegra con el uso. En el caso del acero galvanizado, por ejemplo, la capa de zinc se disipa en el medio ambiente. Por lo tanto, parecería imposible lograr un avance adicional a través de la innovación tecnológica hasta que se llegue a la conclusión de que ¡el usuario no necesita ese producto de acero galvanizado! Lo que necesita el usuario es un producto perdurable que le preste un servicio determinado.

Los intercambios de ideas para idear formas alternativas de satisfacer ciertas necesidades resultan de gran importancia y utilidad para lograr la apertura mental necesaria a fin de incorporar nuevos conceptos. Si estas sesiones de debate se realizan con entusiasmo, normalmente surgen muchas alternativas provenientes de sectores diametralmente distintos. Por ejemplo, las opciones para reemplazar los metales galvanizados podrían incluir maderas tratadas, metales pintados (no corrosivos), plásticos, o, incluso el diseño totalmente nuevo del producto, que prescinda de estas alternativas. También puede ocurrir que la manufactura del producto se sustituya mediante la prestación de un servicio –por ejemplo, reemplazar un vehículo utilizado como transporte por un medio de comunicación. Estas innovaciones radicales implican un sistema de producción nuevo, así como también nuevos canales de comercialización y nuevas formas de consumo. Sin embargo, el prerrequisito para llegar a estas alternativas consiste en centrarse a satisfacer una necesidad, no a mejorar una tecnología existente.

Lluvia de ideas

Una sesión de intercambio de ideas intenta generar una variedad de ideas para resolver un problema. El objetivo principal consiste en promover la creatividad. No se permiten las críticas negativas hasta que no se hayan evaluado varias ideas.

Pensar en términos globales

La satisfacción de necesidades a través de mecanismos mucho más eficientes no necesariamente conduce a soluciones sostenibles. Es posible que las tecnologías altamente eficientes desde el punto de vista ambiental tengan:

1 En los ejemplos suministrados, la necesidad es de 'excitación' y de 'alivio', respectivamente.

- Efectos secundarios negativos
- Consecuencias a largo plazo
- Aplicabilidad limitada o de pequeña escala

He aquí algunos ejemplos:

- La tecnología Roundup de Monsanto[2] permite a los productores agrícolas obtener un mayor rendimiento con un menor uso de herbicidas y con menores costes. Sin embargo, el maíz de modificación genética puede alterar los ecosistemas y obliga a los productores a comprarle todos los años las semillas a Monsanto. ¿Cómo afecta esta situación al poder de los productores frente a la industria agrícola?
- La ayuda alimentaria para las regiones afectadas por un alto índice de desnutrición sirve para mantener los precios bajos. Se trata de una medida importante en la lucha contra el hambre, pero, a largo plazo, puede contribuir a la degradación de la agricultura local.
- Las tecnologías con un alto nivel de eficiencia a menudo dependen demasiado de un recurso que podría escasear en el futuro. Por ejemplo, los metales preciosos y raros que se utilizan para catalizar la descomposición de materias tóxicas podrían comenzar a agotarse si se produjera una pequeña demanda adicional en el mercado.
- Los antibióticos son importantes en el cuidado de la salud, pero su utilización a gran escala genera bacterias resistentes. A largo plazo, esto podría generar un serio peligro para la salud.

Por lo tanto, la innovación en pos del desarrollo sostenible exige una visión amplia. Tenemos que actuar de forma local y, al mismo tiempo, evaluar nuestras tecnologías a nivel global, con una visión de largo plazo. Más aún, la evaluación de la tecnología resulta crucial,[3] de la misma manera que lo son las tecnologías que contribuyen al bien común.

La búsqueda de soluciones a largo plazo

Las mejoras pequeñas en la eficiencia ambiental resultan atractivas, pero son insuficientes. Debemos intentar dar saltos. Sin embargo, se suele plantear un dilema. Es posible que mejoremos las tecnologías sostenibles, pero sin llegar a la tecnología sostenible absoluta (sin consumo de recursos, limpia, segura, etc.). ¿Nos conviene gastar el preciado dinero que tenemos para invertir en investigación y desarrollo (I+D) en opciones de pequeñas mejoras que se pueden desarrollar rápidamente o debemos dedicar nuestros recursos de I+D a generar verdaderos saltos que nos llevarán una cantidad de tiempo considerable?

En la práctica, el dilema podría presentarse de la siguiente forma:

- ¿Debemos intentar desarrollar plantas de producción a carbón optimizadas o invertir en la mejora de las turbinas eólicas?
- ¿Deberíamos desarrollar grandes incineradoras municipales eficientes y limpias o reducir la cantidad de residuos a través de programas de prevención y reciclaje?

2 Sus componentes principales consisten en un herbicida y un maíz genéticamente modificado que es resistente al herbicida. Dichos componentes se venden juntos.

3 Consultar Capítulo 4.

- ¿Debemos desarrollar viviendas más duraderas (que no son flexibles y requieren más materiales, aunque consumen menos energía) o deberíamos construir viviendas menos duraderas (que son más flexibles y requieren menos materiales, aunque consumen más energía)?

No son preguntas fáciles de responder. A menudo, la mejora de las tecnologías existentes resulta de menos riesgo que la búsqueda de tecnologías revolucionarias. Podríamos comparar los distintos aspectos ambientales, sociales y económicos de la inversión en una planta de producción a carbón optimizada con los efectos del desarrollo de un parque eólico en alta mar a lo largo de la vida útil promedio de ambas tecnologías. Sin embargo, ¿qué ocurre con los efectos perdurables de la creación de nuevos conocimientos y tecnologías y el aprendizaje que se desarrolla en el proceso? Siempre se aprende con el desarrollo de una tecnología nueva (aún cuando la idea no funcione en la realidad), pero ¿cuánto vale este aprendizaje?

El dilema entre las mejoras a corto plazo y las tecnologías sostenibles a largo plazo puede resolverse sólo a través de la evaluación de todos los aspectos relevantes en una visión de largo plazo. No se pueden tomar decisiones únicamente sobre la base de los cálculos, porque siempre está presente la elección del tipo de sociedad que queremos crear para el futuro. Resulta esencial reconocer este dilema para tomar decisiones conscientes.

La Figura 10.1 resume el desafío de la innovación sostenible. Debemos buscar una perspectiva temporal más amplia, pero también debemos tener en cuenta un espectro mayor de grupos de interés. Las primeras mejoras ambientales, en general, apuntan a la manufactura. Métodos tales como la producción con menor contaminación y la contabilidad ambiental (1) deberían complementarse con programas de prevención de la contaminación y reciclaje (2). No obstante, estos métodos, a su vez, deberían acompañarse de diseños de productos optimizados desde el punto de vista ambiental y la ecología industrial (3). Todo ello debería incorporarse a la estrategia corporativa (4) y a las políticas nacionales, así como contar con una perspectiva de largo plazo (5).

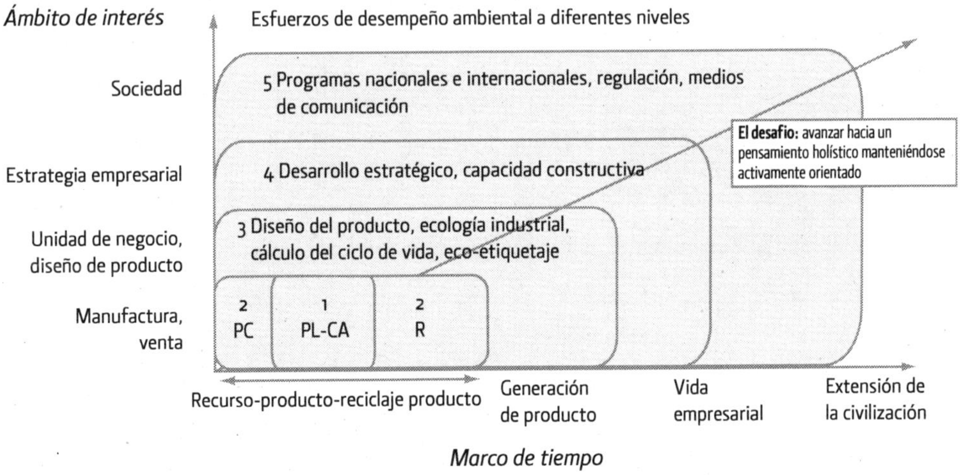

PL = producción limpia; CA = contabilidad ambiental; PC = prevención de contaminación; R = reciclaje.

FIGURA 10.1 **El desafío de la innovación sostenible**

Innovaciones de sistemas

Las innovaciones de sistemas son innovaciones que cambian la estructura de un sistema tecnológico. Sin embargo, existen distintos niveles de sistemas. Por ejemplo, podemos considerar que la cámara de combustión de un motor constituye un sistema, pero el motor en sí o el automóvil también son sistemas. Incluso, podríamos analizar el sistema de tránsito, que abarca los automóviles, las carreteras, la provisión de combustible, la legislación, la policía vial, las aseguradoras, los impuestos y el mantenimiento. En este capítulo, analizamos los sistemas tecnológicos y la innovación de sistemas de alto nivel: el sistema está formado por todos los elementos que contribuyen a producir un bien o un servicio para un consumidor.

Un ejemplo de innovación sistémica consiste en el reemplazo de la tracción a vapor en el transporte ferrocarril por tracción a gasoil o eléctrica. No sólo abarcó la sustitución de las locomotoras, sino también el desarrollo de opciones para el abastecimiento energético de los trenes, su mantenimiento y la capacitación del personal. Se dejó de lado el abastecimiento de agua para las locomotoras y se produjeron consecuencias importantes para los horarios de los trenes.

Las innovaciones de sistemas requieren grandes inversiones y siempre resultan destructivas para las partes del sistema o todo el sistema que reemplazan. Por ejemplo, el sistema telegráfico fue casi totalmente destruido por el télex. Luego, el fax barrió ambas tecnologías.

Como consecuencia de la naturaleza destructora de las innovaciones sistémicas, los actores relacionados con los sistemas de producción existentes suelen oponerse a la incorporación de sistemas nuevos (Figura 10.2). Es posible que la gente señale los riesgos implícitos y el efecto «canibalizador» de las innovaciones (es decir, la compañía pierde su producto actual). Sin embargo, como dijo una vez el fundador de Sony, Akio Morita:

> A una compañía le conviene reemplazar sus propias tecnologías antes de que las reemplacen los productos de la competencia.[4]

Como las tecnologías correctivas tienen escaso impacto en el sistema de producción industrial o directamente no lo afectan, suelen ser la solución preferida por la industria para enfrentarse a una crisis ambiental. No obstante, la adaptación de un sistema de producción completo, a menudo,

Frankly, sinceramente, esperaba algo más de la televisión interactiva

FIGURA 10.2

Fuente: www.CartoonStock.com, 14 Noviembre 2005; © CartoonStock Ltd

4 E.M. Rheingold, *Made in Japan: Akio Morita and Sony* (Nueva York: NAL Penguin, 1986).

representa una solución mucho más efectiva, ya que puede prevenir la generación de residuos/contaminación en lugar de buscar la forma de tener que tratarlos.

Analizaremos con mayor detalle tres ejemplos de innovaciones de sistemas, a saber:

- Cambios básicos en la energía primaria y mejoras en la eficiencia energética del sistema de producción
- Cambios básicos de materias primas y reutilización de productos finales descartados
- Cómo evitar los subproductos y la reutilización cautiva

Cambios básicos en la energía primaria

En las próximas décadas, seguramente se verán cambios fundamentales en las fuentes de energía primaria utilizada en los países industrializados. Las innovaciones en el sistema energético en sí se tratarán más adelante.

Existe un potencial considerable para la reducción del consumo energético. Los sistemas de calefacción y aire acondicionado consumen cantidades significativas de energía que, a menudo, pueden reducirse a través de un intercambio de calor inteligente. Por ejemplo, los servidores de datos necesitan aire acondicionado debido a que se calientan por la enorme cantidad de microprocesadores que contienen. Por lo tanto, el desarrollo de microprocesadores que consuman menos energía generaría beneficios dobles.

Las emanaciones nocivas de la industria y las centrales energéticas deben reducirse. Una forma de lograrlo consiste en pasar de los combustibles a base de carbón y petróleo al gas natural. Se trata de una medida no sostenible, pero, de todas maneras, representa una mejora debido a que se emiten menos óxidos de nitrógeno (NO_x), dióxido sulfúrico (SO_2) y partículas.

Se pueden adaptar los procesos de producción para que utilicen electricidad como fuente de energía básica. En algunas regiones, ya hay una cantidad considerable de vehículos eléctricos. Ciertas críticas señalan que estos vehículos tienen otro tipo de emisiones, más que libres emisiones. Aún así, volcarse en la electricidad como fuente de energía primaria generaría beneficios ambientales:

- Las centrales energéticas consumen combustible de manera mucho más eficiente que otros procesos industriales. Sin embargo, parte de la energía (3-15%) se pierde en la transmisión y distribución de la electricidad.
- Una red de distribución de electricidad mejor desarrollada generará una mayor cantidad de oportunidades para que los productores de energía renovable vendan su producto.
- La contaminación de la chimenea de una planta generadora puede controlarse mucho mejor que las emisiones de numerosos tubos de escape.
- Los usuarios de energía suelen contaminar el aire, por ejemplo, en zonas urbanas, donde la contaminación resulta más dañina, mientras que las plantas generadoras pueden ubicarse en zonas donde causen un menor nivel de daño.
- Una red de energía robusta e integrada, con una columna vertebral de alto voltaje, es capaz de absorber mejor el abastecimiento irregular de varias fuentes de energía sostenible. Las presas de energía hidráulica podrían utilizarse como reservas para estabilizar la red y generar capacidad de repuesto.

Sin embargo, para ciertos propósitos, la conversión a energía eléctrica como fuente primaria de energía no es recomendable. Por ejemplo, las calderas de alto rendimiento para sistemas de calefacción residencial consumen menos combustible primario que los calefactores eléctricos de forma indirecta.

Las mayores eficiencias se obtienen mediante la combinación de calor y energía (cogeneración de calor y electricidad). En el futuro cercano, probablemente esto se hará en los hogares, lo que revolucionará la red de electricidad, ya que todos seremos, a la vez, productores y consumidores.[5] No obstante, hay una serie de problemas técnicos y legales que resolver antes de que nos convirtamos en co-generadores de calor y energía domésticos.[6]

La eficiencia energética se puede aumentar enormemente, por ejemplo, a través de:

- La aplicación de aislamiento térmico
- La utilización de intercambiadores térmicos para precalentar materias primas y combustibles, y emanaciones simultáneas de frío
- Rediseño de los procesos industriales para evitar la superposición de procesos de calor y frío

Cambios básicos de materias primas

El cambio de la base de materias primas de los procesos actuales de producción industrial serviría para reducir significativamente la cantidad de residuos y contaminación y el agotamiento de los recursos no renovables.

La industria produce diversos residuos que, en principio, son reutilizables, pero que no se reutilizan por razones técnicas/económicas (por ejemplo cuando no hay un proceso rentable para hacerlo). La Unión Europea (incluyendo los nuevos Estados Miembros) produce alrededor de 1.300 millones de toneladas de residuos por año, lo que equivale aproximadamente a 3,5 toneladas de residuos sólidos por habitante.[7]

Los procesos de reciclaje disponibles podrían resultar económicamente efectivos mediante ciertos cambios en la legislación o en los precios de mercado de las materias primas. En tal sentido, la falta de tecnologías económicamente efectivas no suele ser un hecho natural, sino también un hecho social. En general, los costes reales de la generación de residuos de un proceso de producción no los paga la compañía responsable de la producción de dicho producto. Por ejemplo, el envase se convertirá enseguida en un residuo doméstico una vez que el consumidor compre el producto. El productor podría optar por no utilizar envase o por otro tipo de envase. Si los costes del procesamiento de residuos estuvieran incluidos en el precio del producto, los productores tendrían un incentivo para utilizar una menor cantidad de material de embalaje. El cambio o la reducción del envase o el cambio en el diseño del producto podrían reducir significativamente la cantidad de residuos domésticos.

Los costes de los residuos son enormes. Por ejemplo, cada ciudadano alemán paga 80 € anuales por el procesamiento de residuos.

La reutilización y el reciclaje de productos y/o materiales resultan fundamentales y se pueden realizar en distintos puntos del ciclo del material como:

- Producto de consumo masivo
- Componente (las bases de datos y los sistemas de control de calidad son importantes para la reutilización de productos/piezas)
- Material (por ejemplo, reciclaje de vidrio y papel)
- Compuesto (por ejemplo, los residuos plásticos se pueden utilizar para la producción de plástico)
- Energía (los materiales orgánicos se pueden quemar para recuperar su contenido energético)

5 Cf. www.mech.kuleuven.be/tme/research/energy/topics/cogen_en.phtml, 14 de noviembre de 2005.
6 K. Jackson, 'Domestic Cogeneration', *European Power News*, mayo/junio de 2003: 20-21.
7 www.europa.eu.int/comm/environment/waste/index.htm, 14 de noviembre de 2005.

Si bien una proporción substancial puede reutilizarse o reciclarse como materia prima, los productos de consumo masivo que terminan en el cubo de basura, en general, se incineran o se destinan al depósito controlado. Sin embargo, las tecnologías de clasificación de residuos y limpieza deben desarrollarse aún más para lograr la reutilización de estos materiales.

La **ecología industrial** encarna una nueva línea de pensamiento para evitar los residuos en la producción industrial. Se basa en el concepto de que la industria debería seguir el ejemplo de la naturaleza –es decir, no debería producir residuos netos. La simbiosis industrial representa un primer nivel de ecología industrial (ver Capítulo 7).

Con respecto al reciclaje de residuos domésticos, hasta ahora, los esfuerzos se han concentrado en los metales, el vidrio y el papel. Los plásticos sólo se reciclan en un pequeño número de países.

Cómo evitar subproductos y emisiones

El producto obtenido de un espectro de procesos químicos tiene varias formas isómeras –es decir, compuestos que tienen la misma composición atómica y diferente estructura espacial. A menudo, sólo uno de los isómeros es un «producto útil» y los demás se descartan.

Por ejemplo, el *para*fenileno-diamina (PPD) se produce en cantidades considerables como intermediario para las fibras de aramida de alto rendimiento, junto con un volumen equivalente de su isómero, *orto*fenileno-diamina (OPD). En la década de 1980, el productor de fibras de aramida AKZO-Nobel no tenía aplicación alguna para el OPD. Sin embargo, como la compañía necesitaba grandes cantidades de PPD, el desarrollo de un proceso selectivo para producir sólo este isómero se convirtió en uno de sus objetivos claves de investigación.

La refinería genera sus propios residuos. Las refinerías petroleras tradicionales tenían pocas posibilidades de controlar las fracciones relativas de gasolina, aceites pesados y alquitrán que producían. Como había poca o ninguna demanda de las fracciones pesadas (subproductos), que contenían altas concentraciones de sulfuro, debían venderse a precios muy bajos. Además, había un fuerte interés económico por controlar las fracciones de producto que surgían del proceso de refinamiento. Para las refinerías, la conversión catalítica de las fracciones de alquitrán y petróleo pesado constituía un medio para aumentar las ganancias. Asimismo, este proceso implicaba que podían controlar el alto contenido sulfúrico de estas fracciones durante la conversión. Las tecnologías mejoradas de los procesos de control permitieron una conversión más eficiente de las materias primas escasas en productos finales útiles y una menor contaminación.

Sin embargo, los incentivos económicos no siempre son suficientes. Hasta principios de la década de 1970, la industria del policloruro de vinilo (PVC) producía cantidades considerables de cloruro de vinilo (VC). Luego, se descubrió que esta sustancia era carcinógena (y afectaba, fundamentalmente, a los operarios de las plantas).[8] Ante la presión del gobierno, se sellaron los procesos y se adaptaron los esquemas de mantenimiento para reducir las emanaciones a niveles aceptables (Figura 10.3).

Muchos procesos de producción utilizan una variedad de sustancias limpiadoras, medios de filtrado y demás sustancias adicionales que no aparecen en el producto final. Si bien, a veces, estas sustancias se reciclan o reutilizan, se convierten en residuos o emisiones. Como no forman parte del proceso básico de producción, no se suele prestar mucha atención a su utilización.

> La industria microelectrónica jamás había buscado una alternativa para el CFC113, que se utilizaba para limpiar los tableros de circuitos impresos. A pesar de sus protestas, sin embargo, la industria se vio obligada por el Protocolo de Montreal de 1987 a buscar otras opciones. El resultado fue sorprendente: la industria descubrió que el 70% del uso de

8 Puede observarse el documental producido por Paola Bonaldi, *Un hombre contra una Industria*, sobre las demandas laborales contra la planta de PVC de Montecatini/Montedison/EVC Porto Marghera, cerca de Venecia.

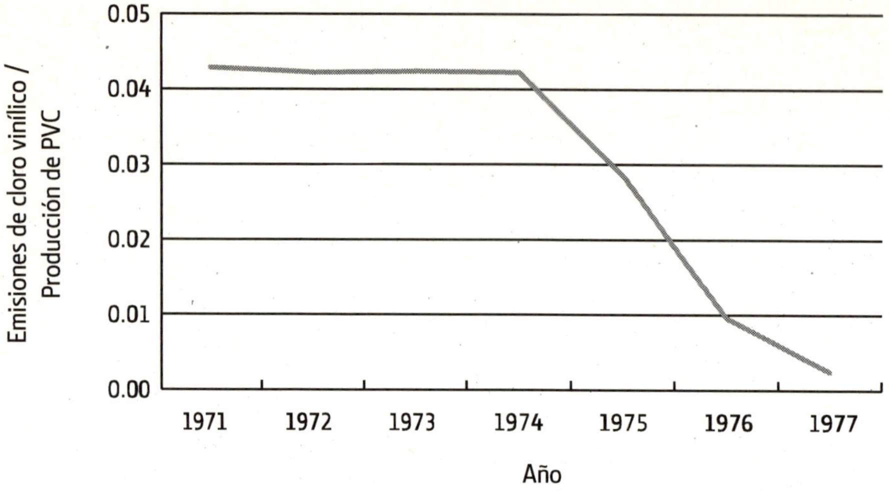

FIGURA 10.3 Reducción de emisiones de cloro vinílico de la industria de PVC alemana, 1971-1977

CFC113 era, en realidad, totalmente superfluo y que podía evitar casi la totalidad del 30% restante de utilización si los tableros de circuitos se lavaban con agua y jabón y se secaban. De hecho, esta solución iba en contra de la formación de los ingenieros electrónicos, a quienes se enseña a no usar agua para evitar la corrosión de los conectores. Ford estimó que se producirían reducciones de costes del orden de 16 millones de dólares por año a raíz de la prohibición de utilizar CFC113 en sus procesos de producción.[9]

El método de *backcasting*

La optimización de las tecnologías existentes es importante, pero, a menudo, su potencial de mejoras resulta limitado. Por ejemplo, no se puede más que duplicar la eficiencia de la producción de electricidad a través del consumo de combustibles fósiles (hoy en día, entre el 40% y el 60%), ya que el contenido energético de los combustibles establece un límite para esta mejora. Si, en cambio, pasamos a otros sistemas tecnológicos, se podría aumentar considerablemente el potencial de mejora. Sin embargo, debemos apuntar a las necesidades que se intentan satisfacer con los productos y servicios a fin de lograr mejoras.

El *backcasting* (retroyectar) es un enfoque metodológico para innovaciones sostenibles que se inicia con el análisis de necesidades. Intenta generar opciones de largo plazo para las innovaciones y obtener el consenso de los grupos de interés frente a dichas opciones.

El método de backcasting (Figura 10.4) se compone de:

- Análisis de necesidades
- Identificación de opciones de mejoras

9 K. Mulder, 'Innovation by Disaster: The Ozone Catastrophe as Experiment of Forced Innovation', *International Journal of Environment and Sustainable Development* 4.1 (2005): 88-103.

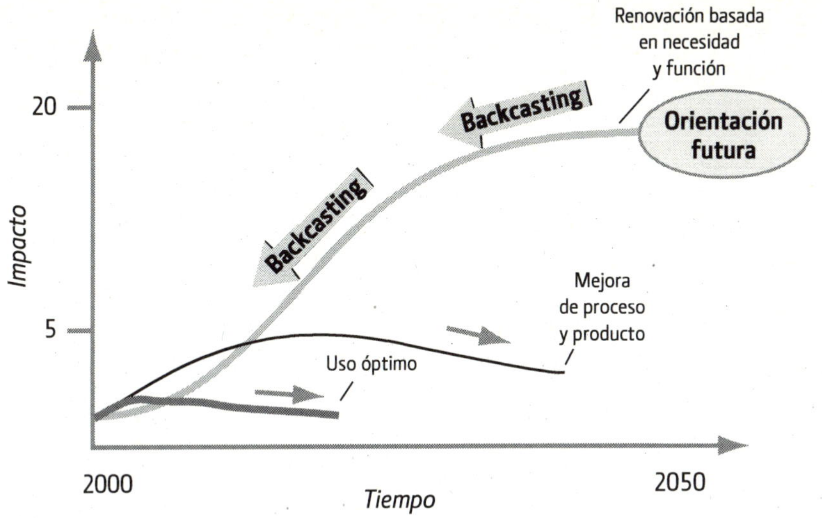

FIGURA 10.4 **Método de *Backcasting***

- Creación de una visión futura común con los grupos de interés
- Desarrollo de posibilidades que conduzcan a dicha visión
- Desarrollo de consenso en torno a esas posibilidades

Análisis de necesidades e identificación de opciones

Uno de los primeros pasos importantes en el método de backcasting consiste en el análisis de necesidades. Antes de buscar opciones sostenibles para satisfacer una determinada necesidad, conviene comenzar por analizar la necesidad en su nivel más básico.

Las necesidades pueden variar con el paso del tiempo, pero no es probable que las necesidades básicas desaparezcan. Las necesidades básicas incluyen:

- Comida
- Techo
- Aire puro
- Seguridad
- Ropa
- Agua
- Comunicación humana
- Salud
- Autoestima
- Transporte

Para satisfacer las necesidades básicas, en general, utilizamos, por lo menos:

- Energía
- Materiales
- Espacio
- Educación

Por lo tanto, estos cuatros elementos se añaden a la lista de necesidades básicas.

Identificación de opciones de mejoras

El próximo paso consiste en organizar una sesión de lluvia de ideas a fin de generar alternativas para satisfacer la necesidad en cuestión. El debate debe concentrarse en las necesidades con el propósito de evitar la mera extrapolación de la tecnología actual.

Hacen falta opciones para poder dar saltos. Los principios comunes de las tecnologías de salto son los siguientes:

- Primero, optimizar el sistema. Luego, se pueden optimizar los distintos elementos del sistema, tales como productos y procesos.
- Minimizar los residuos. No sólo se logra el ahorro de recursos, sino también de mano de obra y gestión.
- Cerrar los ciclos –es decir, tratar de desarrollar tecnologías de modo tal que, al final de su vida útil, se puedan desmontar los productos para su reutilización o reciclaje.
- Organizar la producción y el consumo de manera que se utilice de forma eficiente la energía renovable.
- Usar la menor cantidad posible de materiales en el diseño. Cuanto menos material se utilice, menor será la necesidad de consumir recursos.
- Minimizar el daño a los ecosistemas. Evitar el uso de recursos que ya se consumen por encima de la capacidad de recuperación del planeta Tierra.
- Incorporar la flexibilidad a las opciones tecnológicas. Sin duda, ocurrirán eventos imprevistos, que generarán la necesidad de adaptar las innovaciones deseadas.

Creación de una visión futura común

Una visión futura compartida por los grupos de interés involucrados puede ser un detonante para la búsqueda de opciones más sostenibles. Los libros de Julio Verne contaban con fuertes visiones futuras. Las obras de ciencia ficción, como *Viaje a las Estrellas*, también contienen una fuerte visión del futuro. A menudo, se habla de nanotecnología y se describen pequeñas máquinas que podrían entrar en nuestro cuerpo para detectar y atacar virus. Estas visiones del futuro se utilizan con frecuencia para justificar las investigaciones. También sirven de guía para las decisiones que toman los investigadores.

¿Podríamos llegar a una visión futura común a partir de las distintas opciones de mejoras? El análisis desde una perspectiva de largo plazo conlleva una ventaja fundamental: si se motiva a los grupos de interés a razonar en función de una perspectiva de largo plazo, resulta menos probable que se concentren en sus propios intereses individuales. Al analizar las metas a largo plazo, los actores están más dispuestos a reconocer la legitimidad de los intereses del resto. Más aún, los intereses a largo plazo son menos rígidos y aún no están del todo definidos. De esta manera, se pueden generar visiones futuras o tendencias en este proceso.

Desarrollo de posibilidades con miras a la visión futura común

El consenso en torno a una visión futura no siempre implica que los grupos de interés comienzan a trabajar de forma conjunta y en la misma dirección. Es muy posible que los actores reconozcan la necesidad de trabajar con miras al desarrollo sostenible y, al mismo tiempo, las circunstancias actuales los obliguen a avanzar en otra dirección. La elaboración de un **mapa socio-técnico** puede servir para identificar posibilidades prometedoras que conduzcan a la visión colectiva. Además, el mapa puede ayudarnos a identificar intereses comunes y posibles concesiones mutuas.

El mapa socio-técnico

Abarca:

- El estado de desarrollo de una tecnología
- La dinámica de desarrollo de esta tecnología
- Los distintos grupos de interés que están involucrados en esta tecnología
- Los puntos de vista e intereses de los grupos de interés en relación con esta tecnología

El desarrollo de estas posibilidades se asemeja a un **análisis de escenarios** –herramienta de uso corriente en las tomas de decisiones estratégicas en el ámbito industrial. En un escenario, se plantea un futuro posible. El escenario debe ser creíble y tentador, por lo que tiene que ser consistente y suficientemente detallado.

Se necesitan por lo menos tres escenarios. El objetivo más importante de los escenarios no es predecir el futuro, sino «despertar» a la gente para que cobren conciencia sobre ciertos cambios posibles. Los escenarios suelen contener los elementos necesarios para desarrollar un taller creativo.

El método de *backcasting* difiere del análisis de escenarios en que los escenarios comunes son pronósticos coherentes de distintas posibilidades futuras, mientras que este método intenta identificar posibles caminos para llegar a una situación específica.

Un escenario trata de describir las opciones o eventos claves y traducir las consecuencias de una decisión o un evento a decisiones o eventos futuros (a menudo, una elección implica la eliminación de una posibilidad futura).

> Durante épocas de estabilidad, el modelo mental de quien toma las decisiones con éxito encaja con la realidad que se va desencadenando... Sin embargo, en épocas de cambios vertiginosos y creciente complejidad, el modelo mental del ejecutivo se convierte en un saco que contiene una peligrosa mezcla: los detalles y las nociones enriquecedoras pueden coexistir con supuestos dudosos y proyecciones fantasiosas.[10]

Los escenarios de tendencias presentan acontecimientos que están alineados con nuestras ideas actuales. También se denominan «escenarios sin sorpresas» porque no incluyen eventos repentinos o inesperados. En general, los escenarios se describen en torno al escenario más probable (que suele representar el *business-as-usual*).[11]

10 P. Wack, 'Scenarios: Uncharted Waters Ahead', *Harvard Business Review*, septiembre/octubre de 1985: 73-89.
11 P. Rademaker, 'Toekomstverkenning in het bedrijfsleven', en J. van Doorn y F. van Vught (eds.), *Nederland op zoek naar zijn toekomst* [*The Netherlands Searching for its Future*] (Utrecht: Spectrum, 1981): 170-89.

En este sentido, el método de backcasting es el opuesto de los escenarios: analiza los posibles caminos que pueden conducirnos a la visión futura y trata de deducir las decisiones fundamentales que se deberán tomar para llegar a uno de los caminos adecuados.

Ejemplos

Plásticos

¿Cuáles son las opciones posibles a fin de lograr un futuro sostenible para los materiales plásticos? Los plásticos constituyen un tipo de productos que pueden considerarse no sostenibles en varios sentidos:

- Agotan recursos no renovables, como el petróleo (que se forma durante el curso de millones de años)
- Generan una serie de emisiones
- Producen un flujo residual de productos plásticos finales

Se podría decir que el problema principal de los plásticos es que implican la rápida transformación de petróleo crudo en basura, residuos no degradables y dióxido de carbono (CO_2). Sin embargo, los plásticos son materiales ligeros, por lo que resultan eficientes. Además, no se corroen. Podríamos hablar de un «ciclo» de plásticos sostenible si lográramos:

- Producir plásticos únicamente con la biomasa
- Reutilizar los materiales y productos plásticos
- Quemar los residuos restantes para recuperar su contenido energético

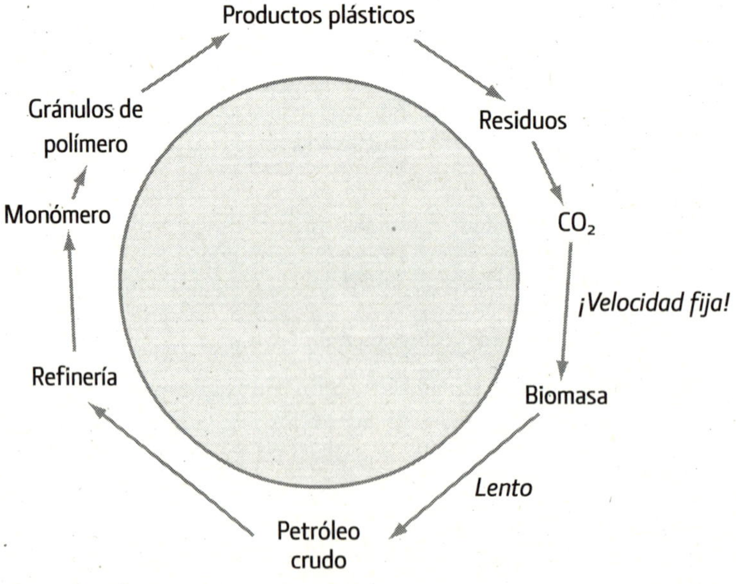

FIGURA 10.5 **Ciclo actual para los plásticos**

La Figura 10.5 muestra el actual ciclo de plásticos, en el que el petróleo se convierte en el producto plástico, que satisface nuestras necesidades. Los problemas principales derivan del hecho de que el plástico sólo vuelve a su estado inicial –petróleo crudo– con gran lentitud.[12]

Para lograr el desarrollo sostenible, deseamos satisfacer la necesidad con el producto, pero también queremos cerrar el ciclo del producto al máximo para alcanzar la mayor eficiencia posible. En consecuencia, preferimos los productos duraderos y la posibilidad de reutilizar los productos. El reciclaje de materiales plásticos y la transformación de residuos plásticos en materia química contribuyen a esta solución. La utilización de la biomasa como materia prima genera un atajo para acortar la parte más lenta del ciclo (Figura 10.6).

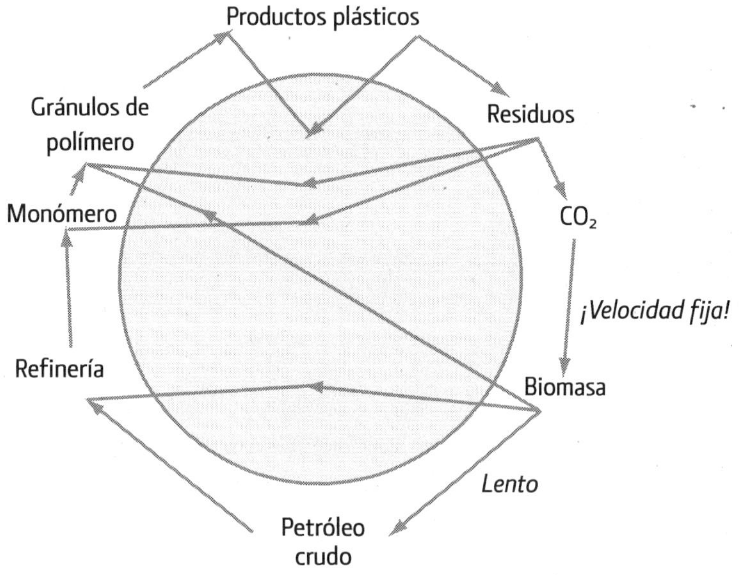

FIGURA 10.6 ¿Un futuro sostenible para los plásticos?

Se han tomado varias iniciativas para desarrollar estas soluciones. En algunos países, se ha implementado el reciclaje de plásticos como materia prima y se estudian alternativas para producir materias primas con la biomasa. Estas opciones disminuyen el consumo de materias primas, por lo que no se ha producido un impacto económico significativo para las compañías existentes. Sin embargo, si apuntamos a una reducción en el consumo de plásticos, podrían verse afectados diversos intereses.

Energía

Nuestros sistemas de abastecimiento de energía serán elementos claves en el camino hacia el desarrollo sostenible. Muchos otros sistemas de producción se acercarán a la sostenibilidad si:

- Logramos abastecer al mundo con fuentes renovables de energía primaria
- No ponemos en peligro los ecosistemas locales y globales (ni por el funcionamiento normal ni por funcionamiento anormal o accidentes)

12 Si pudiéramos hacer plásticos sobre la base de carbón o gas natural, el problema seguiría siendo el mismo.

- Permitimos a las comunidades locales controlar los elementos fundamentales de sus respectivas sociedades

Las principales formas renovables de energía son:

- Solar (ver Figura 10.7)
- Eólica
- Biomasa
- Energía hidráulica
- Olas
- Calor oceánico[13]
- Geotérmica
- Mareas

FIGURA 10.7 **Energía solar: panel solar**

Algunas personas añadirían a la fisión y la fusión nuclear a esta lista de fuentes de energía sostenible. Sin embargo, aún no se sabe si la fusión nuclear, con la utilización de la vasta cantidad de

13 Utiliza las diferencias en la temperatura con las capas más altas de la atmósfera.

deuterio disponible en el agua del planeta, alguna vez llegará a ser algo más que una curiosidad científica. Tras medio siglo de investigaciones, las probabilidades parecen escasas. La fisión nuclear nos ha dejado grandes cantidades de residuos radioactivos y la catástrofe de Chernobyl, cuyo saldo de muertes continuará aumentando durante siglos.[14]

Los elementos 2-6 de la lista de energías renovables son, en realidad, formas de energía solar. El sol le provee a la Tierra 1.500 veces la cantidad de energía que la sociedad utiliza hoy. Por lo tanto, hay mucha energía renovable disponible. El problema radica en cómo utilizarla de manera efectiva. Se requiere una mayor optimización de las tecnologías para disminuir los costes y aumentar la eficiencia. En condiciones favorables, no obstante, se estima que se podrían desarrollar tecnologías para generar electricidad de estas fuentes a un coste de 0,02–0,06 $ por kWh.

Todas las formas de conversión energética implican pérdidas y costes. Por ejemplo, el calor solar o geotérmico puede utilizarse con mayor efectividad para calefacción, mientras que el viento puede usarse para la propulsión directa de navíos. Dada la dependencia de circunstancias naturales, las fuentes renovables de energía deberían combinarse con prudencia en sistemas a fin de aprovecharlas de forma efectiva.

Almacenamiento

La energía solar, eólica, de las mareas y de las olas no se puede extraer cuando y como queramos. Por lo tanto, se requiere almacenamiento. Si la energía solar se recoge en forma de calor, se puede almacenar como agua caliente. Sin embargo, en el caso de la electricidad, el almacenamiento se vuelve problemático. Este problema se puede resolver de las siguientes maneras:

- Mediante la transformación de la electricidad en otras formas de energía –por ejemplo:
  - Se bombea agua a reservorios elevados y, luego, se utiliza como fuente de energía hidráulica;
  - Se produce hidrógeno, que, luego, se puede utilizar en células de combustible para generar electricidad
  - Se carga batería
  - Se incrementa la presión de las válvulas de presión
- Mediante la integración de estas fuentes de energía en un sistema de provisión eléctrica más eficiente. Es posible que, en ocasiones, el cielo esté nublado en un país, pero esto no ocurre jamás en todo el continente. De la misma manera, los vientos fuertes de un país pueden compensar la calma reinante en otro sitio.[15] La energía hidráulica puede servir para compensar la escasez temporal de estas fuentes de energía no controlables.

Sin embargo, todas las formas de almacenamiento que se detallan anteriormente son costosas e implican pérdidas considerables, ya que requieren una doble conversión.

14 La Comisión Internacional de Protección Radiológica (CIPR) estima que hay 0.094 muertes por cáncer por cada persona-Sievert. Se estima que el accidente de Chernobyl creó una exposición de 600.000 personas-Sievert, lo que causará cerca de 24.000 muertes por cáncer adicionales. Consultar: R. Garwin, 'More on Deaths due to Chernobyl', *Physics and Society* 28.1 (1999); www.fas.org/rlg/ljan99.html, 14 de noviembre de 2005.

15 P. Dowling, 'Europe Needs a Super Grid', trabajo presentado en la Conferencia Europea de Energía Eólica desarrollada en Londres, noviembre de 2004; www.ewea.org/documents/WD24ii_FOCUS.pdf, 14 de noviembre de 2005.

Ecología

La energía hidráulica suele afectar negativamente a la ecología local. Los valles se convierten en lagos y los diques funcionan también como barreras para la vida silvestre, como, por ejemplo, el salmón. Es posible que millones de personas tengan que mudarse, como ocurre en el caso de la Represa de Tres Gargantas en China.[16] Con el tiempo, los lagos contenidos podrían resultar menos efectivos, a medida que se llenen de plantas y sedimento. También podrían convertirse en semilleros de insectos.

Se suele criticar a las turbinas eólicas porque producen la muerte de pájaros. Sin embargo, si se selecciona con cuidado la ubicación de las turbinas para evitar las rutas de migración de los pájaros, se puede reducir al mínimo esta fatalidad. El ruido y la sombra de los molinos pueden resultar problemas serios, pero sólo en las proximidades. Por lo tanto, la elección del sitio donde se construirá un molino reviste gran importancia.

Riesgos

En caso de terremotos o conflictos armados, los embalses que se necesitan para la generación de energía hidráulica representan un riesgo enorme: si se derrumba una presa, la gigantesca inundación resultante podría matar a millones de personas.

Lo mismo se aplica a los conceptos de utilización del calor oceánico. Probablemente, sólo podría lograrse a través de la construcción de enormes torres que evaporaran líquidos con bajo punto de ebullición, como el amoníaco, y generaran electricidad mediante la recolección del líquido condensado en el extremo superior de la torre. En el caso de un terremoto o un accidente aeronáutico, se podría producir un desastre catastrófico.

Espacio

Debido a su almacenamiento, mucha gente prefiere la biomasa como fuente de energía. Sin embargo, el quemado tradicional de biomasa implica riesgos considerables para la salud, ya que suele generar un alto nivel de contaminación de aire en ambientes cerrados.[17]

Si la población mundial llega a 9.000-10.000 millones de habitantes, se requerirá una mayor cantidad de tierra arable para producir suficiente comida y materiales. Como la mayor parte de la tierra productiva ya se utiliza con fines agrícolas, un aumento de población del 50% generaría la necesidad de una cantidad de tierra cultivable mucho mayor, a menos que se incremente la eficiencia agrícola de manera sustancial. ¿Se podría utilizar más tierra agrícola para generar energía? Sin duda, esto implicaría, asimismo, un mayor daño para los ecosistemas.

Existen muchas tecnologías prometedoras con las que se podrían generar sistemas sostenibles de abastecimiento energético. El principal desafío radicará en la creación de un sistema energético fiable basado en fuentes renovables que puedan superar estos obstáculos de manera efectiva y, a la vez, permitan que las comunidades locales y regionales recuperen o mantengan el control de sus sistemas de energía.

Alternativas para la carne

La producción y el consumo de carne tienen impactos ambientales enormes. Se talan grandes extensiones de bosques tropicales para producir pasturas de soja a fin de alimentar el ganado de los productores de Europa y Norteamérica. La cría de ganado es una actividad concentrada, que causa degradación ambiental en sus principales áreas. A nivel local, genera acidificación, destrucción de

16 Dai Qing, *The River Dragon Has Come! The Three Gorges Dam and the Fate of China's Yangtze River and its People* (Armonk, NY: M.E. Sharpe Inc., 1998).

17 www.epa.gov/iaq/pcia.html, 17 de marzo de 2006.

ecosistemas y eutrofización,[18] además de contribuir a los cambios climáticos. A menudo, la soja, los animales y la carne se trasladan a grandes distancias.

La necesidad primordial que se satisface a través de la ingesta de carne es la necesidad de proteína. Sin embargo, los animales no son muy eficientes para convertir pastura en proteína. Se necesitan alrededor de 6 kilos de proteína vegetal para producir un kilo de proteína animal. Para producir 1 kilo de carne vacuna, se requieren 15 m^3 de agua y, para producir 1 kilo de carne de cordero, se necesitan 10 m^3 de agua. No obstante, sólo se utiliza 0,4–3 m^3 de agua para producir 1 kilo de trigo.

El consumo de carne aumenta rápidamente. Mientras que la población mundial creció de 2.700 millones a 6.000 millones en los últimos 50 años, se quintuplicó la producción de carne. Sin embargo, el consumo de carne también cumple otras funciones, como tradición e indicación de nivel social. La producción de carne constituye una importante actividad económica que contribuye a la supervivencia de las zonas rurales.

Los productos alimenticios proteicos podrían producirse con proteínas vegetales. En principio, se incrementaría seis veces la eficiencia de la producción de proteínas. Se han desarrollado varios productos proteicos, tales como distintas variedades de tofu y proteína vegetal texturizada. Aún así, estos alimentos vegetarianos tienen una imagen negativa para el consumidor corriente, debido a la baja calidad y a la asociación con estilos de vida alternativos y el vegetarianismo radical.

Se están desarrollando nuevos alimentos proteicos (NPF, por sus siglas en inglés) a fin de ofrecer una alternativa superior. Se han realizado esfuerzos para desarrollar alimentos con alto contenido proteico que resulten atractivos tanto para los consumidores como para los productores y que cumplan la misma función nutricional y cultural que la carne.[19]

Los escándalos que han sacudido a la cadena de abastecimiento de carne (la Encefalopatía Espongiforme Bovina (EEB),[20] la aftosa, la gripe aviar y las matanzas masivas para controlar estas enfermedades, etc.) han impulsado la producción de NPFs. Los productos con proteínas vegetales están llegando a los mercados, pero no será fácil revertir la tendencia del rápido crecimiento del consumo de carne, en especial en los países con prosperidad en aumento.

Observaciones finales

Las tecnologías pueden desempeñar y desempeñarán un rol fundamental en el logro del desarrollo sostenible, pero jamás como el «Deus ex machina» que alejará nuestros problemas sin coste ni adaptación algunos. Las soluciones serán siempre «socio-técnicas» por naturaleza –en otras palabras, abarcarán transformaciones tecnológicas y sociales.

Por tanto, se imponen dos advertencias:

- La tecnología mejorada puede convertirse en la enemiga de la tecnología verdaderamente sostenible. Los estudios sobre cambio tecnológico nos enseñan que el desarrollo de la tecnología constituye un proceso que depende del camino elegido –no podemos elegir con libertad; estamos condicionados por las opciones elegidas en el pasado. De la misma manera, nuestras decisiones actuales tienen consecuencias en el espectro de opciones disponibles para las generaciones futuras. Por lo tanto, lo que puede parecer una mejora, tal vez implique embarcarse en una estrategia tecnológica que nos impida recurrir a una solución aún mejor en el futuro.

18 Las altas concentraciones de nutrientes en los ecosistemas acuáticos estimulan el crecimiento de algas, que arruinan el ecosistema.

19 Programa PROFETAS (Protein Foods, Environment, Technology and Society); www.profetas.nl, 14 de noviembre de 2005.

20 Encefalopatía bovina espongiforme (también conocida como la enfermedad de la vaca loca).

- La búsqueda de tecnologías verdaderamente sostenibles puede impedirnos actuar ahora mismo. Las soluciones de los problemas a los que nos enfrentamos hoy van a ser dolorosas. Las dudas sobre la viabilidad de ciertas soluciones a menudo sólo sirven de excusa para posponer su implementación. En la práctica, el principio de precaución suele invertirse: la acción se pospone hasta que se haya probado, más allá de toda duda, la existencia y gravedad del problema. Ya no podemos darnos el lujo de adoptar esta actitud. El desarrollo de tecnologías nuevas lleva tiempo. Incluso el desarrollo de un vehículo nuevo, sin tecnologías revolucionarias, lleva alrededor de diez años. Los cambios revolucionarios llevarán décadas de acciones conjuntas por parte de los gobiernos, los consumidores y la industria –en especial, de las industrias automotrices y energéticas.

Es importante que la sociedad trate de prever el impacto del cambio tecnológico, de tal manera que las ventajas de dicho cambio se analicen democráticamente. Sin embargo, las experiencias de evaluación parlamentaria de tecnologías durante las últimas décadas del siglo XX han demostrado que sólo podemos esbozar un pronóstico limitado del impacto futuro de las tecnologías, porque dicho impacto se encuentra íntimamente relacionado –casi de manera indivisible– con cambios culturales más amplios y generales. A menudo, se producen efectos de rebote y surgen nuevos dilemas sociales. No se pueden evitar y, por lo tanto, resulta crucial que las estrategias tecnológicas que apuntan a la sostenibilidad sean flexibles.

El desafío presente consiste en aprender de los errores del pasado y corregir todo lo que podamos con la mayor rapidez posible. Y comenzar a hacerlo ahora mismo.

Preguntas, análisis y ejercicios

Vehículos híbridos

Toyota vende el automóvil híbrido Prius. Este coche tiene dos motores: uno eléctrico para conducir en zonas metropolitanas y otro diesel para alcanzar velocidades mayores en las autopistas. Las baterías que alimentan el motor eléctrico se recargan durante el funcionamiento del motor diesel. Su consumo general de combustible es de 1 litro de gasoil cada 19 kilómetros de travesía.

a. ¿Qué problema ambiental soluciona este automóvil?

b. ¿Cómo podrían los automóviles híbridos producir un salto en la eficiencia ambiental del transporte automotriz?

El futuro de los metales

Desarrolle una visión futura para proveer acero o aluminio de manera sostenible. ¿Qué tecnologías nuevas deberían desarrollarse? ¿Cuál es la diferencia principal con un ciclo de los plásticos sostenible?

El futuro de los textiles

Desarrolle una visión futura para proveer materiales textiles de manera sostenible. ¿Qué tecnologías nuevas deberían desarrollarse? ¿Cuál es la diferencia principal con un ciclo de los plásticos sostenible?

Carne y cultura

El consumo de carne está estrechamente relacionado con la cultura. Varias religiones prohíben el consumo de ciertos tipos de carne o en determinados eventos. Averigüe en qué religiones tienen mejores probabilidades de aceptación los NPFs. ¿Qué religiones presentarían mayores objeciones a los NPFs?

Backcasting (1)

Islandia planea cambiar por completo a la energía renovable en 25 años. Cuenta con abundante energía geotérmica e hidráulica como fuentes primarias de energía. ¿Qué medidas intermedias debería tomar Islandia para lograr esta meta? ¿Qué importancia tiene el plan de Islandia para los demás países?

Backcasting (2)

Supongamos que existe consenso en torno de la visión que sostiene que su país debería ser autosuficiente en el ámbito energético dentro de 50 años, sin utilizar combustibles fósiles. Enumere las medidas que deberían tomarse en tal sentido e identifique los eventos que deberían pautar su implementación.

Backcasting (3)

En el siguiente cuadro, se presentan tres visiones referidas al consumo de alimentos en el futuro. Analícelas. Utilice el método de backcasting para identificar las medidas que se deberían tomar. Indique los momentos en los que deberían tomarse dichas medidas y desarrolle el tema de participación de grupos de interés (*stakeholders*).

Consumo futuro de alimentos

Como Susan y Erik casi nunca cenan en casa, tienen pocos residuos de comida. Sin embargo, el supermercado con restaurante Super-Rant (Figura 10.8) produce una gran cantidad de desperdicios. Los residuos de alimentos y envases biodegradables de las casas y el Super-Rant se recolectan y utilizan para la producción regional de energía.

En el Super-Rant, los platos se lavan a gran escala, en máquinas de uso industrial. Los platos que Susan y otros clientes se llevan a sus hogares también se lavan en el Super-Rant (*ver a continuación*).

FIGURA 10.8 **Supermercado y Restaurante «Super-Rant»**

Ilustración de Peter Welleman

La familia Casper (Figura 10.9) tiene un lavavajillas. Los residuos de envase son biodegradables y se recolectan con los residuos de alimentos para su utilización en la producción regional de energía. Los *chips* que se encuentran en el envase se pueden reciclar. El agua y la energía que la familia Casper usa para cocinar y almacenar alimentos se reutiliza en la casa siempre que sea posible.

Hedi y Jan (Figura 10.10) no tienen lavavajillas. Lavan los platos a mano, ya que consideran que se trata de una tarea menor. Utilizan los residuos de alimentos y envases biodegradables como abono en su jardín. En general, pagan un depósito por los envases que no son biodegradables y, después de utilizarlos, los devuelven a la tienda donde los compraron.

FIGURA 10.9 **La casa de la familia Casper**

Ilustración de Peter Welleman

FIGURA 10.10 **Hedi y Jan en el jardín**

Ilustración de Peter Welleman

Lecturas recomendadas

Allen, D.T., y K. Sinclair, *Pollution Prevention for Chemical Processes* (Nueva York: John Wiley, 1997).

Ausubel, J.H., y H.E. Sladovich, *Technology and Environment* (Washington, DC: National Academy Engineering, National Academy Press, 1989).

Brauni, E., *Futile Progress: Technology's Empty Promise* (Londres: Earthscan, 1995).

Corbitt, R.A. *Standard Handbook of Environmental Engineering* (Nueva York: McGraw-Hill, 1999).

Graedel, T.E. y B.R. Allenby, *Industrial Ecology* (Englewood Cliffs, NJ: Prentice Hall, 1995).

Hawken, P., y L.H. Lovins, *Natural Capitalism: Creating the Next Industrial Revolution* (Snowmass, CO: Rocky Mountains Institute, 1999).

Kemp, R., 'Technology and the Transition to Environmental Sustainability: The Problem of Technological Regime Shifts', *Futures* 26.10 (1994): 1.023-46.

Kirkwood, R.C., y A.J. Longley, *Clean Technology and the Environment* (London: Blackie Academic & Professional, 1995).

Leal, F.W., *Environmental Engineering: International Perspectives* (Frankfurt/Berlin/New York/Paris/Vienna: Peter Lang, 1998).

Moors, E., *Metal Making in Motion: Technology Choices for Sustainable Metals Production* (Delft, Holanda: Delft University Press, 2000).

Moors, E., y K.F. Mulder, 'Industry in Sustainable Development: The Contribution of Regime Changes to Radical Technical Innovation in Industry', *International Journal of Technology Policy and Management* 2.4 (2002): 434-54.

Mulder, K., 'Sustainable Consumption and Production of Plastics?', *Technological Forecasting and Social Change* 58.1/2 (1998): 105-24.

Nazaroff, W.W., y L. Alvarez Cohen, *Environmental Engineering Science* Nueva York: John Wiley, 2001).

Schipper, L., y M. Grubb, 'On the Rebound: Between Energy Intensities and Energy Use in IAEA Countries', *Energy Policy* 28 (2000): 367-88.

Schmidt-Bleek, F., *MIPS and Factor 10 for a Sustainable and Profitable Economy* (Wuppertal, Alemania: Wuppertal Institute, 1997).

Tierny, R.J., 'Green by Design: Factor 10 goals at Pratt and Whitney', *Corporate Environmental Strategy* 9 (2002): 52-61.

Turkenburg, W.C., 'Renewable Energy Technologies' en *World Energy Assessment* (Nueva York: Programa de Desarrollo de Naciones Unidas, 2000): ch. 7.

Von Weizsäcker, E.U., A. Lovins y L.H. Lovins, *Factor Four: Doubling Wealth—Halving Resource Use* (Londres: Earthscan, 1997).

Weaver, P., L. Jansen, G. van Grootveld, E. van Spiegel y P. Vergragt, *Sustainable Technology Development* (Sheffield, R.U.: Greenleaf Publishing, 2000).

Índice temático